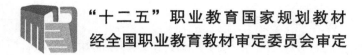

"十二五"职业教育国家规划教材

经全国职业教育教材审定委员会审定

专业排版技术

（InDesign CS6）

马广月　主　编

董鲁平　林晓虹　赵志伟　崔子昱　副主编

电子工业出版社

Publishing House of Electronics Industry

北京 · BEIJING

内 容 简 介

本书是学习使用 InDesign 进行计算机排版的基础教材，以初学者为主要对象，由浅入深地介绍了 InDesign 的基本知识和基本操作、印前知识及排版知识。

本书采用案例教学方式编写，提供了大量的案例。在编写的过程中，本书充分注意了与生产实际的相结合，注重实用性，保证知识的相对完整性和系统性，以利于教学和自学，且每一个案例都尽可能使用生产实际中的产品；特别注意实用性，介绍业内的专业知识；编写时涉及多种不同出版物的排版制作，如报纸、期刊、图书和零件排版，包装制作、海报制作等多个领域。本书在编写的过程力求做到由浅及深、由易到难、循序渐进、图文并茂，集通俗性、实用性与技巧性于一体，具有较高的信息量。

本书可作为计算机速录专业的核心课程教材，也可以作为各类排版培训班的教材，还可作为排版从业人员的参考资料。

本书配有教学指南、电子教案和案例素材，详见前言。

图书在版编目（CIP）数据

专业排版技术：InDesign CS6 / 马广月主编. —北京：电子工业出版社，2016.9
ISBN 978-7-121-24880-1

Ⅰ. ①专…　Ⅱ. ①马…　Ⅲ. ①排版－应用软件－中等专业学校－教材　Ⅳ. ①TS803.23

中国版本图书馆 CIP 数据核字（2014）第 274693 号

策划编辑：关雅莉
责任编辑：郝黎明
印　　刷：北京虎彩文化传播有限公司
装　　订：北京虎彩文化传播有限公司
出版发行：电子工业出版社
　　　　　北京市海淀区万寿路 173 信箱　邮编　100036
开　　本：787×1 092　1/16　印张：18.75　字数：480 千字
版　　次：2016 年 9 月第 1 版
印　　次：2024 年 7 月第 16 次印刷
定　　价：38.00 元

凡所购买电子工业出版社图书有缺损问题，请向购买书店调换。若书店售缺，请与本社发行部联系，联系及邮购电话：（010）88254888，88258888。

质量投诉请发邮件至 zlts@phei.com.cn，盗版侵权举报请发邮件至 dbqq@phei.com.cn。

本书咨询联系方式：（010）88254617。

编审委员会名单

主任委员：

　武马群

副主任委员：

　王　健　　韩立凡　　何文生

委　　　员：

丁文慧	丁爱萍	于志博	马广月	马永芳	马玥桓	王　帅	王　苒	王　彬
王晓姝	王家青	王皓轩	王新萍	方　伟	方松林	孔祥华	龙天才	龙凯明
卢华东	由相宁	史宪美	史晓云	冯理明	冯雪燕	毕建伟	朱文娟	朱海波
向　华	刘　凌	刘　猛	刘小华	刘天真	关　莹	江永春	许昭霞	孙宏仪
杜　珺	杜宏志	杜秋磊	李　飞	李　娜	李华平	李宇鹏	杨　杰	杨　怡
杨春红	吴　伦	何　琳	佘运祥	邹贵财	沈大林	宋　薇	张　平	张　侨
张　玲	张士忠	张文库	张东义	张兴华	张呈江	张建文	张凌杰	张媛媛
陆　沁	陈　玲	陈　颜	陈丁君	陈天翔	陈观诚	陈佳玉	陈泓吉	陈学平
陈道斌	范铭慧	罗　丹	周　鹤	周海峰	庞　震	赵艳莉	赵晨阳	赵增敏
郝俊华	胡　尹	钟　勤	段　欣	段　标	姜全生	钱　峰	徐　宁	徐　兵
高　强	高　静	郭　荔	郭立红	郭朝勇	黄　彦	黄汉军	黄洪杰	崔长华
崔建成	梁　姗	彭仲昆	葛艳玲	董新春	韩雪涛	韩新洲	曾平驿	曾祥民
温　晞	谢世森	赖福生	谭建伟	戴建耘	魏茂林			

序 | PROLOGUE

当今是一个信息技术主宰的时代，以计算机应用为核心的信息技术已经渗透到人类活动的各个领域，彻底改变着人类传统的生产、工作、学习、交往、生活和思维方式。和语言和数学等能力一样，信息技术应用能力也已成为人们必须掌握的、最为重要的基本能力。可以说，信息技术应用能力和计算机相关专业，始终是职业教育培养多样化人才，传承技术技能，促进就业创业的重要载体和主要内容。

信息技术的发展，特别是数字媒体、互联网、移动通信等技术的普及应用，使信息技术的应用形态和领域都发生了重大的变化。第一，计算机技术的使用扩展至前所未有的程度，桌面电脑和移动终端（智能手机、平板电脑等）的普及，网络和移动通信技术的发展，使信息的获取、呈现与处理无处不在，人类社会生产、生活的诸多领域已无法脱离信息技术的支持而独立进行。第二，信息媒体处理的数字化衍生出新的信息技术应用领域，如数字影像、计算机平面设计、计算机动漫游戏和虚拟现实等。第三，信息技术与其他业务的应用有机地结合，如商业、金融、交通、物流、加工制造、工业设计、广告传媒和影视娱乐等，使之各自形成了独有的生态体系，综合信息处理、数据分析、智能控制、媒体创意和网络传播等日益成为当前信息技术的主要应用领域，并诞生了云计算、物联网、大数据和 3D 打印等指引未来信息技术应用的发展方向。

信息技术的不断推陈出新及应用领域的综合化和普及化，直接影响着技术、技能型人才的信息技术能力的培养定位，并引领着职业教育领域信息技术或计算机相关专业与课程改革、配套教材的建设，使之不断推陈出新、与时俱进。

2009 年，教育部颁布了《中等职业学校计算机应用基础大纲》。2014 年，教育部在 2010 年新修订的专业目录基础上，相继颁布了"计算机应用、数字媒体技术应用、计算机平面设计、计算机动漫与游戏制作、计算机网络技术、网站建设与管理、软件与信息服务、客户信息服务、计算机速录"等 9 个信息技术类相关专业的教学标准，确定了教学实施及核心课程内容的指导意见。本套教材就是以以上大纲和标准为依据，结合当前最新的信息技术发展趋势和企业应用案例组织开发和编写的。

● **对计算机专业类相关课程的教学内容进行重新整合**

本套教材本套教材面向学生的基础应用能力，设定了系统操作、文档编辑、网络使用、数据分析、媒体处理、信息交互、外设与移动设备应用、系统维护维修、综合业务运用等内容；针对专业应用能力，根据专业和职业能力方向的不同，结合企业的具体应用业务规划了教材内容。

● **以岗位工作过程来确定学习任务和目标，综合提升学生的专业能力、过程能力和职位差异能力**

本套教材通过以工作过程为导向的教学模式和模块化的知识能力整合结构，力求实现产业需求与专业设置、职业标准与课程内容、生产过程与教学过程、职业资格证书与学历证书、终身学习与职业教育的"五对接"。从学习目标到内容的设计上，本套教材不再仅仅是专业理论内容的复制，而是经由职业岗位实践—工作过程与岗位能力分析—技能知识学习应用内化的学习实训导引和案例。借助知识的重组与技能的强化，达到企业岗位情境和教学内容要求相贯通的课程融合目标。

● **以项目教学和任务案例实训为主线**

本套教材通过项目教学，构建了工作业务的完整流程和岗位能力需求体系。项目的确定应遵循三个基本目标：核心能力的熟练程度，技术更新与延伸的再学习能力，不同业务情境应用的适应性。教材借助以校企合作为基础的实训任务，以应用能力为核心、案例为线索，通过设立情境、任务解析、引导示范、基础练习、难点解析与知识延伸、能力提升训练和总结评价等环节，引领学生在完成任务的过程中积累技能、学习知识，并迁移到不同业务情境的任务解决过程中，使学生在未来可以从容面对不同应用场景的工作岗位。

当前，全国职业教育领域都在深入贯彻全国职教工作会议精神，学习、领会中央领导对职业教育的重要批示，全力加快推进现代职业教育。国务院出台的《加快发展现代职业教育的决定》明确提出要"形成适应发展需求、产教深度融合、中职高职衔接、职业教育与普通教育相互沟通，体现终身教育理念，具有中国特色、世界水平的现代职业教育体系"。现代职业教育体系的建立将带来人才培养模式、教育教学方式和办学体制机制的巨大变革，这无疑给职业院校信息技术应用人才培养提出了新的目标。计算机类相关专业的教学必须要紧跟时代步伐积极进行改革，始终把握技术发展和技术技能人才培养的最新动向，坚持产教融合、校企合作、工学结合、知行合一，为培养出更多适应产业升级转型和经济发展的高素质职业人才做出更大贡献！

前 言 | PREFACE

为建立、健全教育质量保障体系，提高职业教育质量，教育部于 2014 年颁布了《中等职业学校专业教学标准》（以下简称《专业教学标准》）。《专业教学标准》是指导和管理中等职业学校教学工作的主要依据，是保证教育教学质量和人才培养规格的纲领性教学文件。在"教育部办公厅关于公布首批《中等职业学校专业教学标准（试行）》目录的通知》（教职成厅[2014]11 号文）中，强调"专业教学标准是开展专业教学的基本文件，是明确培养目标和规格、组织实施教学、规范教学管理、加强专业建设、开发教材和学习资源的基本依据，是评估教育教学质量的主要标尺，同时也是社会用人单位选用中等职业学校毕业生的重要参考。"

1. 本书特色

本书根据教育部颁发的《中等职业学校专业教学标准（试行）信息技术类（第一辑）》中的相关教学内容和要求编写而成。

计算机排版依托于排版软件，但排版绝不只是排版软件的使用。因为排版只是整个印刷过程中的一个环节，但是这个环节又是一个重要的环节，在这个环节中的任何一个错误都会在后期的工作中造成不可弥补的损失。所以在排版时不仅要考虑怎样使用软件，还要考虑后期印刷中的要求及排版中的规则。在编写本书的过程中，编者围绕适合岗位实际需求这一目标，将软件的使用与印刷的实际需要及排版规则结合起来，力求将本书编写成满足实际需求的教材。本书编写中体现了以下几个特点。

（1）特别注意实用性。本书介绍了有关业内的专业知识和实例，使学生学习后可以尽快胜任实际工作。本书将"印前知识"（如出血、模切、输出等）、排版知识（如图书排版规则、期刊排版规则、报纸排版规则等）有机地穿插在各实例中进行编写。

（2）采用案例教学方式编写。以 2～4 课时为一个教学案例，绝大部分案例按 2 课时编写，非常适合课堂教学使用。每个教学案例由任务驱动，将知识融入到案例的编写中，每一个案例都尽可能是生产实际中的产品，保证学生在学习软件的使用过程中能与生产实际零距离接触。

（3）内容充实。本书在编写过程中注意案例的编写，全书在每一个案例中提供了具体操作过程的综合案例，共 23 个；在思考练习中提供了样张和素材的案例近 20 个；在编写时还在介绍知识的过程中提供了几十个小案例供教师和学生边讲边练使用。

（4）形式多样。本书在编写时涉及多种不同出版物的排版制作，覆盖报纸排版、期刊排版、图书排版、画册制作、表格排版、零件排版、包装制作、海报制作等多个领域。

（5）在编写的过程中综合考虑知识的相对完整性和系统性与来源于生产实际的案例的关系，编写体例给教学中的再创造留有很大的空间，在教学中，可以一边做实例，一边介绍相关知识；也可以先讲主要知识，然后发挥学生的自学习能力，使学生独立完成课堂实例。

（6）在编写本书的过程，编者力求做到由浅及深、由易到难、循序渐进、图文并茂，集通俗性、实用性与技巧性于一体，具有较高的信息量。

本书可作为计算机速录专业的核心教材，也可以作为各类排版培训班的教材，还可作为排版从业人员的参考资料。

2．本书主编

本书由马广月主编，参与编写的主要人员还有董鲁平、林晓虹、赵志伟、崔子昱、黄青、查力、付小渝、崔元如。一些职业学校的教师参与了试教和修改工作，在此表示衷心的感谢。

3．教学资源

为了提高学习效率和教学效果，方便教师教学，编者为本书配备了包括电子教案、教学指南、素材文件、微课，以及习题参考答案等配套的教学资源。请有此需要的读者登录华信教育资源网（http://www.hxedu.com.cn）免费注册后进行下载，有问题时请在网站留言板留言或与电子工业出版社联系（E-mail：hxedu@phei.com.cn）。

由于编者水平有限，加之时间仓促，书中难免有错误和不妥之处，恳请广大读者批评指正。

编　者

CONTENTS | 目录

第1章

排版基础知识

本章导读

　　排版是一个复杂的工作，涉及的范畴比较广。一个版面由众多的要素组成，如文字、图片、空白等。将现有的要素，按照一定的排版形式，可以设计制作出满足要求的版面。这些版面还需要通过印刷的工艺流程才能呈现在读者面前。本章由印前的基本流程、纸张的基本知识和版面设计的基本知识构成。

1.1　印前技术

　　一般的出版物（如图书、期刊等）需要印刷出版的流程，才能呈现到读者眼前。印刷是一个非常复杂的工作过程，一个完整的印刷加工流程，通常分为印前、印中、印后 3 个阶段。"印中"是指纸张在印刷机上经过油墨印刷的过程，这个环节将得到印刷品的"印张"。"印后"是指将"印张"加工成出版物的过程，这个环节涉及了折页、裁切、覆膜等工序。其中，对于图书等出版物来说，最为基础的是折页和裁切。

　　"印前"是指出版物从设计到制版到上印刷机印刷前的所有工序。在传统印刷工艺中，印前非常复杂。随着计算机技术的发展，"印前"也进入电子出版阶段，也被称为桌面出版系统（Desktop Publishing，DTP）。这个系统的基本流程是文图输入→图像处理→图形绘制→图文版面编排→输出，如图 1-1 所示。

　　文图输入：将文字信息和图像信息输入计算机。其中，文字主要通过录入或扫描文字原稿并进行 OCR 处理输入计算机，文字需要以纯文本的形式保存，即 TXT 格式；图像信息主要包括照片、画稿等，可以通过数码照片导入或者扫描的方式输入计算机，成为数字化图像。

　　图像处理：将已经数字化的位图图像根据用户的版面设计要求进行相应的拼接、修改或者增加特殊效果。目前常用的图像处理软件是 Adobe 公司的 Photoshop。图像处理后所获得的图像一般以 CMYK 模式保存为 TIFF 格式或者 JPEG 格式。

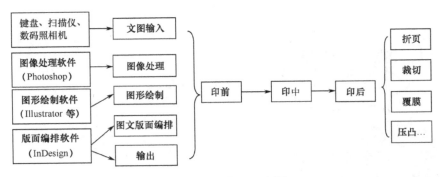

图 1-1　印刷流程示意图

图形绘制：通常在出版物中也会用到一些插图、卡通形象、图例之类的矢量图形，这就需要 CorelDraw、Illustrator 等矢量软件进行绘制。绘制后的图形一般也要以 CMYK 模式保存为 EPS 等格式。

图文版面编排：简称为排版，是平面设计的核心环节。根据用户的要求，先进行版面规划，然后利用排版软件将图像处理及图形绘制过程中获得的图形图像文件与已录入的文字按设计好的版面要求编排起来。目前常用的软件是 Adobe 公司的 InDesign 和方正软件公司的飞翔软件。

输出：平面设计过程的最后一个环节，可以将排版的结果通过各种输出设备输出，如网页、打印、喷绘、印刷等。

1.1.1　常见的印前技术术语和知识

一个出版物的出版发行过程是非常复杂的，印刷是其中一个非常专业的技术环节，下面介绍一些涉及排版的专业术语与知识。

1. 色彩模式

无论是在图像处理还是图形制作中都会涉及色彩模式问题，排版也一样。常用的色彩模式有 5 种：黑白、灰度、RGB、CMYK 和 Lab。

黑白模式：文件只能显示黑白两种颜色，图像效果类似于黑白版画，没有任何图像的文稿可以是黑白模式。

灰度模式：文件可以显示 256 个色阶的灰度文件，效果就像黑白照片，如图 1-2 所示。

　　　（a）黑白模式图　　　　　　　　　　（b）灰度模式图

图 1-2　黑白模式图与灰度模式图

RGB 模式：基于色光显色法的色彩模式，用于屏幕的显示，颜色比较鲜艳。凡是用于屏幕显示的文件，如网页传输、电子相框等都可以采用这种模式。

CMYK 模式：基于色料呈色法的色彩模式，主要用于四色印刷。因此凡是用于印刷输出的彩色文件都应在最终采用 CMYK 模式。

2．出血

出血是一个常用的印刷术语，指设计制作产品时加大外尺寸，以避免裁切后的成品露白边或裁到内容。这个要印刷出来并裁切掉的部分称为出血或出血位。出血一般为 3mm，例如，一个 16 开的传单的尺寸为 185mm×260mm，四边加上出血，制作的时候尺寸要设定为 191mm×266mm，如图 1-3 所示，图片设置出血一般也为 3mm。

　　　（a）没有设置出血的图片　　　　　　　　　（b）设置了出血的图片

图 1-3　图片出血设置

因此，在设计版面文件时，要考虑边缘被裁切掉，一般不建议在边缘排版重要内容，文字也不能太靠近裁切边，以防裁掉文字。如果是双面印刷品，则另一面的出血也要遵循这个规律。书籍需要对 3 个边进行裁切，分别为天头、地脚和翻口，这 3 个边在印前设计制作时都需要留出血。

3．成品尺寸

成品尺寸是指印刷品经过裁切后的最终尺寸。这个概念实际上也与出血相关。

4．分辨率

在版面设计中经常要排入图片。图片分为两种：一种是矢量图，一种是位图。其中，位图的图像质量与像素数多少相关。所谓分辨率就是指单位长度内像素的多少，其单位多为像素/英寸。为了满足印刷的需要，图片的分辨率需要在 300 像素/英寸以上。

1.1.2　常见的文件格式

在文图排版中，一般文字采用的格式为纯文本格式，即 TXT。图片的格式相对比较复杂，下面对常见的文件格式进行了解。

1．TIFF 格式

TIFF 格式是由 Aldus 和 Microsoft 公司为桌面出版系统研制开发的一种较为通用的图像文件格式，它可以在 PC 和 Mac 上广泛使用，多数的软件可以接收此格式的文件，是使用最广泛的图像文件格式之一。它的特点是图像格式复杂、存储信息多，图像的质量较好，有利于原稿的复制。这个格式有压缩和非压缩两种形式，其中压缩可采用 LZW 无损压缩方案存储。

2．EPS 格式

EPS 文件是目前桌面印刷系统普遍使用的通用交换格式中的一种综合格式。EPS 文件格式又被称为带有预视图像的PS格式，是处理图像中的重要格式，它在 Mac 和 PC 环境下的图形和版面设计中广泛使用，用于 PostScript输出设备上的打印。几乎每个矢量绘画软件及大多数页面编排软件都支持保存 EPS 文档。

3. JPEG 格式

JPEG 格式是一种有损压缩格式，是最常用的图像文件格式。JPEG 是一种很灵活的格式，具有调节图像质量的功能，允许用不同的压缩比例对文件进行压缩，支持多种压缩级别，压缩比率通常 40:1～10:1，压缩比越大，品质就越低；相反的，压缩比越小，品质就越好。它的压缩技术非常先进，能够用最少的磁盘空间存储较好的图像质量，因此目前互联网各类浏览器都支持 JPEG格式，所有的图像图形软件和排版软件也都支持这种格式。

目前 JPEG 格式有两种：一种是 JPEG，另一种是升级版的 JPEG2000。JPEG2000 的压缩率比JPEG 高约 30%，同时支持有损和无损压缩。

4. BMP 格式

BMP 格式是英文 Bitmap（位图）的简写，它是 Windows 操作系统中的标准图像文件格式，能够被多种 Windows 应用程序支持。这种格式的特点是包含的图像信息较丰富，几乎不进行压缩，因此占用磁盘空间较大。

5. PDF 格式

PDF 格式是一种便携式文件格式，是由 Adobe 公司开发的独特的跨平台文件格式。它的优点在于跨平台、能保留文件原有格式、开放标准。PDF 文件以PostScript 语言图像模型为基础，无论在哪种打印机上都可保证精确的颜色和准确的打印效果，即 PDF 会忠实地再现原稿的每一个字符、颜色及图像。

目前不仅图形图像的文件可以保存为 PDF 格式，排版后的位图文件也可以保存为 PDF 格式。经过相应的设置，PDF 文件格式甚至可以直接用于印刷。

 思考练习

问答题

（1）印前工艺流程包含哪些工作环节？

（2）印刷品为什么设置出血？

（3）满足印刷要求的图片，分辨率应该设置为多少？

1.2　认识纸张

造纸术是我国古代四大发明之一。纸张是用于书写、印刷、绘画或包装等的片状纤维制品。一般由经过制浆处理的植物纤维的水悬浮液，在网上交错组成，初步脱水，再经压榨、烘干而成。因此纸张的成分主要由植物纤维、填料、胶料、色料等组成。

1.2.1　纸张的单位与规格

纸张的单位一般有 3 种：克、令和吨。克是指一平方米纸张的质量，如 80g 铜版纸。令是纸张的出厂规格，500 张纸称为 1 令。吨与平常的质量单位一样，1t=1000kg，用于计算纸价。

　　国内生产的纸张常见大小主要有 787mm×1092mm、850mm×1168mm、880mm×1230mm　3 种。其中，787mm×1092mm 的纸张是我国当前印刷用纸的主要尺寸，国内现有的造纸、印刷机械绝大部分都是生产和适用此种尺寸的纸张。850mm×1168mm 的纸张是在 787mm×1092mm 开本的基础上为适应较大开本需要生产的，这种尺寸的纸张主要用于较大开本的需要，所谓大 16 开、大 32 开的书籍就使用了这种纸张。880mm×1230mm 的纸张比其他同样开本的尺寸要大，因此印刷时纸的利用率较高，外观也比较美观大方，是国际上通用的一种规格。

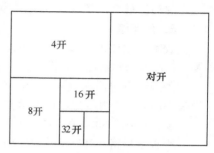

　　国内常见的印刷用纸规格多用开数（即开本），它以全张纸为计算单位，每全张纸裁切和折叠多少小张就称多少开本，我国习惯上对开本的命名是以几何级数来命名的。开纸的方式有很多种，最常见的印刷开纸方式如图 1-4 所示。例如，8 开的纸就是全开的 1/8 大（对切 3 次）。

　　因为印刷机结构的原因，纸张上的有效印刷面积要小于纸张的面积。下面通过表 1-1 来了解正度开纸和大度开纸尺寸的区别。

图 1-4　常见开纸方式

表 1-1　常用印刷纸张尺寸开数表

开本正度	印刷用纸尺寸/mm	纸张尺寸/mm	开本大度	印刷用纸尺寸/mm	纸张尺寸/mm
全开	787×1092	740×1040	全开	889×1194	840×1140
对开	545×787	540×740	对开	597×840	570×840
4 开	390×545	370×540	4 开	420×597	420×570
8 开	270×390	260×370	8 开	297×420	285×420
16 开	195×270	185×260	16 开	210×297	210×285
32 开	195*135	185×130	32 开	148×210	137×210

1.2.2　印刷用纸的种类

　　印刷品的种类很多，不同的印刷品所需的印刷用纸的品种也是不同。纸张根据造纸工艺的不同、用途的不同，分为很多种。其中，胶版纸、铜版纸、新闻纸、凸版纸是最为常用的印刷用纸，下面对常见的印刷用纸的种类和规格进行介绍。

1．凸版纸

　　凸版纸是采用凸版印刷书籍、杂志时的主要用纸。它具有质地均匀、不起毛、略有弹性、不透明，稍有抗水性能，有一定的机械强度等特性。凸版纸的纤维组织比较均匀，对印刷具有较好的适应性，具有吸墨均匀的特点，适用于重要著作、科技图书、学术刊物、大中专教材等正文用纸。凸版纸按纸张用料成分配比的不同，可分为 1 号、2 号、3 号和 4 号 4 个级别。纸张的号数代表纸质的好坏程度，号数越大，纸质越差。

　　质量：[（49～60）±2]g/m^2。

　　平板纸规格：787mm×1092mm，850mm×1168mm，880mm×1230mm；以及一些特殊尺寸规格的纸张。

　　卷筒纸规格：宽度有 787、1092、1575 mm 等几种，长度为 6000～8000m。

2．新闻纸

　　新闻纸也称白报纸，是报刊及书籍的主要用纸；适用于报纸、期刊、课本、连环画等正文用纸。新闻纸的特点是纸质松轻、富有较好的弹性、吸墨性能好。纸张经过压光后两面平滑，不起毛，从而使两面印迹比较清晰而饱满；有一定的机械强度；不透明性能好；适用于高速轮转机印刷。

新闻纸是以机械木浆（或其他化学浆）为原料生产的，含有大量的木质素和其他杂质，不宜长期存放。保存时间过长后，纸张会发黄变脆，抗水性能差，不宜书写等。

质量：$[（49\sim52）\pm2]g/m^2$。

平板纸规格：787mm×1092mm，850mm×1168mm，880mm×1230mm

卷筒纸规格：宽度有787、1092、1575 mm 等几种，长度为6000～8000m。

3．胶版纸

胶版纸主要供平版胶印刷机印制彩色印刷品时使用，如彩色画报、画册、宣传画、彩印商标及一些高级书籍封面、插图等。

胶版纸有单面和双面之分，还有超级压光与普通压光两个等级。胶版纸伸缩性小，对油墨的吸收性均匀、平滑度好，质地紧密不透明，白度好，抗水性能强。

质量：50、60、70、80、90、100、120、150、$180g/m^2$。

平板纸规格：787mm×1092mm，850mm×1168mm，880mm×1230mm。

卷筒纸规格：宽度有787、1092、850 mm 等几种。

4．铜版纸

铜版纸又称涂料纸，是在原纸上涂布一层白色浆料，经过压光而制成的。铜版纸表面光滑，白度较高，纸质纤维分布均匀，厚薄一致，伸缩性小，有较好的弹性和较强的抗水性能和抗张性能，对油墨的吸收性与接收性十分好。铜版纸主要用于印刷画册、封面、明信片、精美的产品样本及彩色商标等。铜版纸有单、双面之分，也有普通铜版纸和亚光铜版纸之分。

质量：70、80、100、105、115、120、128、150、157、180、200、210、240、$250g/m^2$。

其中，105、115、128、$157g/m^2$进口纸规格较多。

平板纸规格：648mm×953mm，787mm×970mm，787mm×1092mm。

5．其他常见印刷用纸

（1）画报纸：画报纸的质地细白、平滑，用于印刷画报、图册和宣传画等。

质量：65、90、$120g/m^2$。

平板纸规格：787mm×1092mm。

（2）书面纸：书面纸也称书皮纸，是印刷书籍封面用的纸张。书面纸造纸时加了颜料，有灰、蓝、米黄等颜色。

质量：80、100、$120g/m^2$。

平板纸规格：690mm×960mm，787mm×1092mm。

（3）压纹纸：压纹纸是专门生产的一种封面装饰用纸。纸的表面有一种不十分明显的花纹，颜色分灰、绿、米黄和粉红等，一般用来印刷单色封面。压纹纸性脆，装订时书脊容易断裂。印刷时纸张弯曲度较大，进纸困难，影响印刷效率。

质量：$20\sim40 \ g/m^2$。

平板纸规格：787mm×1092mm。

（4）字典纸：字典纸是一种高级的薄型书刊用纸，纸薄而强韧耐折，纸面洁白细致，质地紧密平滑，稍微透明，有一定的抗水性能。它主要用于印刷字典、辞书、手册、经典书籍及页码较多、便于携带的书籍。字典纸对印刷工艺中的压力和墨色有较高的要求，因此印刷时在工艺上必须特别重视。

质量：$25\sim40g/m^2$。

平板纸规格：787mm×1092mm。

（5）毛边纸：毛边纸纸质薄而松软，呈淡黄色，没有抗水性能，吸墨性较好。毛边纸只适宜单面印刷，主要供古装书籍用。

（6）书写纸：书写纸是供墨水书写用的纸张，纸张要求写时不洇。书写纸主要用于印刷练习本、日记本、表格和账簿等。书写纸分为特号、1 号、2 号、3 号和 4 号。

质量：45、50、60、70、80g/m²。

平板纸规格：427mm×569mm，596mm×834mm，635mm×1118mm，834mm×1172mm，787mm×1092mm。

卷筒纸规格：787、1092 mm。

（7）打字纸：打字纸是薄页型的纸张，纸质薄而富有韧性，打字时要求不穿洞，用硬笔复写时不会被笔尖划破。它主要用于印刷单据、表格及多联复写凭证等。在书籍中用做隔页用纸和印刷包装用纸。打字纸有白、黄、红、蓝、绿等色。

质量：24～30 g/m²。

平板纸规格：787mm×1092mm，560mm×870mm，686mm×864mm，559mm×864mm。

（8）邮丰纸：邮丰纸用于印制各种复写本册和印刷包装用纸。

质量：25～28g/m²。

平板纸规格：787mm×1092mm。

（9）拷贝纸：拷贝纸薄而有韧性，适合印刷多联复写本册；在书籍装帧中用于保护美术作品并起美观作用。

质量：17～20g/m²。

平板纸规格：787mm×1092mm。

（10）白版纸：白版纸伸缩性小，有韧性，折叠时不易断裂，主要用于印刷包装盒和商品装潢衬纸。在书籍装订中，用于简精装书的里封和精装书籍中的径纸（脊条）等装订用料。白版纸按纸面分有粉面白版与普通白版两大类。按底层分类有灰底与白底两种。

质量：220、240、250、280、300、350、400g/m²。

平板纸规格：787mm×787mm，787mm×1092mm，1092mm×1092mm。

（11）牛皮纸：牛皮纸具有很高的拉力，有单光、双光、条纹、无纹等。它主要用于包装纸、信封、纸袋和印刷机滚筒包衬等。

平板纸规格：787mm×1092mm，850mm×1168mm，787mm×1190mm，857mm×1120mm。

（12）特种纸：一般以进口纸常见，主要用于封面、装饰品、工艺品、精品等印刷。

1.2.3 常见出版物的尺寸

出版物的尺寸有很多种，常见出版物一般有相对固定的成品尺寸，需要在设计时遵循。

1. 四开、对开宣传大海报

大海报一般采用大四开和大对开，即 580mm×430mm 和 860mm×580mm。在印刷用纸上多用 157g 铜版纸，四色胶印。

2. 宣传画册

画册是一种展现企业或产品的综合性宣传资料，一般成品尺寸为 210mm×285mm。封面多为 230g 铜版纸，内页为 157g 或 128g 铜版纸，采用四色胶印。一般的画册装订时多采用骑马钉，页数较多时可用锁线胶装。

3. 图书

图书分精装书和简装书。书籍的开本多为 16 开或 32 开。成品尺寸多为 185mm× 260mm、130mm×185mm。内页多为 80～150g 胶版纸，采用胶印。

4. 宣传彩页、单页（16 开小海报）

宣传彩页也就是宣传单，一般成品尺寸为 210mm×285mm，多采用 157g 铜版纸，采用四色胶印，有时会有专色印刷，如专金等。

5．三折页宣传彩页

三折页宣传彩页的展开尺寸就是一个大度 16 开，即 210mm×285mm。它的成品尺寸是 210mm×95mm，一般采用 157g 铜版纸使用四色胶印印刷。

6．名片

名片是现在社会中人们交流的一种工具，它的样式很多。它一般分为横版、竖版和方版，还有圆角和方角之分。横版方角成品尺寸为 90mm×55mm、横版圆角为 85mm×54mm、竖版方角 50mm×90mm、竖版圆角 54mm×85mm、方版方角 90mm×90mm、方版圆角 90mm×95mm。

 思考练习

问答题

（1）我国常用的全张纸尺寸有几种，尺寸分别为多少？

（2）常见宣传单的成品尺寸为多少？设置出血后的尺寸为多少？

1.3 版面设计

版面是出版信息表达的基本形式，是出版的形象与思想，是出版物的语言。版面设计是指设计人员根据设计主题和视觉需求，在预先设定好的有限版面内，运用造型要素和形式原则，根据特定主题与内容的要求，将文字、图片、色彩等视觉传达信息要素进行有组织、有目的的组合排列的设计行为与过程。只有正确理解与掌握版面的构成和排版规则，才能有效地使用排版软件的各种工具，排出符合标准与规范的版面。

1.3.1 版面的构成要素

书籍和期刊的版面由版心、书眉、插图、标题、注释及页码等若干构成要素组成。对于报刊来说，若根据内容来划分，大致可分为报头区、正文区、报眉区、版权页等。

1．版心

版心指文、图和装饰图样等要素在页面上所占的面积，是版面上的印刷部分。版心四周的空白分别为天头、地脚、订口和切口。版心依据在版面中的位置不同分为 5 种：大天头、小天头、居中、靠订口、靠切口。我国图书的传统版心是大天头，目前居中的也比较多。图书空白多在 2cm 左右。

2．书眉

书眉排在版心上部的文字及符号统称为书眉。它包括页码、文字和书眉线，一般用于检索篇章。

3．页码

书刊页码一般从正文排起，每一面都排有页码。印刷行业中将一个页码称为一面，正反面两个页码称为一页。

4．注文

注文又称注释、注解，是对正文内容或对某一字词所做的解释和补充说明。排在字行中的称为夹注，排在每面下端的称为脚注或面后注、页后注，排在每篇文章之后的称为篇后注，排在全书后面的称为书后注。在正文中标识注文的号码称为注码。

版面构成要素如图 1-5 所示。

图 1-5　版面构成要素

1.3.2　书籍的基本结构

书籍分为简装书和精装书，一本简装书通常由封面、环衬、扉页、版权页、前言、目录、正文、后记、参考文献、附录封底等部分构成。图 1-6 所示为简装书的结构图。封面（又称封一、前封面、封皮、书面）封面印有书名、作者、译者姓名和出版社的名称。封面起着美化书刊和保护书芯的作用。封里（又称封二）是指封面的背页。封里一般是空白的，但在期刊中常用它来印刷目录，或有关的图片。封底里（又称封三）是指封底里面的一页。封底里一般为空白页，但期刊中常用它来印刷正文或其他正文以外的文字、图片。封底（又称封四、底封），图书在封底的右下方印刷统一书号和定价，期刊在封底印刷版权页，或用来印刷目录及其他非正文部分的文字、图片。扉页又称书名页，一般由书名、著者、译者、校者、编者、卷次、出版者等元素构成。一般编排上无规律，但一定要突出书名。扉页一般没有图案，一般与正文一起排印。

版权页又称版本记录页和版本说明页，是一本书刊诞生以来历史的介绍，供读者了解此书的出版情况，附印在扉页背面的下部、全书最末页的下部或封底的右下部。

精装书的结构比简装书复杂一些，主要增加了护封结构和硬面内封。图 1-7 所示为精装书的结构图。

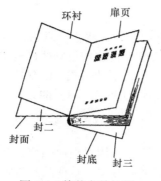

图 1-6　简装书结构图

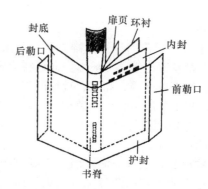

图 1-7　精装书结构图

1.3.3 版面设计的常见版面类型

在进行版面设计时要领会版面设计要素的主从关系。首先，要做到主题突出，这样的版面有清晰的条理性，有助于增强读者的关注度，增进对内容的理解。可以通过放大主体形象、把主体形象放置在视觉中心点、主体形象四周增加空白等方式来突出主题。其次，要注意形式与内容的统一，这就要求设计者能够领会主题的思想精髓，找到适合的形象、形式进行表现。最后，要强化整体布局，各种文字、标题、图片、色彩等要有整体设计感。

版面设计根据结构的不同，有非常多的类型，常用的几种如下。

1. 标准型

标准型是最常见的一种编排形式，常用于一般书籍、杂志、报刊等。插图在最佳视线内，顺着视觉流程向下，依次是标题、说明文、标语、商标、企业名称等。这种方式有良好的安定感，也符合人们认识事物的逻辑顺序。

标准型版面可以分为竖排型（传统型）和横排型（现代型）两种。竖排文字从右到左、从上到下，符合中国传统阅读习惯，在中国台湾和香港地区的现代设计中运用较多。横排式是从左到右编排的，这种方式更为通俗。

版面上标题为先，顺着视觉流程向下，依次是标语、说明文、插图、商标、企业等，如图1-8所示。这种形式适用于提高产品或企业知名度，诉求的重心在于标题。这时的标题形式、字体、色彩是整个编排中的重点部分。

图1-8 标准型版面

2. 骨骼型

骨骼型是一种规范的理性分割方法，常见的骨骼有竖向通栏、双栏、三栏、四栏，横向通栏、双栏、三栏及四栏等。一般以竖向通栏为多。在图片和文字的编排上则严格按照骨骼比例进行编排配置，给人以严谨、和谐、理性的美。骨骼经过相互混合后的版式，既理性、条理，又活泼而具弹性。报纸排版多采用骨骼型，报纸多有基本栏数，通过并栏、通栏的处理，形成合适的版面设计，如图1-9所示。

3. 满版型

满版型的版面以图片充满整版，主要以图片为诉求，视觉传达直观而强烈。文字的配置压置在上下、左右或中部的图像上。满版型给人以大方、舒展的感觉，是商品广告常用的形式，如图1-10所示。

图 1-9 骨骼型版面

图 1-10 满版型版面

4．上下分割型

上下分割型是把整个版面分为上下两个部分，在上半部或下半部配置图片，在另一部分配置文案。配置有图片的部分感性而有活力，而文案部分则理性而静止。上下部分配置的图片可以是一幅或多幅，如图 1-11 所示。

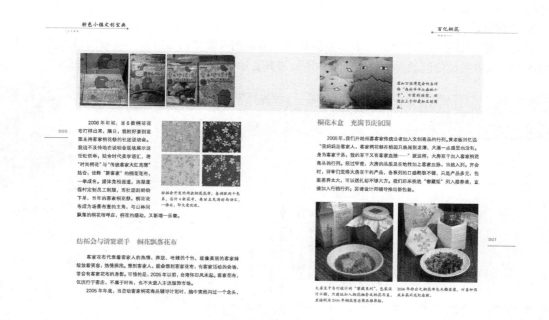

图 1-11 上下分割型版面

5．左右分割型

左右分割型是把整个版面分割为左右两个部分，分别在左或右配置文案。当左右两部分形成强弱对比时，则造成视觉心理的不平衡。这仅仅是视觉习惯上的问题，也自然不如上下分割的视觉流程自然。但是，倘若将分割线虚化处理，或用文字进行左右重复或穿插，左右图文会变得自然和谐，如图 1-12 所示。

图 1-12   左右分割型版面

6．中轴型

中轴型版面是一种对称的构成形态，标题、图片、说明文与标志、图形基本对称放于轴心线两边，版面上的中轴线可以是有形的，也可以是无形的。将图形做水平或垂直方向的排列，文案在上下或左右配置。水平排列的版面给人稳定、安静、和平与含蓄之感。垂直排列的版面给人以强烈的动感，如图 1-13 所示。

7．倾斜型

这是一种有很强动感的版面，版面主体形象或多幅图版做倾斜编排，造成版面强烈的动感和不稳定因素，读者视线随倾斜角度移动，整体的效果具有动感，引人注目，如图 1-14 所示。

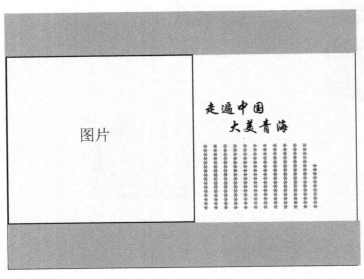

图 1-13   中轴型版面   图 1-14   倾斜型版面

8．对称型

对称型版面给人稳定、庄重、理性的感觉。对称有绝对对称和相对对称之分。一般采用相对对称，以避免过于严谨。对称以左右对称居多，如图 1-15 所示。

图 1-15　对称型版面

思考练习

问答题

（1）绘制书籍版面结构图。

（2）简述精装书的结构。

第 2 章

InDesign 基础

本章导读

　　Adobe InDesign 是一款多功能桌面排版应用程序，提供给图像设计师、产品包装师和印前专家使用。它创建用于印刷、平板计算机和其他屏幕中的优质和精美的页面，具有非凡的产品功能，在印刷和数字出版业中极具竞争力。通过与 Photoshop、Illustrator 和 Acrobat 软件紧密集成，可帮助用户快速制作页面并可靠输出页面。本章将介绍 InDesign 的工作区、基本的文件操作，体验 InDesign 的精彩世界。

2.1　浏览"手机使用说明书"文件——InDesign 的工作环境

案例展示

　　在 InDesign 中制作的文件有可能只有一个页面，也有可能有多个页面；在对版面进行编辑的过程中，使用的显示器大小有限，会对细节观察产生影响；即使使用尺寸很大的显示器，在局部细节操作时也需要将其放大。InDesign 工作界面设计的非常人性化，能灵活地在不同页面之间进行切换、放大/缩小页面、显示/隐藏各种辅助标记。本案例将以查看一个名为"手机使用说明书"的文档为例带领读者熟悉 InDesign 的工作环境，为后面的工作打好基础，"手机使用说明书"文档在不同显示方式时的效果如图 2-1 所示。

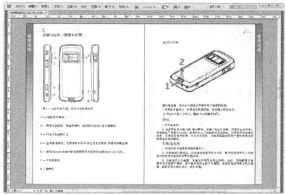

图 2-1　不同的显示方式

- ➤ InDesign 的工作环境；
- ➤ 设置显示比例、标尺、坐标原点；
- ➤ 设置参考线；
- ➤ 浏览文件。

友情链接：本案例的制作步骤见"制作过程"。

InDesign 的工作界面可以根据需要进行调整，调整好的界面可以保存为工作区。

2.1.1　InDesign 简介

InDesign 是 Adobe 公司开发的新一代的专业排版领域的设计软件，是全面替代 PageMaker 的产品，是一个高效、规范、易用的排版设计工具，具有优越的性能。下面是几个主要特点。

（1）博众家之长，从多种桌面排版技术汲取精华，为杂志、书籍、广告等灵活多变、复杂的设计工作提供了一系列更完善的排版功能。它允许第三方进行二次开发扩充加入功能，功能强劲，其中文版全面扩展了中文排版习惯的要求。

（2）内含数百个提升到一个新层次的特性，具有许多其他排版软件所不具备的特性。例如，光学边缘对齐、分层主页面、可扩展的多页支持、缩放可以从 5%到 4000%等。

（3）整合了多种关键技术，包括现在所有 Adobe 专业软件拥有的图像、字形、印刷、色彩管理技术。通过这些程序，Adobe 提供了工业上首个实现屏幕和打印一致的功能。此外，它包含了对 Adobe PDF 的支持，允许基于 PDF 的数码作品。

（4）充分考虑了设计制作人员创意才华的展示，给使用者带来了全新的体验。

2.1.2　InDesign 的工作区

在 Windows 环境下安装 InDesign 后，选择"开始"｜"所有程序"命令，在子菜单中可以找到它，或者双击桌面"InDesign"快速启动图标，即可启动 InDesign。

在启动后打开的"欢迎屏幕"窗口中单击"打开"按钮，弹出"打开"对话框，从中选择需要打开的文件即可打开一个新文件，这时的工作区如图 2-2 所示。

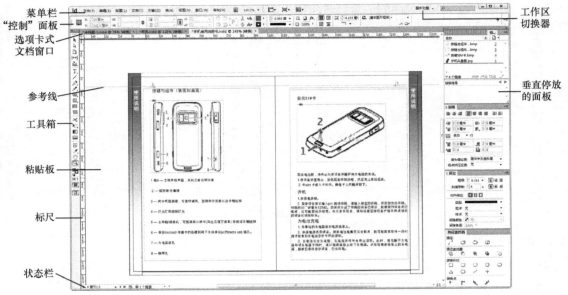

菜单栏
"控制"面板
选项卡式
文档窗口

工作区
切换器

参考线

工具箱

垂直停放
的面板

粘贴板

标尺

状态栏

图 2-2　InDesign 工作区

1．工作区

由图 2-2 可以看到，InDesign 的工作区由菜单栏、工具箱、"控制"面板、面板、选项卡式文档窗口等组成。这个工作区并不是一成不变的，可以根据个人需求进行修改，下面介绍几个调整工作区的方法。

（1）按 Tab 键将在隐藏或显示所有面板之间进行切换。

（2）打开多个文件时，文档窗口将以选项卡方式显示。若要重新排列选项卡式文档窗口，则将调整位置窗口的选项卡拖动到组中的新位置即可。

（3）选择"窗口"｜"排列"｜"在窗口中浮动"命令，可使当前文档窗口成为浮动窗口。

（4）可以将面板的当前大小和位置存储为命名的工作区，即使移动或关闭了面板，也可以恢复该工作区。

2．工具箱

工具箱中工具的名称和快捷键如图 2-3 所示，使用这些工具的方法与其他软件基本相同，例如，单击一个工具按钮可选择该工具，使用快捷键选择工具，工具箱中有三角标识的表示有隐藏工具等。除了这些基本操作以外，使用工具箱时还有以下技巧。

（1）显示工具箱：选择"窗口"｜"工具"命令，将显示工具箱。

（2）显示工具选项：工具箱中的部分工具（如"吸管"、"铅笔"和"多边形"工具等），在双击时将显示工具选项。

（3）临时选择工具：选定某个工具时，按另一个工具的快捷键，执行一个操作，再释放快捷键可返回上一个工具。

例如，如果选择"矩形工具"，则按下 V 键临时使用"选择工具"，直到释放 V 键将重新选择"矩形工具"。

（4）查看工具提示：使用某一工具时，选择"窗口"｜"实用程序"｜"工具提示"命令，可以打开"工具提示"面板。钢笔工具的"工具提示"面板如图 2-4 所示，在该面板中说明了修改键与选定工具结合使用的方式。

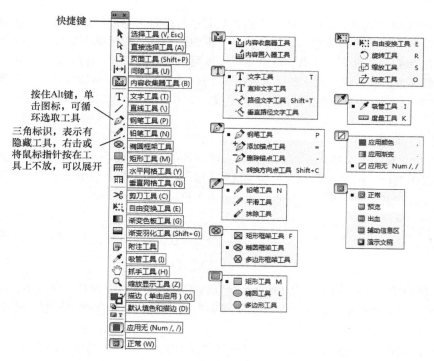

图 2-3　工具箱

3.　面板

InDesign 大部分功能集中在面板中，通过"窗口"菜单，可打开所需要的面板。例如，选择"窗口"｜"描边"命令，打开"描边"面板，如图 2-5 所示。

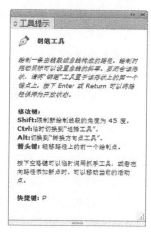

图 2-4　钢笔工具的工具提示面板

图 2-5　面板

（1）面板的组成：面板最上面是标题栏，下面有窗口标签，最下面是工作参数面板，由于面板的区域有限，不能放下所有命令，所以在面板上有"面板菜单"按钮，单击以后可以看到有关的参数。在面板标题栏处有几个小图标，用于改变面板及弹出面板菜单，这些按钮的功能如图 2-5 所示。

（2）移动面板：将光标置于面板的标题栏上，拖动面板即可将面板移动到任意位置。

（3）组合面板：为节省编辑空间可将多个面板组合在一起。例如，拖动"颜色"面板标签，靠近"色样"面板的标签即可自动组合。

（4）在面板和对话框中计算：面板中的参数有些可以直接单击，如按钮、复选框；有些需要选择，如下拉列表；有些需要输入参数，如数值框中的参数。数值框中的参数可以直接输入，也可以通过单击箭头改变数值，如果有滑块还可以使用滑块改变参数，InDesign 还允许计算数值框中的数值，即在数值框中键入简单的运算表达式，按 Enter 键或 Return 键即可进行计算。

数值框中允许进行数学运算符的简单运算，如+（加）、−（减）、×（乘）、/（除）或%（百分比）。

4."控制"面板

"控制"面板集中了文字、图形、图像、表格等各类对象的常用功能。"控制"面板根据选中的对象种类发生变化。图 2-6 所示为字符格式控制面板。"控制"面板中集中了针对所选对象或工具的常用命令。与其他面板相同，在"控制"面板中也可以进行计算。

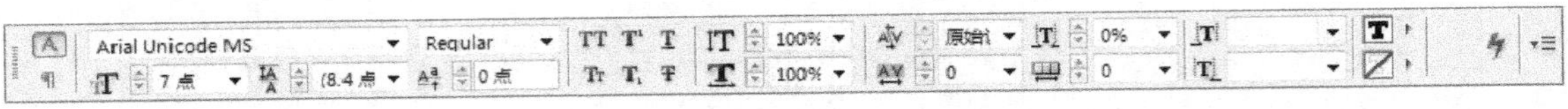

图 2-6 "控制"面板

部分对象的控制面板有两个，如图 2-6 所示，文字的控制面板带有"字符格式控制"和"段落格式控制"，单击面板最左边的"字符格式控制"按钮A和"段落格式控制"按钮¶，可以切换面板。

以上是对工作区的一些简单介绍，有关工作区的详细操作，可参考本案例的"制作过程"。

2.1.3 实用技能——CTP技术

CTP（Computer to Plate）是指经过计算机将图文直接输出到印刷版材上的工艺过程。传统的制版工艺中，印版的制作要经过激光照排输出软片和人工拼版、晒版两个工艺过程。CTP 技术不用制作软片，不依靠手工制版，输出印版重复精度高，网点还原性好，可以根据完善的套印精度缩短印刷准备时间。

CTP 是一个完整的系统工程，需要配套的数字化环境、控制管理技术和设备器材之间的协调作用才能发挥具有的潜能和优势。

CTP 工作流程覆盖的范围已经从前端设备一直延伸到印刷机，甚至要延伸到印后工序，实现了印刷生产系统的高度整合和生产流程的综合管理和控制。

制作过程

启动 InDesign 软件，打开"欢迎屏幕"窗口，如图 2-7 所示，单击"打开"按钮，在弹出的"打开"对话框中选择本书配套素材文件夹中的"手机使用说明书"文件，将其打开（如果需要再显示"欢迎屏幕"窗口，则可以选择"帮助"|"欢迎屏幕"命令）。下面将对窗口进行一系列操作来观察文档，在操作时注意记录介绍的有关操作方法。

1. 翻页

这是一个多页的文档，首先在整个文档中浏览。在同一个文档中不同页面之间的切换被称为翻页。翻页时除了可以使用鼠标中轮滚动、拖动滚动条等操作外，还提供了其他功能方法可方便地在页面之间切换，按下面所述进行操作，体验翻页功能。

（1）使用菜单命令：在"版面"命令中一共有 7 个命令用于翻页，按表 2-1 分别进行键盘操作和快捷键操作，注意观察页面的变化，与表中功能描述进行对比。

表 2-1 使用菜单命令和快捷键翻页

命 令 操 作	快捷键操作	功 能
"版面" | "第一页"	Shift+Ctrl+PageUp	转到本文档的第一页
"版面" | "上一页"	Shift+PageUp	转到当前页的上一页
"版面" | "下一页"	Shift+PageDown	转到当前页的下一页
"版面" | "最后一页"	Shift+Ctrl+PageDown	转到本文档的最后一页
"版面" | "下一跨页"	Alt +PageDown	转到当前页的下一跨页
"版面" | "上一跨页"	Alt +PageUp	转到当前页的上一跨页
"版面" | "转到页面"	Ctrl+J	弹出对话框,指定转到的页面

（2）使用状态栏翻页：在状态栏的导航控制区有翻页的按钮，如图 2-8 所示，单击按钮可以在不同页面中浏览，如果直接定位到某一页，则可以单击页面列表中相应的页面。

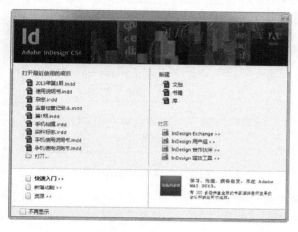

图 2-7   欢迎屏幕

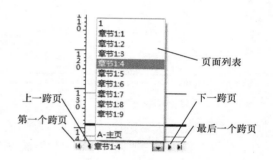

图 2-8   利用状态栏切换页面

注意：页面导航控制区分左右装订方向。例如，如果文档是从右到左阅读的，则变为"下一页"按钮，否则变为"上一页"按钮。

2．缩放和移动页面

利用状态栏上的页面列表，可将页面切换到"章节 1:4"上，然后进行下面的操作。

（1）使用鼠标进行缩放操作：滚动鼠标滑轮上下移动页面，再加上功能键的配合可完成多种操作，按表 2-2 进行操作，然后记录所看到的现象，与表中功能描述进行对比，操作时注意观察鼠标指针所在的位置。

表 2-2   使用鼠标调整页面显示

鼠 标 操 作	功 能 描 述
滚动鼠标滑轮	垂直滚动页面
Ctrl +滚动鼠标滑轮	水平滚动页面
Alt+滚动鼠标滑轮	逐级缩放页面,缩放为 5%~4000%

（2）使用菜单命令和快捷键进行缩放操作：选择"视图"菜单中的命令可以看到"放大"组的 6 个子菜单，用于改变显示比例，每个命令都有快捷键。按表 2-3 分别进行键盘操作和快捷键操作，注意观察页面的变化，与表中功能描述进行对比。其中，使页面适合窗口的效果如图 2-9 所示，显示完整粘贴板的效果如图 2-10 所示。

表 2-3　使用菜单命令和快捷键调整显示比例

命 令 操 作	快捷键操作	功 能
"视图" | "放大"	Ctrl+=	以微调步长放大显示版面
"视图" | "缩小"	Ctrl+−	以微调步长缩小显示版面
"视图" | "使页面适合窗口"	Ctrl+0	当前页面完整显示在窗口中
"视图" | "使跨页适合窗口"	Alt+Ctrl+0	当前页面所在跨页完整显示在窗口中
"视图" | "实际尺寸"	Ctrl+1	以页面的实际大小显示
"视图" | "完整粘贴板"	Alt+Shift+Ctrl+0	将当前页面的整个粘贴板显示出来

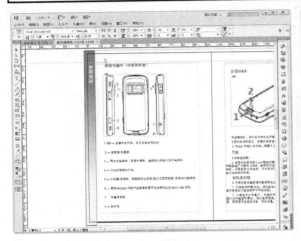

图 2-9　使页面适合窗口

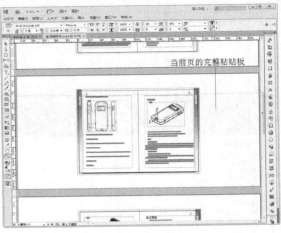

图 2-10　显示完整粘贴板

（3）使用放大镜进行缩放操作：使用放大镜时有两种方法，即单击和框选，按表 2-4 进行操作，注意观察页面的变化，与表中功能描述进行对比。

表 2-4　使用放大镜工具调整显示比例

操 作	功 能 描 述
选择放大镜工具后，单击版面	以微调步长放大显示页面
选择放大镜工具后，Alt+单击	以微调步长缩小显示页面
选择放大镜工具后，框选区域	将框选区域放到当前窗口中

（4）使用"抓手"工具：单击"抓手"工具，按住鼠标左键并拖动。

虽然这里介绍了多种调整及显示比例的方法，但读者只要使用自己最熟的方法即可，推荐使用快捷键和鼠标操作。

3．更改标尺和零点

标尺可以指示出对象的位置等重要参数，默认的标尺单位是毫米，可以选择"编辑" \| "首选项" \| "单位和增量"命令，在弹出的"首选项"对话框中修改标尺的单位，也可以按下面的操作步骤（3）修改标尺的单位。

（1）显示和隐藏标尺：选择"视图" \| "显示标尺"命令，可以在工作区中显示标尺；如果标尺已经显示，则菜单命令会变为"隐藏标尺"；选择"视图" \| "隐藏标尺"命令，可将标尺隐藏。

在这一步的操作中最终要求显示标尺，注意水平方向的标尺和垂直方向的标尺总是同时显示或隐藏的。

（2）修改零点：零点是坐标原点，在两个标尺交叉点拖动零点到需要的位置即可改变零点，默认零点在页面左上角。在这一步操作中要求将零点拖动到版心左上角，方法如图 2-11 所示。在操作时注意观察选中对象的"控制"面板中 X、Y 值的变化。

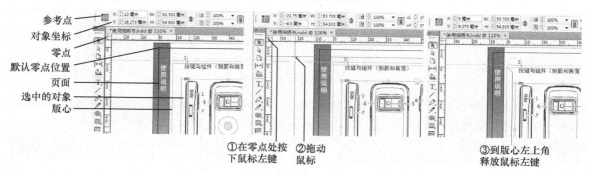

图 2-11　调整零点

按住 Shift 键并双击标尺交叉点，则恢复零点为默认的页面左上角。

（3）更改度量单位：将鼠标指针移到水平标尺上右击，在弹出的快捷菜单中选择"厘米"命令，然后在垂直标尺上右击，在弹出的快捷菜单中选择"英寸"命令。通过这一步的操作将水平和垂直标尺更改为不同单位。

4．参考线

InDesign 提供了水平和垂直两种参考线，用于对象的定位。参考线用于辅助排版，只显示，在后端并不输出。在进行下面的操作前先将标尺的度量单位恢复为毫米。

（1）建立垂直参考线：在 5mm 处建立一条垂直参考线，操作过程如图 2-12 所示。

（2）建立跨页参考线：按住 Ctrl 键，然后从水平标尺向下拖出一条参考线。

这条参考线在两页中均出现，是跨页参考线，如果从水平标尺直接拖出参考线，则参考线只在一页中出现，如图 2-13 所示。

（3）创建一组等间距的页面参考线：选择"版面"｜"创建参考线"命令，弹出"创建参考线"对话框，如图 2-14 所示，按图中所示进行设置，单击"确定"按钮，即可创建一组参考线。

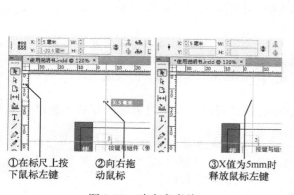

图 2-12　建立参考线

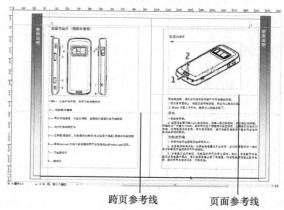

图 2-13　跨页参考线和页面参考线

（4）删除参考线：单击页面上需要删除的参考线，按 Delete 键即可将其删除。

除了这种方法外，将参考线拖回标尺也可删除参考线。另外，在图 2-14 所示对话框中选中

"移去现有标尺参考线"复选框，单击"确定"按钮，可以一次删除所有参考线。尝试使用上面介绍的方法删除页面中创建的参考线。

图 2-14　"创建参考线"对话框

（5）移动参考线：将 5mm 处的垂直参考线移到 113mm 处。将鼠标指针移到参考线上，按下左键，当鼠标指针变为双箭头状时，拖动鼠标即可移动参考线，也可以在"控制"面板中通过修改 X（垂直参考线）值来移动参考线，参考线的"控制"面板如图 2-15 所示。

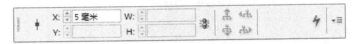

图 2-15　参考线的"控制"面板

用同样的方法，可以移动水平参考线。

（6）锁定参考线：选择"视图"|"网格和参考线"|"锁定参考线"命令，使此命令前出现选中标记，可以将所有参考线锁定。如果要解锁，再执行一次此命令，使命令前的选中标记消失即可解锁。

5．设置视图模式

InDesign 中有 5 种视图模式：正常、预览、出血、辅助信息、演示文稿。按下面的操作切换视图模式，在切换时注意观察屏幕的变化。

（1）用菜单栏右侧的按钮切换视图模式：单击菜单栏右侧的"屏幕模式"按钮▣▾，在弹出的下拉列表中选择相应的选项。

（2）用工具栏下面的按钮切换视图模式：单击工具栏最下面的模式按钮即可进行切换。

（3）使用菜单命令切换：选择"视图"|"屏幕模式"子菜单中的命令进行切换。

InDesign 中的这 5 种视图模式含义如下。

① 正常模式：在标准窗口中显示版面及所有可见网格、参考线、非打印对象、空白粘贴板等。

② 预览模式：完全按照最终输出显示图稿，所有非打印元素（网格、参考线、非打印对象等）都被禁止，粘贴板被设置为预览背景色。

③ 出血模式：与预览模式唯一不同的是文档出血区内的所有可打印元素都会显示出来。

④ 辅助信息区模式：与预览模式唯一不同的是文档辅助信息区的所有可打印元素都会显示出来。

⑤ 演示文稿模式：以幻灯片演示的形式显示图稿，不显示任何菜单、面板或工具。

6．首选项设置

选择"编辑"|"首选项"命令，在子菜单中选择设置项目，可对系统的默认设置进行更改。由于设置内容较多，下面进行其中的两种设置。

（1）单位和增量：选择"编辑"|"首选项"|"单位和增量"命令，弹出"首选项"对话框并显示"单位和增量"选项卡，如图 2-16 所示，在该对话框中将"描边"的单位设置为"点"，将键盘增量中的"光标键"设置为 0.1 毫米，单击"确定"按钮。

完成后可以尝试其他单位的设置，注意观察各面板中参数单位的变化。

（2）参考线和粘贴板：选择"编辑"|"首选项"|"参考线和粘贴板"命令，弹出"首选项"对话框并显示"参考线和粘贴板"选项卡，如图 2-17 所示，将"预览背景"的颜色设置为"金色"，单击"确定"按钮。完成后可进入预览状态，观察效果。

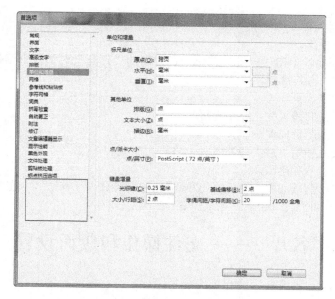

图 2-16　"首选项"对话框（单位和增量）

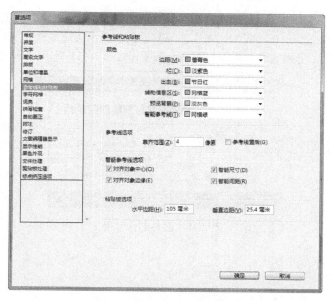

图 2-17　"首选项"对话框（参考线和粘贴板）

思考练习

1. 问答题

（1）怎样临时使用一个工具？

（2）如果要显示当前使用工具的提示，则应如何操作？

（3）如何显示面板菜单？

（4）在面板的数值框中可以进行哪些计算？

2．操作题

按如下所述顺序操作。

（1）启动 InDesign，单击"打开"按钮，在弹出的"打开"对话框中选择本书配套素材文件夹中的"书籍"文件，将其打开。

（2）直接翻页到第 5 页。

（3）将第 5 页所在的跨页完全显示在屏幕上。

（4）由当前页开始逐页向前浏览。

（5）回到第 1 页时使用"放大镜"工具，将页面放大。

（6）切换标尺的显示和隐藏。

（7）将标尺零点移到版心左上角，在 33mm 处建立跨页水平辅助线，在 90mm 处建立垂直辅助线。

2.2 制作"名片"——文件操作和版面设置

案例展示

一张小小的名片上集中了姓名、单位、职务、地址、联系方式等多种信息，它可以使人们在初识时就能充分利用时间交流思想，无需忙着交流最基本的信息，因此现代人的生活中，名片应用非常广泛。本节将制作名片，带领大家来体验 InDesign 的工作过程。名片制作完成的效果如图 2-18 所示。

图 2-18　名片制作效果

看图解题

制作名片时的技术要点如图 2-19 所示。

图 2-19　名片制作要点

重点掌握

➢ 新建、打开、保存、关闭文件；
➢ 版面设置。

友情链接：本案例的制作步骤见"制作过程"。

知识准备

使用任何一个软件都会涉及有关文件的操作和文档整体设置，本节将介绍在 InDesign 中的相关操作。

2.2.1 常用文件操作

在开始进行排版之前一定会新建文件，之后还会遇到保存文件、打开文件等相关操作，下面将介绍有关文件的操作。

1. 新建文件

新建文件的操作方法如下。

（1）选择"文件"｜"新建"｜"文档"命令，或按 Ctrl+N 组合键，弹出"新建文档"对话框，如图 2-20 所示，单击"更多选项"按钮后弹出完整的"新建文档"对话框，如图 2-21 所示。

图 2-20 "新建文档"对话框

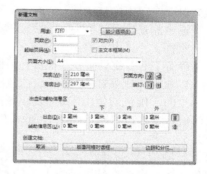

图 2-21 完整的"新建文档"对话框

（2）设置版心参数后，如果创建的文档中需要包含网格，则单击"版面网格对话框"按钮（如果不需要网格，则跳过本步进入下一步），即可弹出"新建版面网格"对话框，如图 2-22 所示，设置完成后单击"确定"按钮完成文档的创建，创建好的文档如图 2-23 所示。

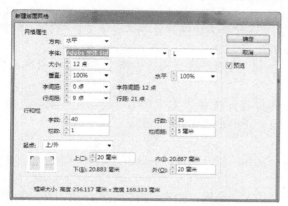

图 2-22 "新建版面网格"对话框

图 2-23 有版面网格的文档

（3）如果不需要版面中有网格，则可单击"边距和分栏"按钮，弹出"新建边距和分栏"对话框，如图2-24所示，设置完成后单击"确定"按钮完成版面的创建，创建完成后文档窗口如图2-25所示。

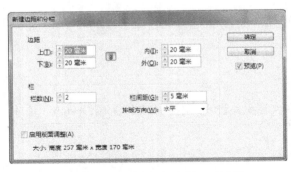

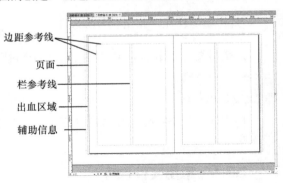

图2-24　"新建边距和分栏"对话框　　　　　图2-25　新文档窗口

2．新建文档参数的设置

大多数文件不需要网格，所以在新建文件时一般会遇到"新建文档"和"新建边距和分栏"两个对话框。其涉及的一些参数含义如下。

（1）起始页码：指定文档的起始页码。如果选中"对页"复选框并指定了一个偶数（如2）作为起始页码，则文档中的第一个跨页将以一个包含两个页面的跨页开始。

（2）对页：选中此复选框可以使双页面跨页中的左右页面彼此相对，如书籍和杂志。

取消选中此复选框可以使每个页面彼此独立，如制作传单或海报时。

（3）页面大小：从下拉列表中选择一个页面大小，或者输入"宽度"和"高度"值。页面大小表示在裁切了出血或页面外其他标记后的最终产品的实际大小。

（4）出血：印刷品在印制完成后要经过裁切，使其边缘整齐。因此，设置文档页面大小时应超出实际页面，供裁切使用，这个超出的大小就是出血的大小。成品裁切为最终页面大小时，出血区域的信息将被裁切掉。在InDesign中，出血是在文档页面外加出一定范围，出血的设置不影响页面大小。

（5）辅助信息区：辅助信息区可存放打印信息和自定颜色条信息，还可显示文档中其他信息的说明和描述。定位在辅助信息区中的对象将被打印，但在将文档裁切为其最终页面大小时，该对象将消失。

超出出血或辅助信息区外的对象将不打印。

3．保存文件

InDesign中可以将文件保存为文档或模板，保存文件的情况分为以下几种。

（1）将尚未保存过的文件保存：选择"文件"｜"存储"命令，或按Ctrl+S组合键，弹出"存储为"对话框，如图2-26所示；在"保存在"下拉列表中选择路径，在"文件名"文本框中输入文件名，在"保存类型"下拉列表中选择保存类型，单击"保存"按钮。

（2）保存已经保存过，但经过编辑的文件：选择"文件"｜"保存"命令，或按Ctrl+S组合键，都可以将正在编辑的文件保存。

（3）将已经保存过的文件以其他名称或位置保存：选择"文件"｜"另存为"命令，弹出"存储为"对话框，如图2-26所示，按要求进行设置后单击"保存"按钮。

4．打开文件

启动一个InDesign程序，可以同时编辑多个文件，打开文件的方法有多种，下面介绍其中的两种。

（1）选择"文件"｜"打开"命令，或按Ctrl+O组合键，弹出"打开"对话框。在列表框中选择要打开的InDesign文件，单击"打开"按钮即可打开选中的文件。

图 2-26 "存储为"对话框

（2）在文件列表窗口中选中文件，按住鼠标左键，将文件拖动到 InDesign 中，也可以双击某个文件，快速打开单个文件。

5．关闭文件

选择"文件" | "关闭"命令，或按 Ctrl+W 组合键，或单击文档窗口右上角的"关闭"按钮，可关闭当前打开的文件。如果当前编辑的文件未经保存，则系统会弹出提示对话框，询问是否先保存再关闭。选择"是"，系统将保存文件的修改并关闭文件；选择"否"，文件将不保存而被立即关闭；选择"取消"，则不会关闭文件，直接返回页面。

2.2.2 常用文档操作

创建了文档以后，可能会遇到所建立文档的大小、边距不合适等问题；也有可能需要增加几页或者需要将一些页面删除。下面将介绍这些与文档有关的操作。

1．版面设置

需要对文档页面进行设置时，选择"文件" | "文档设置"命令，弹出"文档设置"对话框，如图 2-27 所示。从图中可以看出，它的主要参数与"新建文档"对话框基本相同，有关操作可参考前面的介绍。

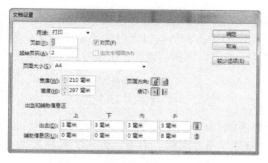

图 2-27 "文档设置"对话框

2．修改边距和分栏

选择"版面" | "边距和分栏"命令，弹出"边距和分栏"对话框，该对话框与"新建边距和分栏"对话框基本相同，参看图 2-24，设置完成后单击"确定"按钮。

如果"栏数"设置为 2 以上，则在页面上可以看到分栏的效果，仔细观察会发现它与使用"创建参考线"命令创建的栏基本相同，但实际上是不一样的。例如，使用"创建参考线"创建的栏在置入文本文件时不能控制文本排列，而使用"边距和分栏"命令创建的是适用于自动排文的主栏分隔线。

3．添加新页面

当新建文档创建的页面数量不够时，需要增加新的页面，根据实际工作情况，添加新页面分为以下几种情况。

（1）向文档末尾添加多个页面：选择"文件"｜"文档设置"命令，弹出"文档设置"对话框，在"页数"数值框中输入增加页面后文档的总页数，单击"确定"按钮。

例如，原文档有 5 页，现在需要增加 3 页，则应在"页数"数值框中输入"8"，或者在原有的数字后面输入"+3"即可在文档的最后增加 3 页。

（2）在活动页面或跨页之后添加页面：选择"版面"｜"页面"｜"添加页面"命令，或按F12 键，打开"页面"面板，单击其中的"新建页面"按钮。新页面将与现有的活动页面使用相同的主页。

（3）添加页面并指定文档主页：选择"版面"｜"页面"｜"插入页面"（或在"页面"面板菜单中选择"插入页面"命令），弹出"插入页面"对话框，如图 2-28 所示，单击"确定"按钮。

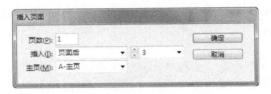

图 2-28 "插入页面"对话框

2.2.3 实用技能——名片的规格

名片的主要规格有 90mm×55mm 的单张型、100mm×90mm 的双折型，现在还出现了 90mm×50mm、90mm×45mm、85mm×45mm 等多种规格的名片，这些不同规格的名片形成了不同的风格。从形式上看有横排、有竖排；从用纸上看以白底黑字居多，但也有使用彩色纸或背景有图案的名片纸。

名片版面较小，但单位、姓名、职务、地址、邮编、电话、手机、传真、邮件等信息内容较多。因此要求姓名用字大而醒目，地址、电话等用字小而清晰。各项位置则可根据美观、别致等原则安排。

在制作名片时应根据用纸的大小和版心尺寸，再根据内容多少决定用字大小。一般单位名称用黑体等粗体字，占一行时使用四号字，占两行以上时使用小四号字。姓名可以使用楷体、行楷体等字体，二号或小一号字，字间应加空。电话、地址、邮编等内容可用五号或小五号的宋体、细黑。

制作过程

1．创建新文件并建立参考线

（1）选择"文件"｜"新建"｜"文档"命令，弹出"新建文档"对话框，如图 2-29 所示，按图中所示数据进行设置。

（2）单击"边距和分栏"按钮，弹出"新建边距和分栏"对话框，如图 2-30 所示，按图中所示数据进行设置，单击"确定"按钮完成新文档的创建。

（3）按 Ctrl+S 组合键，弹出"存储为"对话框，如图 2-31 所示，选择保存路径后在"文件名"文本框中输入"名片"，其他按图 2-31 进行设置，单击"保存"按钮。

（4）选择"版面"｜"标尺参考线"命令，弹出"标尺参考线"对话框，如图 2-32 所示，在该对话框中，单击"颜色"下拉按钮，在弹出的下拉列表中选择"紫红色"选项，单击"确定"按钮。将参考线的颜色设置为紫红色。

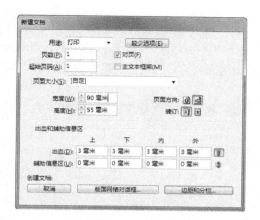

图 2-29　"新建文档"对话框

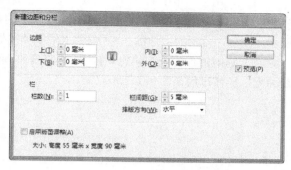

图 2-30　"新建边距和分栏"对话框

图 2-31　"存储为"对话框

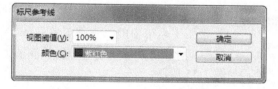

图 2-32　"标尺参考线"对话框

（5）从水平标尺向下拖动出一条水平参考线，在屏幕提示为 2 毫米时释放鼠标左键（或创建完成参考线后使用工具箱中的"选择工具" 选中参考线，在"控制"面板中将 Y 值设置为 2 毫米），用同样的方法创建其他参考线，如图 2-33 所示。注意，其中有两条是垂直参考线。

（6）在页面中右击，在弹出的快捷菜单中选择"网格和参考线"｜"锁定参考线"命令。

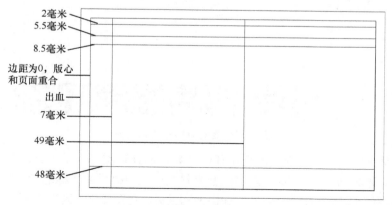

图 2-33　创建好参考线的文档

2．绘制图形及排入图像

（1）使用工具箱中的"矩形工具" ，在页面最下面拖动鼠标绘制一个矩形，使用工具箱中的"选择工具" ，选中刚创建的矩形，调整矩形的几个控制柄来调整它的大小，最终效果如图 2-34 所示，注意，矩形的上边缘在 48 毫米水平参考线处。

（2）这时矩形为选中状态，按 F6 键打开"颜色"面板，用该面板为矩形设置绿色填充色，描边为无，操作过程如图 2-34 所示。

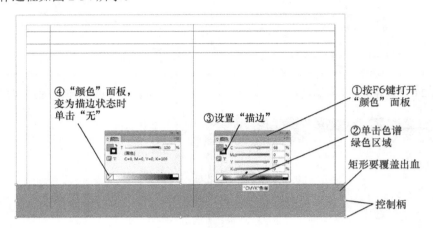

图 2-34　绘制矩形并填色

（3）保证矩形为选中状态，按 Ctrl+C 组合键复制，再按 Ctrl+V 组合键两次，粘贴 2 个矩形。

（4）使用工具箱中的"选择工具" ，选择一个粘贴的矩形，将它移到 2 毫米水平提示线处，将鼠标指针移到矩形下边线中间控制柄上，向上拖动鼠标，使其下边线在 5.5 毫米水平提示线处，如图 2-35 所示。

（5）单击复制出来的另一个矩形，用上一步的方法调整其大小和位置，如图 2-35 所示。

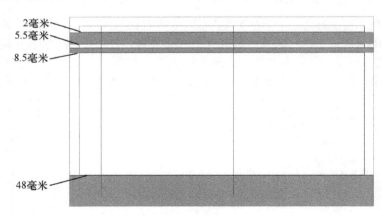

图 2-35　复制矩形并调整大小

（6）在页面空白处单击，保证不选中任何对象，选择"文件"｜"置入"命令，弹出"置入"对话框，如图 2-36 所示，选择本书配套素材文件夹中提供的"标志 2-1"文件，单击"打开"按钮，这时鼠标指针变为 状，在版面中拖动鼠标，将图像排入到版面中。

（7）选中置入的图像，按住 Ctrl 键拖动控制柄调整图像的大小，再将其移动到合适的位置，如图 2-37 所示。

图 2-36　"置入"对话框

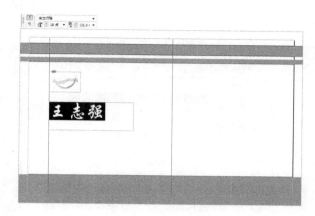

图 2-37　设置字体和字体大小

3．输入文字

（1）使用工具箱中的"文字工具" [T]，在版面中拖动鼠标绘制出一个文本框架，输入文字"王志强"拖动鼠标选中文字"王志强"，在"控制"面板中调整字体为华文行楷，字体大小为 18 点，效果如图 2-37 所示。

（2）使用工具箱中的"选择工具" [k]，单击文字"王志强"所在的文字框架，双击右下角的控制柄，如图 2-38 所示，这样可以使文字框架贴在文字上。

（3）重复上面的步骤，再创建一个文本框架，输入文字"经理"，设置文字为黑体、9 点，使用选取工具单击文本框架的轮廓线，拖动鼠标将文字移动到文字"王志强"的右侧，并利用智能参考线对齐框架位置，如图 2-39 所示。

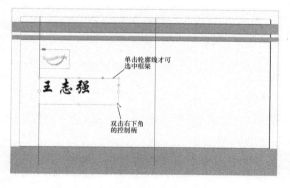

图 2-38　调整文本框架的大小和位置

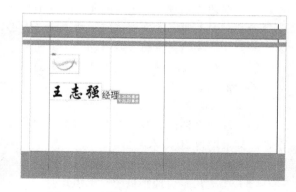

图 2-39　利用智能参考线对齐框架位置

（4）再绘制一个文本框架，输入文字"康靠泊文化发展有限公司"，用前面介绍的方法设置文字为方正综艺简体、14 点。再绘制一个文本框架，输入公司地址等信息，设置文字为黑体、7 点，调整好位置，如图 2-40 所示。

（5）选择"文件"｜"导出"命令，弹出"导出"对话框，如图 2-41 所示，按图选择保存路径、文件名和文件类型，单击"保存"按钮，弹出"导出 Adobe PDF"对话框，使用默认设置，单击"导出"按钮。

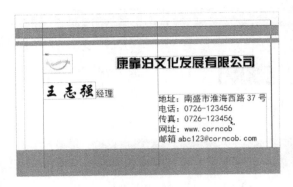

图 2-40　输入公司名称和地址　　　　图 2-41　"导出"对话框

经过以上操作完成名片的制作，输出后的效果如图 2-18 所示。

思考练习

1．问答题

（1）新建文档时，参数"对页"的作用是什么？

（2）新建文档时，参数"出血"的作用是什么？

（3）已经创建好的文档，怎样修改纸张大小？

（4）如何在当前页面之后添加一个页面？

（5）如何在文档最后一次添加 5 个页面？

2．操作题

按下述要求操作。

（1）新建文档：页数为 3 页，页面宽度为 200 毫米，页面高度为 185 毫米；页边距内侧为 40 毫米，其余均为 20 毫米。

（2）将文件保存为"杂志.indd"。

（3）将标尺零点拖到页面左上角。

（4）在第 2、3 面构成的跨页中创建跨页水平参考线，位置为 45 毫米；创建垂直参考线，位置为 20 毫米和 230 毫米。

（5）在第 2 页 45 毫米水平参考线和 20 毫米垂直参考线交叉处创建一个矩形，在"颜色"面板中将其填充为红色。

（6）在第 3 页 45 毫米水平参考线和 230 毫米垂直参考线交叉处创建一个矩形，在"颜色"面板中将其填充为绿色。

（7）在第 2 页后面添加 3 页，在文档最后添加 5 页。

本章回顾

　　InDesign 是 Adobe 公司开发的新一代的专业排版领域的设计软件，功能强大，工作界面友好，与 Adobe 公司其他产品界面有相似性，易于掌握。

　　InDesign 的命令主要集中在各种面板中，面板可以方便地在工作区中显示和隐藏；工具箱中的工具可以创建各种对象；"控制"面板可根据所选对象智能变化，存放了选中对象的常用命令；多种参考线可以准确定位对象，智能参考线在不使用对齐命令的情况下自动与相关的对象对齐。InDesign 的更多功能和使用技巧有待于继续学习与开发。

企业 VI 设计——图形、对象和颜色

本章导读

　　图形是构成版面的一个重要的元素。图形具有简单、直观、形象生动、传递信息快、感受强烈等特点。图形不仅能够帮助人理解、表达思想，还能更直观、形象，且易于被识别和记忆。另外，图形还具有对版面进行装饰、分割的作用。在 InDesign 中绘制图形主要使用矩形工具、椭圆工具、菱形工具、多边形工具、直线工具和钢笔工具。版面设计的另一个重要因素是使用颜色，在 InDesign 中有方便的颜色管理系统，使得设计者可以方便地对颜色进行操作。

3.1　绘制"企业 LOGO"——使用绘图工具绘制图形

案例展示

　　企业标志是特定企业的象征与识别符号，通过简练的造型、生动的形象来传达企业的理念、具有内容、产品特性等信息。本节所设计的企业标志为一个横放的字母 C，取自公司名称"Corncob"中的第一个字母；在 C 上旁边的几条曲线由玉米须变形而来。

图 3-1　企业标志

看图解题

　　制作企业 LOGO 时的技术要点如图 3-2 所示。

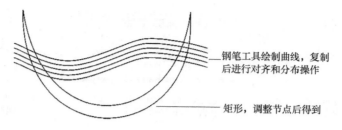

钢笔工具绘制曲线，复制
后进行对齐和分布操作

矩形，调整节点后得到

图 3-2   企业标志制作时的要点

重点掌握

➢ 掌握矩形、椭圆、菱形、多边形及直线的绘制方法；
➢ 掌握使用钢笔工具绘制图形的方法；
➢ 掌握编辑图形的常用方法。
友情链接： 本案例的制作步骤见"制作过程"。

知识准备

在 InDesign 中绘制图形主要使用工具箱中的工具。在工具箱里有两组绘图工具，一组是用来绘制基本形状的，如直线、矩形、椭圆、多边形等；另一组是用来绘制比较复杂的图形的，如钢笔工具、画笔工具等。

3.1.1 绘制基本形状及转换形状

基本形状一般是比较标准的图形，如矩形、圆形、多边形等，这些形状要使用工具箱中的形状绘制工具，如图 3-3 所示，这是一组工具，在工具箱中显示的工具按钮与上一次使用的工具有关，按住此按钮（或右击此按钮）可以显示出全部绘制形状的工具，再单击即可使用。

1. 绘制矩形和椭圆

分别使用工具箱中的"矩形工具" ▢、"椭圆工具" ◯，可以绘制出相应的形状，这两个工具的使用方法基本相同。下面以矩形工具为例，介绍使用方法。

（1）直接绘制矩形或椭圆：按图 3-4 所示步骤进行操作，就可以绘制所需大小的矩形或椭圆。

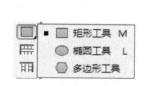

图 3-3   绘制图形的工具按钮

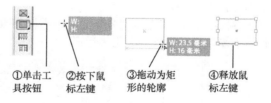

①单击工
具按钮　②按下鼠
标左键　③拖动为矩
形的轮廓　④释放鼠
标左键

图 3-4   绘制矩形

（2）绘制正方形和正圆：绘制过程中，按住 Shift 键，可绘制出一个正方形、正圆。

（3）从中心开始绘制矩形或椭圆：绘制形状时，按住鼠标左键的同时按 Alt 键，所绘制的图形以鼠标所在位置为中心向外绘制。

（4）精确绘制矩形或椭圆：虽然在用拖动鼠标的方法绘制矩形或椭圆时，可以通过屏幕提示知道图形的大小，但要精确控制会有一定难度。InDesign 提供了精确绘制的方法，其中绘制椭圆的操作步骤如图 3-5 所示，精确绘制矩形的方法与之相同。

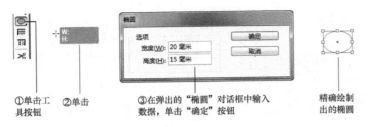

图 3-5　精确绘制椭圆

2．绘制直线

InDesign 系统提供了绘制任意方向直线段的功能，按住 Shift 键还能准确绘制出水平线段、垂直线段及与水平夹角为 45°的线段，绘制方法如下。

（1）使用工具箱中的"直线工具"，进入绘制线段状态。

（2）在线段的起点按住鼠标左键，拖动鼠标到线段终点，释放鼠标左键即可生成直线。

在绘制过程中，按住 Shift 键，分别朝水平、上下、斜角方向拖动，将分别产生水平、垂直或倾斜角度为 45°的线段。

3．绘制多边形

利用"多边形工具"可以绘制出各种多边形和不同的星形。根据要求绘制多边形时有以下几种方法。

（1）设置参数后绘制多边形：控制多边形形状的参数主要有"边数"和"星形内陷"，InDesign如果需要不同形状的多边形，则需要先设置参数，然后创建图形，其操作步骤如图 3-6 所示。

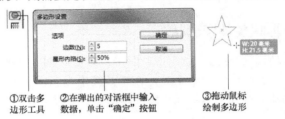

图 3-6　设置参数后绘制多边形

（2）用上一次的参数绘制多边形：如果多边形的参数与上一次绘制时相同，则可以单击多边形工具以后，在页面中直接绘制。

使用以上两种方法绘制的过程中，如果按住 Shift 键，则系统自动生成正多边形；按住 Alt键，则从中心开始绘制多边形。

（3）精确绘制多边形：精确绘制多边形时，不仅要照顾到"边数"和"星形内陷"，还要设置其大小，按图 3-7 操作即可精确绘制出多边形。

图 3-7　精确绘制多边形

4．绘制框架

在工具箱中有一组工具，分别是"矩形框架工具" ⊠ 、"椭圆框架工具" ⊗ 和"多边形框架工具" ⊗ ，这几个工具的使用方法与矩形工具、椭圆工具和多边形工具的使用方法相同，只不过所绘制出的是占位符形状，如图 3-8 所示。它带有一个 X，表示以后应该用文本或图像替换它。

图 3-8　不同的框架

3.1.2　使用钢笔工具绘制路径

InDesign 提供了功能强大的钢笔工具，使用该工具可以绘制曲线或折线。钢笔工具还提供了续绘功能，可以在已有的曲线或折线的端点处继续绘制。使用钢笔工具绘制的是路径，路径由一个或多个直线或曲线线段组成。路径可以是闭合的（如：圆）；也可以是开放的并具有不同的端点（如：波浪线）。

1．绘制折线

使用钢笔工具，通过单击可以形成折线，这些折线称为路径，路径可分为开放路径和闭合路径。

（1）绘制折线构成的开放路径：使用工具箱中的"钢笔工具" 🖉 ，然后依次在页面上单击即可形成折线，如图 3-9 所示。

使用钢笔工具绘制折线时，每单击一次形成一个锚点，最后添加的锚点是实心矩形，表示其为选中状态；其他锚点为空心矩形。

（2）绘制折线构成的闭合路径：在绘制折线时，如果最后一次单击的是第一个锚点，则会形成闭合路径，如图 3-10 所示。

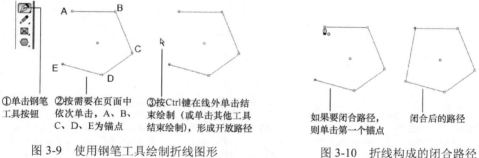

图 3-9　使用钢笔工具绘制折线图形　　　　　图 3-10　折线构成的闭合路径

2．绘制曲线

使用钢笔工具绘制路径时，按下鼠标左键后拖动鼠标，即可绘制曲线。

（1）使用钢笔工具绘制曲线：使用工具箱中的"钢笔工具" 🖉 ，按图 3-11 所示方法进行绘制。

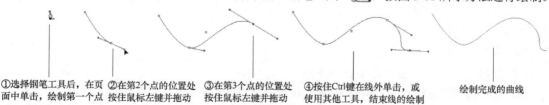

图 3-11　使用钢笔工具绘制曲线

在曲线的绘制过程中，每次按下鼠标左键并拖动形成的锚点，两个锚点之间的线是路径段。

（2）使用钢笔工具绘制闭合曲线：在绘制曲线时，如果最后一次单击的是第一个锚点，则会形成闭合路径。单击第一个锚点和单击并拖动鼠标形成的效果如图 3-12 所示。

3．续绘及连接曲线

已经绘制好的开放路径，在结束绘制后，可以使用钢笔工具继续绘制，即续绘。

（1）使用钢笔工具继续绘制曲线：使用工具箱中的"钢笔工具" ，将鼠标指针移到已经存在图形的一端上单击，即可继续绘制曲线，如图 3-13 所示。

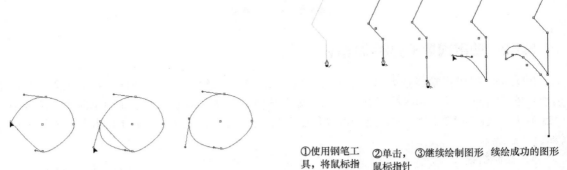

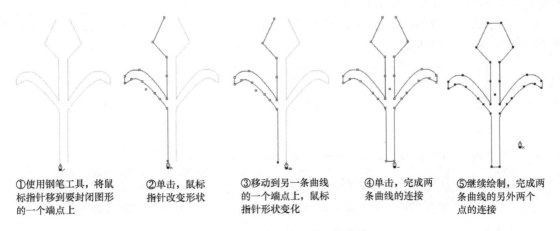

图 3-12　使用钢笔工具绘制闭合曲线　　　　图 3-13　使用钢笔工具续绘曲线

（2）连接曲线：利用续绘功能可以连接两条非封闭的曲线或折线，操作过程如图 3-14 所示。

图 3-14　使用钢笔工具连接曲线

如果两个非封闭的曲线带有不同的属性，如设置的填充色、线型等，则完成连接后的曲线要取最后一个被连接的曲线属性。

即时体验

绘制小熊脸部图，效果如图 3-15 所示。

（1）绘制宽 50 毫米，高 35 毫米的椭圆，作为小熊的脸部。

（2）绘制宽高均为 4 毫米的圆，作为小熊的眼睛，按 F5 键打开"色板"面板，选择"黑色"。

图 3-15　绘制小熊

（3）将眼睛复制一次，移到合适位置。

（4）绘制宽 7 毫米、高 6 毫米的椭圆，作为小熊的鼻子，填充黑色。

（5）使用钢笔工具绘制其他曲线。

3.1.3　编辑路径

在改变路径形状或编辑路径之前，必须选择路径的锚点或线段。

1．选择路径、线段和锚点

使用工具箱中的"选择工具" 可以选择整个路径或形状，使用工具箱中的"直接选择工具" 可以选择路径中的一部分，如一个或几个锚点、路径中的一段线段。

（1）选择锚点：使用"直接选择工具" 单击锚点即可进行选择。按住 Shift 键并单击可选择多个锚点。

选中一个锚点后，可以看到一条线，如图 3-16 所示。与锚点相连的线是方向线，方向线两端点是方向点。方向线和方向点构成的方向手柄可以调整路径的形状。

（2）选择路径段：使用"直接选择工具" ，在线段的 2 个像素内单击即可选择路径段。

2．编辑路径中的线段或锚点

在编辑路径前先观察决定路径的因素有哪些，如图 3-16 所示的一段曲线，从图可以看出，决定路径形状的是锚点的位置和方向线，通过控制锚点和方向点可以调整曲线形状。

（1）移动锚点：使用"直接选择工具" ，可以直接选择锚点，并通过移动锚点来修改曲线的形状，操作方法和效果如图 3-17 所示。

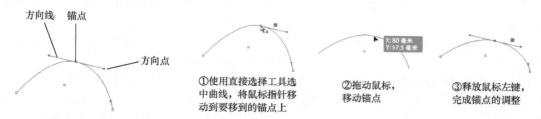

①使用直接选择工具选中曲线，将鼠标指针移动到要移到的锚点上

②拖动鼠标，移动锚点

③释放鼠标左键，完成锚点的调整

图 3-16　锚点与方向线对路径的影响　　　　图 3-17　移动锚点

（2）移动方向点：选中一个锚点时可以看到锚点上影响曲线形状的另一个因素是方向线，调整方向线两端的方向点可以控制方向线，从而调整曲线形状。

（3）移动线段：使用"直接选择工具" 单击路径中的一个线段，用鼠标拖动该线段，与该线段相关的锚点和线段也会随之改变，如图 3-18 所示。

3．添加或删除锚点

路径的形状控制中一个重要的方法就是控制锚点。当曲线上的锚点过少时，不能按要求控制曲线形状；当锚点过多时，又会使得形状的可编辑性变差，控制起来更加麻烦。所以在实际工作中，经常需要完成添加锚点和删除锚点的操作。

（1）添加锚点：在工具箱中右击钢笔工具，可以弹出一组工具，在这组工具中，"钢笔工具" 和"添加锚点工具" 都可以添加锚点，添加锚点的方法如图 3-19 所示。

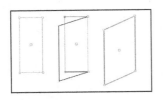

图 3-18　使用直接选择工具移动线段

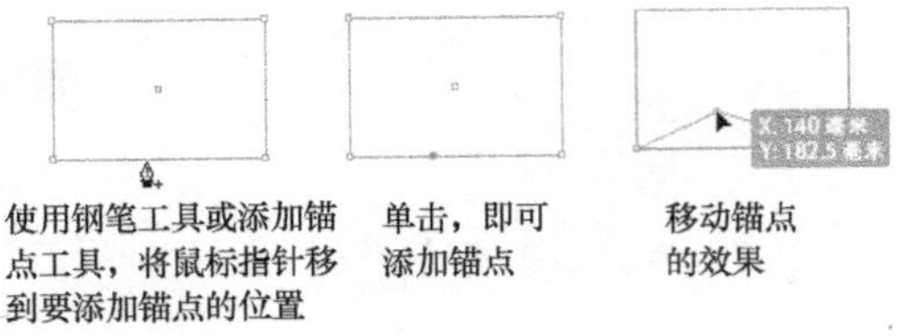

使用钢笔工具或添加锚点工具，将鼠标指针移到要添加锚点的位置　　单击，即可添加锚点　　移动锚点的效果

图 3-19　添加锚点

默认情况下，将"钢笔工具" 定位到所选路径上时，它会变为"添加锚点工具" ；将钢笔工具定位到锚点上时，它会变为"删除锚点工具" 。

（2）删除锚点：使用工具箱中的"钢笔工具" 和"删除锚点工具" 都可以删除锚点，如图 3-20 所示。

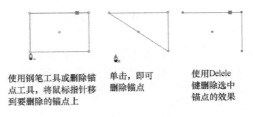

使用钢笔工具或删除锚点工具，将鼠标指针移到要删除的锚点上　　单击，即可删除锚点　　使用Delete键删除选中锚点的效果

图 3-20　删除锚点

提示

在选中锚点后，如果使用 Delete、Backspace 等键来删除锚点，则会将锚点和连接到该点的线段同时删除。

4．在平滑点和角点之间进行转换

路径中的锚点类型有角点和平滑点。在角点两端路径可以突然改变方向；在平滑点两端路径段连接为连续曲线。

（1）使用转换方向点工具：右击"钢笔工具" ，在弹出的工具组中单击"转换方向点工具"按钮 ，利用该工具可以转换点的类型，操作方法如图 3-21 所示。

（2）使用路径查找器中的工具：选择"窗口"｜"对象和版面"｜"路径查找器"命令，打开"路径查找器"面板，如图 3-22 所示，在"转换点"选项组中单击工具按钮，就可以把锚点的类型转换为相应的类型。图 3-21 中转换的锚点，单击图 3-22 中的"平滑"按钮即可达到要求的效果。

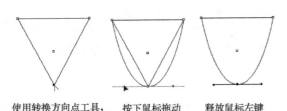

使用转换方向点工具，将鼠标指针移到要转换类型的锚点上　　按下鼠标拖动　　释放鼠标左键

图 3-21　角点转换为平滑点

图 3-22　"路径查找器"面板

5．分割路径

InDesign 允许在任何锚点处或沿任何路径段拆分路径、图形框架或空白文本框架，主要有以下两种方法进行路径的分割。

（1）使用剪刀工具拆分路径：使用"剪刀工具" ✂，单击路径上要进行拆分的位置。在路径段中间拆分路径时，会出现两个新端点，并且其中一个端点将被选中。

（2）使用"路径查找器"面板打开路径：选择封闭路径后，在"路径查找器"面板中单击"开放路径"按钮 ◎，如图 3-22 所示。

3.1.4　实用技能——线条的应用

线条是除文字、图像以外在报纸和刊物上用得最多的版面编排手法之一。线条有水线和花线等多种。水线又可分为正线（细线）、反线（粗线）、双正线（两行细线）、正反线（文武线、一粗一细两条线）、点线、曲线等。花线也称为花边，是由各种花纹组成的线条。

线条在版面中主要有以下几个方面的作用。

（1）强势作用：重点的稿件可以借助线条使其突出。

（2）区分作用：在稿件与稿件之间加线条，可使稿件更清楚地区分开来。

（3）结合作用：如果给几篇稿件周围加线条，这几篇稿件的关系就会显得更紧密。

（4）表情作用：线条的形状不同，效果也不同。花线比较生动，水线则比较朴实；水线中的曲线风格活泼，粗线则显得深沉。

（5）美化作用：版面适当运用线条，可以使版面增加变化，显得生动。花边还具有一定的造型美，对版面能产生装饰作用。

制作过程

（1）选择"文件"｜"新建"｜"文档"命令，弹出"新建文档"对话框，设置"页数"为 1，"宽度"为 150 毫米，"高度"为 150 毫米。

（2）单击"边距和分栏"按钮，弹出"新建边距和分栏"对话框，设置边距的值均为 10 毫米，单击"确定"按钮完成新文件的创建，以"标志.innd"为名将其保存。

（3）使用工具箱中的"矩形工具" ▢，在页面上单击，弹出"矩形"对话框，设置"宽度"为 45 毫米、"高度"为 3 毫米，单击"确定"按钮。

（4）将标尺零点定位在刚绘制矩形的左上角，按图 3-23 所示步骤调整曲线形状。

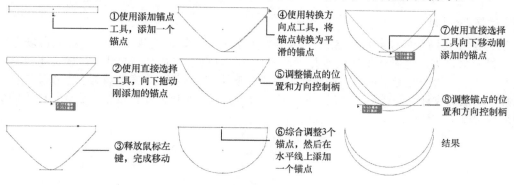

①使用添加锚点工具，添加一个锚点

②使用直接选择工具，向下拖动刚添加的锚点

③释放鼠标左键，完成移动

④使用转换方向点工具，将锚点转换为平滑的锚点

⑤调整锚点的位置和方向控制柄

⑥综合调整3个锚点，然后在水平线上添加一个锚点

⑦使用直接选择工具向下移动刚添加的锚点

⑧调整锚点的位置和方向控制柄

结果

图 3-23　调整曲线形状

（5）使用钢笔工具，在上一步的结果图形上绘制一条曲线，如图 3-24 所示。

（6）复制 4 条如图 3-24 所示的曲线，粗调好它们的位置，如图 3-25 所示。在调整时注意调整好最上面一条线和最下面一条线的垂直位置，其他线的位置只要在它们中间即可。

（7）使用工具箱中的"选择工具" ▶️ 拖动鼠标选中 5 条曲线，单击"控制"面板中的"左对齐"按钮 ⬜，再单击"垂直居中"按钮 ⬜，完成的效果 3-26 所示。

取消选中状态。至此，企业标志绘制完成，效果如图 3-1 所示。这个标志中还没有编辑颜色，将在 3.4 节中编辑颜色。

图 3-24　绘制曲线

图 3-25　复制曲线并粗调位置

图 3-26　对齐并等距后的曲线

思考练习

1．问答题

（1）如何绘制一个宽高均为 20 毫米的正六边形？

（2）如果所绘制的图形需要进行细节修改，应使用什么工具选择节点？

（3）如何添加、删除锚点？

（4）对于选中的锚点，如何在平滑点和角点之间转换？

（5）如何拆分路径？

2．操作题

（1）绘制如图 3-27 所示的图形。

图 3-27　绘制的图形

（2）设计一个企业标志。

3.2　制作"纸杯"——图形变换与路径操作

案例展示

纸杯是公共场合的常备品，家庭生活中也少不了它。如果用量很小，一般从市场上购买成品；如果用量很大，这时定做的成本并不是很高，可以自己定做专门的纸杯，成为企业宣传的一个重要途径。作为企业专用纸杯，在设计上要符合整体 VI 设计。本案例将为企业设计纸杯，完成后纸杯印刷图的设计，完成后的效果如图 3-28 所示。在本案例的制作过程中会介绍图形的变换、路径运算等操作方法。

图 3-28　纸杯的模切和印刷图

企业纸杯的制作要点如图 3-29 所示。

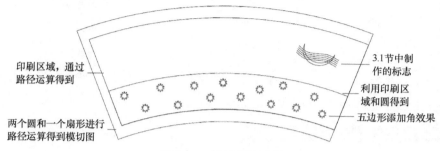

印刷区域，通过
路径运算得到

3.1节中制
作的标志

利用印刷区
域和圆得到

两个圆和一个扇形进行
路径运算得到模切图

五边形添加角效果

图 3-29　纸杯制作要点

➤ 掌握设置图形角部形状的方法；
➤ 掌握路径运算的使用方法；
➤ 掌握路径描边的方法。
友情链接：本案例的制作步骤见"制作过程"。

在 InDesign 中绘制好的曲线、图形均可转换为其他形状，如果需要的图形比较复杂，还可以利用绘制的路径进行路径运算，得到需要的形状。

3.2.1　转换形状和角效果

在 InDesign 中可以方便地将已经绘制好的形状转换为其他的形状，也可以为形状添加不同的角效果。

1．转换形状

下面以将椭圆转换为斜角矩形为例，介绍将已经绘制好的形状转换为其他形状的方法。

（1）选中要转换的形状，如椭圆。

（2）选择"对象"｜"转换形状"｜"斜角矩形"命令，转换前后的图形如图 3-30 所示。

在 InDesign 中，可转换的形状如图 3-31 所示。除了使用菜单命令外，也可以选择"窗口"｜"对象和版面"｜"路径查找器"命令，打开"路径查找器"面板，在该面板中单击相应按钮也可以完成形状转换。

2．设置角效果

一般情况下，形状的角是两条直线段交叉形成的，但在 InDesign 中可以将角部设置为不同的形状，加强其装饰效果。下面以矩形为例，介绍设置角效果的方法。

（1）使用工具箱中的"选择工具" 选中形状。

（2）选择"对象"｜"角选项"命令，弹出"角选项"对话框，如图 3-32 所示。

（3）设置"转角大小及形状"的数值。

（4）单击"确定"按钮。

在图 3-32 所示的"角选项"对话框中有 4 个数值框，分别控制 4 个角的转角形状，如果单击中间的"锁定"按钮，则 4 个角的变化相同，部分设置了角选项的矩形效果如图 3-33 所示。在一个路径中，角效果显示在路径的所有角点上，但不在平滑点上显示。

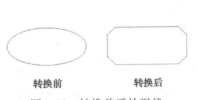

转换前　　　　转换后

图 3-30　转换前后的形状

图 3-31　可转换的形状

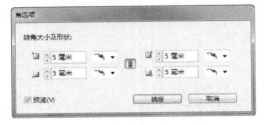

图 3-32　"角选项"对话框

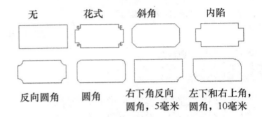

图 3-33　使用不同角选项的矩形

如果角效果显著更改了路径（例如，为矩形创建一个向内凹进或向外凸出的角），则它可能影响框架与它的内容或与版面的其他部分交互的方式。增加角效果的大小可能使现有的文本绕排或框架内边距远离框架。

3.2.2　复合路径

路径是指绘制图形时产生的线条，路径可以是封闭的，也可以是不封闭的。当存在多个路径时，可以将多个路径组合为单个对象达到特殊的效果，此对象称为复合路径。

1．创建复合路径

可以用两个或多个路径创建复合路径。创建复合路径的方法如下。

（1）使用工具箱中的"选择工具"，选择所有要包含在复合路径中的路径。

（2）选择"对象"｜"路径"｜"建立复合路径"命令。

创建复合路径时，最初选定的路径将成为新复合路径的子路径。选定路径继承排列顺序中最底层对象的描边和填色设置，如图 3-34 所示。

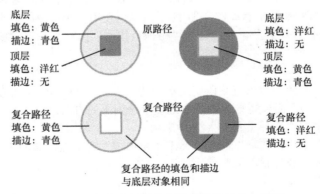

图 3-34　复合路径继承底层对象的填色与描边

2．复合路径与路径绘制起点的关系

绘制路径时创建点的顺序决定了路径的方向，不同方向的子路径创建的复合路径达到的效果不同，如图 3-35 所示。

如果要更改复合路径的效果，则可以使用"直接选择工具"选择一条子路径，然后按图 3-36 进行操作。

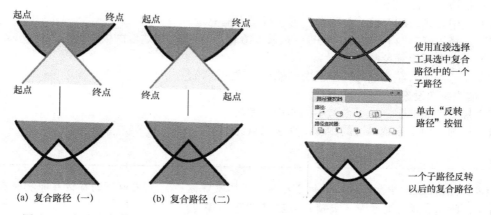

|图 3-35　复合路径与路径方向的关系|图 3-36　反转复合路径中的一个子路径|

3．分解复合路径

可以通过释放复合路径（将它的每个子路径转换为独立的路径）来分解复合路径。

（1）使用工具箱中的"选择工具"选择复合路径。

（2）选择"对象"｜"路径"｜"释放复合路径"命令。

提示

当选定的复合路径包含在框架内部或该路径包含文本时，"释放复合路径"命令将不可用。

4．复合形状

在 InDesign 中，可以创建复合形状，复合形状可由简单路径或复合路径、文本框架、文本轮廓或其他形状组成。创建复合形状的方法如下。

（1）选中要创建形状的对象。

（2）选择"窗口"｜"对象和版面"｜"路径查找器"命令，打开"路径查找器"面板。

（3）根据需要单击要使用的按钮，如图 3-37 所示。

除了使用路径查找器，也可以选择"对象"｜"路径运算"命令，在子菜单中可选择运算类型。不同的复合形状效果如图 3-38 所示。

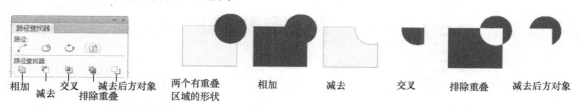

|图 3-37　"路径查找器"面板|图 3-38　复合形状|

从图 3-38 中可以看出，在做"减去"运算时取下层对象属性，其他的运算均取上层对象的属性，与选中先后顺序无关。

3.2.3 描边

前面绘制的形状和路径都只显示其轮廓，在预览状态或打印时都不会显示出来。如果要显示路径的轮廓，就要对其进行描边。描边除了可以应用于路径和形状，也可以应用于文本和文本框架。

1．设置描边

设置描边的方法如下。

（1）选中要描边的对象，如路径、形状或文本框架。

（2）选择"窗口"｜"描边"命令（或按 F10 键），打开"描边"面板，如图 3-39 所示。

（3）根据需要设置参数。

需要注意的是，在"描边"面板中不能设置描边的颜色。

2．描边参数设置

在"描边"面板中，可以设置不同的描边参数。

（1）粗细：用于设置描边的宽度，默认以点为单位。

提示

> 如果在 InDesign 中制作的作品用于印刷，则需要注意：0.25 点以下的描边在印刷时有可能会出现问题，所以有设计时尽量不要使用 0.25 点以下的描边。

（2）斜接限制：斜角连接成为斜面连接之前，相对于描边宽度对拐点长度的限制。

在"粗细"和"斜接限制"右侧各有 3 个按钮，用于设置端点的样式和斜接方式。

（3）对齐描边：描边相对于其路径的位置。如果描边很细，则描边相对于路径位置的影响不明显；但如果描边比较粗，则会有比较大的影响，相同路径的不同描边效果如图 3-40 所示。

图 3-39 "描边"面板

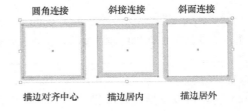

图 3-40 对齐描边

（4）类型：为描边选择一种线的类型。InDesign 中系统自带的类型如图 3-41 所示，当选择不同的类型时，可能会激活一些相应的线型设置选项。

（5）起点和终点：为起点和终点设置不同的类型，系统自带的起点和终点类型如图 3-42 所示。

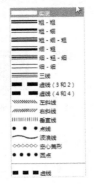

图 3-41 描边的类型

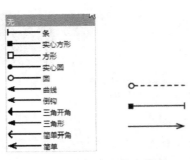

图 3-42 起点和终点类型

3.2.4　实用技能——纸杯印刷规范

一次性纸杯在原材料、添加剂、制品、包装、印刷等环节都有严格的国家标准，与本书有关的是印刷图案的设计。

2012 年 6 月 1 日起实施的新国标规定：纸杯外面的印刷图案应轮廓清晰、色泽均匀、无明显色斑，杯口距杯身 15 毫米内、杯底距杯身 10 毫米内不应印刷，这样做是因为喝水时嘴唇要接触杯口，印刷图案中的油墨可能会被摄入，对健康不利。

制作过程

1.　绘制纸杯的模切版图

（1）选择"文件"｜"新建"｜"文档"命令，弹出"新建文档"对话框，设置"宽度"和"高度"均为 1000 毫米。单击"边距和分栏"按钮，弹出"新建边距和分栏"对话框，设置"边距"为 10 毫米，其余参数使用默认值，单击"确定"按钮即可创建新文件，然后保存文件。

（2）使用工具箱中的"椭圆工具" ⬭，在页面中单击，弹出"椭圆"对话框，设置它的"宽"和"高"均为"840 毫米"，单击"确定"按钮创建一个正圆，如图 3-43 所示。

（3）调整显示比例，将整个圆显示出来，使用工具箱中的"选择工具" ▶选中圆，拖动到页面中央，拖动时注意使用智能参考线将其对齐页面中心，如图 3-44 所示。

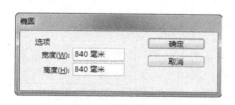

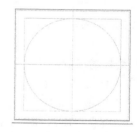

图 3-43　绘制正圆　　　　　　图 3-44　利用智能参考线将圆对齐页面中

（4）从水平标尺向下拖动出参考线，在"控制"面板中设置其 Y 值为 500 毫米；再从垂直标尺向右拖动出提示线，在"控制"面板中设置其 X 值为 500 毫米，按 Ctrl+Alt+；组合键将其锁定。

（5）选中正圆，按 Ctrl+C 组合键将其复制到剪贴板中，选择"编辑"｜"原位粘贴"命令，将其粘贴。

（6）在"控制"面板中选中对象九宫位中的中间位置，在"控制"面板中将 W 值和 H 值设置为 600 毫米，与上一个大圆形成同心圆。

（7）使用工具箱中的"多边形工具" ⬭，在页面中单击，弹出"多边形"对话框，如图 3-45 所示，按图中所示进行设置，单击"确定"按钮，创建一个三角形。

（8）单击"控制"面板中的"垂直翻转"按钮，再将三角形的一个顶点移到圆心的位置，这时图形的关系如图 3-46 所示，将三角形复制一个移到页面外的粘贴板中，用于后面的操作。

（9）使用工具箱中的"选择工具" ▶单击最外面的大圆，按住 Shift 键单击三角形，将两个对象选中，选择"对象"｜"路径查找器"｜"交叉"命令，得到一个扇形，如图 3-47 所示，在该扇形上右击，在弹出的菜单中选择"排列"｜"置于底层"命令，保证其为下层对象。

（10）选中图 3-47 中所示的扇形和圆，选择"对象"｜"路径查找器"｜"减去"命令，即可得到如图 3-48 所示的图形。

图 3-45 "多边形"对话框

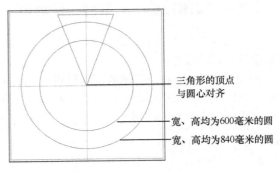

三角形的顶点
与圆心对齐

宽、高均为600毫米的圆

宽、高均为840毫米的圆

图 3-46 绘制好的三个形状

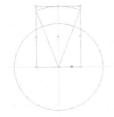

图 3-47 路径运算后得到扇形

图 3-48 纸杯轮廓图

此图是纸杯整个展开后的区域，是将来用于制作刀模的模切图，要单独输出，不能在印刷图中出现。

2．绘制纸杯的印刷图

（1）用前面的方法再绘制一个宽高均为 810 毫米的正圆和一个宽高均为 620 毫米的正圆，将它们选中，单击"控制"面板中"对齐页面"按钮组，在弹出的菜单中选择"对齐页面"命令，再单击"水平居中对齐"按钮 和"垂直居中对齐"按钮 ，将两个圆形对齐到页面中心。

（2）将前面复制的三角形移到页面中，其中的一个角对齐到两条提示线的交叉点处，用前面介绍的方法，得到另一个略窄一些的扇形图，如图 3-49 所示。

（3）将外面大些的扇形复制一个并移到一边，选中图 3-49 中外面大一些的扇形，在"控制"面板的"X"数值框中输入"+8"并按 Enter 键，将该扇形向右移动，如图 3-50 所示。

窄些的扇形

图 3-49 路径运算后得到的图形

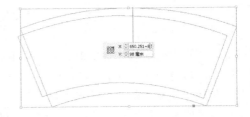

图 3-50 移动扇形的位置

（4）选中图 3-50 所示的两个扇形，选择"窗口"｜"对象和面板"｜"路径查找器"命令，打开"路径查找器"面板，单击"交叉"按钮，得到纸杯可以印刷的区域，然后调整这个印刷区域与步骤（3）中复制扇形的位置，如图 3-51 所示。

（5）用前面的方法绘制一个宽高均为 710 毫米的正圆，将其对齐到页面中心。

（6）将窄些的扇形复制，并进行原位粘贴，选中复制的扇形和刚绘制的正圆，在"路径查找器"面板中单击"交叉"按钮，得到印刷图形。

（7）绘制一个宽高均为 10 毫米的五边形，选择"对象"｜"角效果"命令，弹出"角选项"对话框，在"效果"下拉列表中选择"花式"选项，再调整尺寸到合适的数值，将其移到纸杯印刷区域的下部分，并复制几个，调整好其位置，如图 3-52 所示。

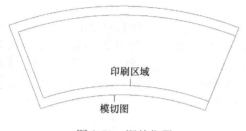

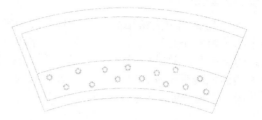

图 3-51　调整位置 　　　　　　　　　　　图 3-52　绘制印刷图形

（8）选中最窄的扇形和所有复制的五边形，在"路径查找器"面板中单击"排除重叠"按钮，得到印刷图形。

（9）打开 3.1 节制作的标志，按 Ctrl+A 组合键全选并复制，在本文件中粘贴，然后调整其大小和位置。

（10）拖动鼠标选中合并的图形，将它们组成组，再调整其大小，将它移到印刷区域中。

至此，纸杯及上面印刷的各种图形已经绘制完成，效果如图 3-28 所示。本节中还没有为它们填充颜色，这个工作放在 3.4 节中完成。

思考练习

1. 问答题

（1）怎样创建复合路径？

（2）两个路径创建复合路径后的效果如图 3-53 所示，若图中需要重叠部分为空白，则应该怎样操作？

（3）怎样分解复合路径？

（4）创建复合形状时有哪几种状态？

（5）如何设置描边线的类型？

2. 操作题

（1）绘制如图 3-54 所示的手机贴膜模切图。

（2）上网搜索 5 盎司（约 28.3 克）纸杯的参数，设计用于印刷的展开图和模切图。

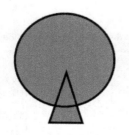

图 3-53　复合路径效果图 　　　　　　　图 3-54　手机贴膜效果图

3.3 制作"企业信封"——对象操作

案例展示

　　信封是企业中的常用品，一般公司会印制自己单位的专用信封，展现自己的企业文化。一个小小的信封并不是随意设计的，在充分体现设计理念的同时，还要符合国家标准。本案例将制作信封的展开图，效果如图 3-55 所示。需要注意的是，这个图并不是完全的印刷用图，用于印刷时信封的边框线都不应出现，它的外边框线和中间的虚线实际上是模切图。本案例主要使用对象的一些操作，如复制、粘贴、对齐、镜像等。

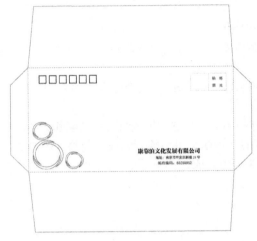

图 3-55　企业信封的效果图

看图解题

　　企业信封制作要点如图 3-56 所示。

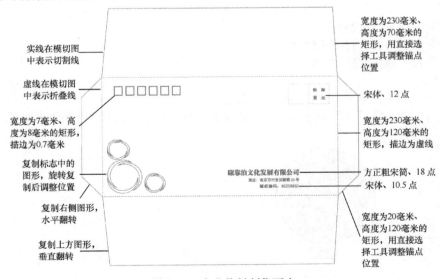

图 3-56　企业信封制作要点

重点掌握

> 对象的选取、移动、调整大小、多重复制等基本操作；
> 对象的旋转、切变和缩放；
> 对象的对齐和翻转。

友情链接：本案例的制作步骤见"制作过程"。

知识准备

在 InDesign 中，对象可以是文本框架、图形、图像等，这些不同的对象都有一些相同的操作，如选取、移动、复制和粘贴等，本节将介绍有关对象的基本操作。

3.3.1　对象基本操作

对象的操作包括选择、移动、复制、粘贴等基本操作，也包括一些 InDesign 特有的操作。在下面的介绍中，与 Windows 下其他软件操作相同的复制、粘贴等操作方法将不再介绍，主要介绍一些比较特殊的操作。

1. 选择对象

要对对象进行各种操作，首先必须选择要操作的对象。下面介绍选择一个对象和选择多个对象的操作方法。

（1）选择一个对象：使用工具箱中的"选择工具" 单击要选择的对象，对象周围出现边框及控制点，这时对象为选中状态。不同对象的选中状态如图 3-57 所示。

（2）逐个添加选择的对象：使用工具箱中的"选择工具" ，选中一个对象，按住 Shift 键的同时单击其他对象，将其添加进来。

如果已经选中了多个对象，按住 Shift 键再单击每个对象，则选中的对象将被逐一放弃。

（3）框选法：使用工具箱中的"选择工具" ，按住鼠标左键拖动，页面上显示一个虚线框，默认情况下凡在虚线框接触范围内的对象均被选中，如图 3-58 所示。

图 3-57　不同对象的选中状态

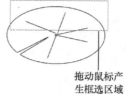

拖动鼠标产生框选区域　　框选区域接触的对象均被选中

图 3-58　框选对象

（4）全选：如果需要选中全部对象，则可以选择"编辑"｜"全选"命令或按 Ctrl+A 组合键。

2. 移动对象

在 InDesign 中可以将对象移动到任何需要的位置，下面介绍使用鼠标移动对象和使用"控制"面板移动对象的方法。

（1）使用鼠标移动对象：使用工具箱中的"选择工具" 单击要移动的对象，使对象呈选中状态，当光标为 形状时拖动对象到合适位置，释放鼠标左键，如图 3-59 所示。

移动过程中如果按住 Shift 键，则对象按水平、垂直或 45°方向移动；按住 Ctrl 键，可将对象复制到新的位置。

（2）使用"控制"面板移动对象：使用工具箱中的"选择工具" 单击对象，使其为选中状态，在"控制"面板中的 X、Y 数值框中输入相应的坐标值，按 Enter 键确认输入的数值后，完成对象移动，如图 3-60 所示。在 X、Y 数值框中还可以进行简单的运算。

（3）使用"变换"面板移动对象：选中对象以后，选择"窗口"｜"对象和版面"｜"变换"命令，打开"变换"面板，如图 3-61 所示，在该面板中输入合适 X、Y 值，可以移动对象。在此面板中还可以完成对象的旋转、缩放和切变设置。

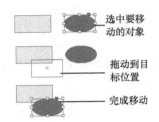

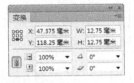

图 3-59　用鼠标移动对象　　图 3-60　用"控制"面板移动对象　　图 3-61　"变换"面板

3．调整对象大小

使用鼠标通过拖动控制柄可以调整对象的大小；在"控制"面板相应的数值框中进行合理设置，也可以改变对象的大小。

（1）使用鼠标调整对象大小：操作方法如图 3-62 所示。

提示

按住 Shift 键拖动对象控制点，可进行等比例缩放；按住 Ctrl 键拖动控制点，可以正方形或正多边形进行缩放。

（2）使用对象"控制"面板调整对象大小：选中对象后，通过修改"控制"面板中的 W 和 H 数值，可精确调整对象的大小，如图 3-63 所示。

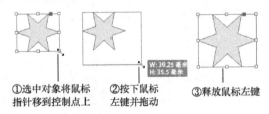

图 3-62　使用鼠标调整对象大小　　图 3-63　用"控制"面板调整对象大小

在"变换"面板的相应数值框中改变参数也可以调整对象的大小。

4．多重复制与原位粘贴

在 InDesign 中复制、粘贴操作方法与在其他软件中的方法相同，例如，复制可以按 Ctrl+C 组合键、"复制"按钮及在右键快捷菜单中选择"复制"命令等。为提高工作效率，InDesign 中还提供了一些特殊的复制方法，如多重复制与原位粘贴。

（1）多重复制：多重复制可将选中对象复制生成多个等间距的对象，进行多重复制的操作过程如图 3-64 所示。

（2）原位粘贴：原位粘贴可以将复制好的对象粘贴到原对象的位置。其操作方法如下。

① 使用"选择工具" 选中需要粘贴的对象，按 Ctrl+C 组合键复制。

② 选择"编辑"｜"原位粘贴"命令。

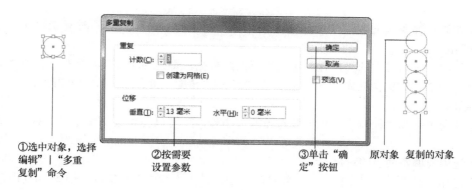

①选中对象，选择
编辑"|"多重
复制"命令

②按需要
设置参数

③单击"确
定"按钮

原对象　复制的对象

图 3-64　多重复制

这时会将复制好的对象粘贴在原对象的上方，因为正好重叠在一起，不能直接看到粘贴的结果，如果移动上面的对象，则可以看到已经粘贴成功。

5．编组和取消编组

在 InDesign 中，可以将几个对象组成一个对象，将该组对象作为一个整体进行操作。这样可以实现对多个对象同时进行操作等功能。操作完成后，如果需要，还可以用解组操作把成组对象分离。其操作方法如下。

（1）编组：选中需要成组的多个对象，如图 3-65 所示，选择"对象"|"编组"命令，或按 Ctrl+G 组合键，或在右键快捷菜单中选择"编组"命令，组成一个新对象，如图 3-66 所示。

（2）取消编组：选中已经成组的对象，选择"对象"|"取消编组"命令，或按 Ctrl+Shift＋G 组合键，或在右键快捷菜单中选择"取消编组"命令。

6．锁定和解锁

当版面中有多个对象时，操作时很容易产生误操作，例如，将不需要移动的对象移动了，其他对象改变了大小。为了解决这个问题，InDesign 提供了锁定功能。

（1）锁定：选中一个或者多个需要锁定的对象，选择"对象"|"锁定"命令，如图 3-67 所示。

（2）解锁：如果要移动已锁定的对象，则要先将锁定的对象解锁。解锁的方法是选择"对象"|"解锁跨页上的所有内容"命令。

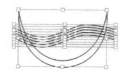

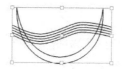

选中对象，选择
"对象"|"锁定"
命令

锁定的对象

图 3-65　选中多个对象　　　图 3-66　编成一个组　　　图 3-67　锁定对象

3.3.2　变换对象

在 InDesign 中可以使用"对象"|"变换"子菜单中的命令将对象进行变换，这里所提到的变换指对象的移动、缩放、旋转和切变。

1．移动

前面已经介绍过使用鼠标和"控制"面板移动对象，下面移动完成的效果与使用鼠标完成的效果一样，但控制功能更强大。

（1）选中要移动的对象。

（2）选择"对象"|"变换"|"移动"命令，弹出"移动"对话框，如图 3-68 所示。

（3）根据需要设置合适的数值。

（4）如果直接移动对象，则应单击"确定"按钮；如果在移动的同时复制对象，则应单击"复制"按钮。

在"移动"对话框中的"位置"选项组有两组数据，都是用于指定对象移动参数的，一组用"水平"和"垂直"指定横纵数值，一组以"距离"和"角度"指定移动的方向和距离。

2．缩放

除了使用鼠标和"控制"面板调整对象的大小外，还可以使用菜单命令调整对象大小，方法如下。

（1）选中要调整大小的对象。

（2）选择"对象"｜"变换"｜"缩放"命令，弹出"缩放"对话框，如图3-69所示。

（3）根据需要设置合适的数值。

（4）如果直接缩放对象，则应单击"确定"按钮；如果需要在缩放的同时复制对象，则应单击"复制"按钮。

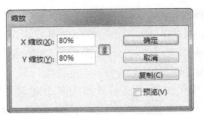

图3-68 "移动"对话框   图3-69 "缩放"对话框

3．旋转

选中对象后，在"控制"面板中的"旋转"数值框 ⌂ 20° 中输入数据即可完成旋转。还可以使用菜单命令完成旋转，具体方法如下。

（1）选中要调整旋转的对象。

（2）选择"对象"｜"变换"｜"旋转"命令，弹出"旋转"对话框，如图3-70所示。

（3）根据需要设置合适的数值。

（4）如果直接旋转对象，则应单击"确定"按钮；如果旋转的同时复制对象，则应单击"复制"按钮。

4．切变

选中对象后，在"控制"面板中的"切变"数值框 ⌀ 10° 中输入数据即可完成旋转。还可以使用菜单命令完成旋转，具体方法如下。

（1）选中要进行切变的对象。

（2）选择"对象"｜"变换"｜"切变"命令，弹出"切变"对话框，如图3-71所示。

（3）根据需要设置合适的数值。

（4）如果直接切变对象，则应单击"确定"按钮；如果切变的同时复制对象，则应单击"复制"按钮。

图3-70 "旋转"对话框   图3-71 "切变"对话框

5．再次变换

通过前面的操作，可以看到变换命令达到的效果与使用工具箱中的工具或 "控制" 面板基本相同，不同的是使用命令可以在变换对象的同时复制对象。使用变换命令的最大特点是使用了变换命令进行移动、缩放、旋转和切变以后，可以使用再次变换命令。进行再次变换的方法如下。

（1）选中对象以后，使用 "对象" | "变换" 子菜单中的命令进行变换。

（2）选择 "对象" | "再次变换" 子菜单中的命令。

即时体验

绘制如图 3-72 所示的图形。

（1）绘制宽 8 毫米、高 38 毫米的椭圆，在 "控制" 面板中修改参考点的位置，如图 3-73 所示。

（2）选择 "对象" | "变换" | "旋转" 命令，弹出 "旋转" 对话框，在 "角度" 数值框中输入 "15"，单击 "复制" 按钮。

（3）按 Alt+Ctrl+4 组合键（"对象" | "再次变换" | "再次变换序列" 命令的快捷键），直到出现如图 3-72 所示的图形。

参考点位置

图 3-72　利用变换绘制的图形　　　　图 3-73　绘制椭圆

3.3.3　对齐、分布和翻转对象

在 InDesign 中可以设置沿选区、边距、页面或跨页水平或垂直对齐或分布对象。

1．对齐和分布

在 InDesign 中设置对象的对齐和分布可以在 "控制" 面板中进行，也可以在 "对齐" 面板中进行。设置对齐的方法如下。

（1）使用 "控制" 面板对齐对象：操作方法如图 3-74 所示。

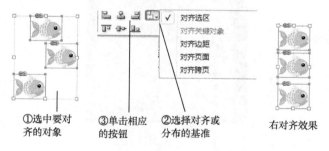

①选中要对　　③单击相应　　②选择对齐或　　右对齐效果
齐的对象　　的按钮　　分布的基准

图 3-74　使用 "控制" 面板对齐对象

"控制" 面板中控制对象对齐的按钮可以分为垂直方向和水平方向两类。水平方向有 "左对齐" 按钮、"水平居中对齐" 按钮和 "右对齐" 按钮；垂直方向有 "顶对齐" 按钮、"垂直居中对齐" 按钮和 "底对齐" 按钮。

（2）使用"对齐"面板对齐对象：选中对象后选择"窗口"｜"对象和版面"｜"对齐"命令，打开"对齐"面板，如果 3-75 所示，单击相应的按钮即可。

（3）分布对象：选择多个对象以后，在"控制"面板或"对齐"面板中单击相应的按钮可以将对象均匀分布，其中"垂直居中分布"的效果如图 3-76 所示。

在"对齐"面板中设置分布对象时，选中"使用间距"复选框后可以设置间距，使用间距的效果如图 3-76 所示。

2．翻转对象

翻转可以是水平方向或垂直方向的翻转。InDesign 提供了在"控制"面板中使用工具按钮翻转的操作方法。

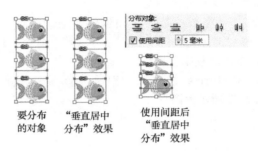

要分布　"垂直居中　使用间距后
的对象　分布"效果　"垂直居中
　　　　　　　　　分布"效果

图 3-75　"对齐"面板　　　　　　图 3-76　垂直居中分布效果

（1）选中要翻转的对象。

（2）单击"控制"面板中的"水平翻转"按钮或"垂直翻转"按钮。

3.3.4　实用技能——刀模

当印刷的产品外形是直线时，用刀就可以将其切整齐；但是当外形不是直线时，刀不能完成这个工作，这时需要使用刀模。刀模在模切行业中是比较常用的产品，一般用于冲压出所需的模切产品的形状。模切图是用于制作刀模的图形。

激光刀模的工作流程：首先将需要制作的刀模设计好，根据实际情况处理好，再存储为相应机器受理的文件格式，即可启动设备进行模板加工。完成后安装模切刀线即可制作成刀模成品。图 3-77 所示为一个信封的刀模。

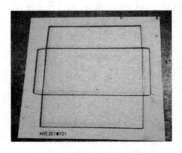

图 3-77　信封的刀模

制作过程

（1）选择"文件"｜"新建"｜"文档"命令，弹出"新建文档"对话框，设置"页数"为1，"宽度"为 300 毫米、"高度"350 毫米，单击"边距和分栏"按钮，弹出"新建边距和分栏"

对话框，设置边距的所有值均为 0 毫米，单击"确定"按钮，创建新文档。

（2）使用工具箱中的"矩形工具"　，在版面中绘制一个矩形，在"控制"面板中设置它的宽度为 230 毫米、高度为 120 毫米，这个矩形作为信封的外边框线。

（3）再绘制一个矩形，设置它的宽度为 7 毫米、高度为 8 毫米，按 F10 键，打开"描边"面板，在"粗细"数值框中直接输入"0.7 毫米"（注意加上单位，InDesign 会自动将其转换为点数制），再单击"描边居外"按钮　，如图 3-78 所示。这个矩形是邮政编码框。

（4）将标尺零点定位在作为信封外边框矩形的左上角，创建水平参考线，位置为 9 毫米；再创建垂直参考提示线，位置为 12 毫米，将邮政编码框的左上角移动到两条提示线交叉处，如图 3-78 所示。

（5）选中图 3-79 中的第一个邮政编码框，选择"编辑"｜"多重复制"命令，弹出"多重复制"对话框，如图 3-80 所示，按图进行设置，单击"确定"按钮，完成多重复制，效果如图 3-81 所示。

图 3-78　"描边"面板

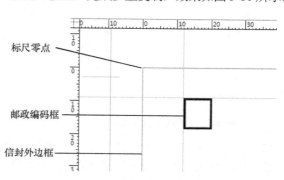

图 3-79　定位第一个邮政编码框

图 3-80　"多重复制"对话框

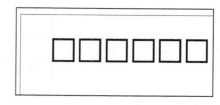

图 3-81　邮政编码框

（6）创建一个宽度和高度都是 20 毫米的矩形，将该矩形复制一次，在"描边"面板中设置类型为"虚线 4 和 4"，粗细使用默认的 0.283 点，然后将该虚线框移到矩形框的左侧。

（7）使用工具箱中的"直接选择工具"　单击描边为虚线的矩形的右边线，按 Delete 键将其删除，如图 3-82 所示。

（8）选中宽高均为 20 毫米的两个矩形，在"控制"面板中单击"顶对齐"按钮　。

（9）使用工具箱中的"间隙工具"　，将两个矩形的间隙调整为 0，如图 3-82 所示，将两个矩形选中，按 Ctrl+G 组合键进行编组。

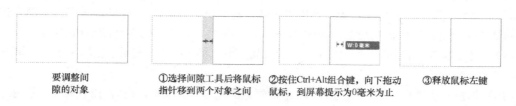

图 3-82　调整两个矩形之间的间隙

（10）在"控制"面板中将组合矩形的参考点设置为右上角，设置 X 值为 222 毫米，Y 值为 8 毫米，如图 3-83 所示。

（11）使用工具箱中的"文字工具" T，在页面中拖动鼠标创建一个文本框架，输入文字"贴邮票处"，在"邮"后面按 Enter 键，拖动鼠标选中文字，按 Ctrl+T 组合键，打开"字符"面板，设置字体为宋体，字体大小为 12 点，行距为 18 点，字符间距为 500，如图 3-84 所示。

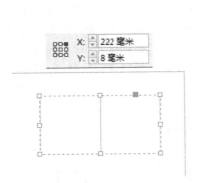

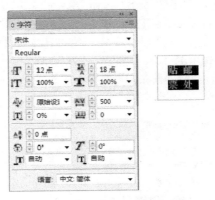

图 3-83　精确定位矩形　　　　　　　图 3-84　设置文字的字体字号

（12）使用工具箱中的"选择工具"，参照图 3-85 调整好文本框架的大小。

（13）创建两条水平参考线，位置为 20 毫米和 100 毫米，再创建 3 条垂直参考线，位置分别为 70 毫米、175 毫米和 250 毫米。

（14）使用工具箱中的"文字工具"创建 3 个文本框架，输入相关文字，文字"康靠泊文化发展有限公司"为方正粗宋、18 点，其余两个框架中的文字为宋体、10.5 点，分别选中 3 个框架，调整好位置，如图 3-85 所示。

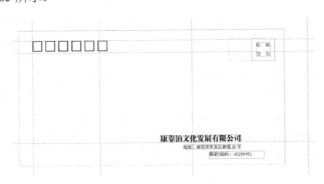

图 3-85　输入文字

（15）打开 3.1 节制作的标志，复制所有对象，将其粘贴到当前页面中。

（16）删除企业标示中的曲线，只保留 C 形图案，在"控制"面板中设置参考点为中心，选择"对象"|"变换"|"旋转"命令，弹出"旋转"对话框，设置角度为 60，单击"复制"按钮，按 Alt+Ctrl+4 组合键完成再次变换，如图 3-86 所示，调整好位置后将 3 个图形选中并编组。

（17）将图 3-86 所示的图形复制两个，调整其大小，将它们移到信封正面的左下角，如图 3-87 所示。

（18）创建一个矩形，在"控制"面板中设置它的宽为 20 毫米，高为 120 毫米，使用工具箱中的"直接选择工具" 单击其左边线，按 Delete 键将其删除，成为信封右侧的封舌。

图 3-86　调整 C 形图形的位置

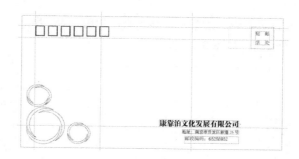

图 3-87　将图形复制后移到信封正面的左下角

（19）选中封舌，将其移到信封边框上，将上边线对齐，使用工具箱中的"间隙工具"，将两个矩形的间隙调整为 0，如图 3-88 所示。

图 3-88　绘制信封右侧的封舌

（20）使用工具箱中的"直接选择工具"单击信封封舌，将其右下角的锚点移到 100 毫米水平参考线处，如图 3-88 所示，再将右上角移到 20 毫米水平提示线处。

（21）使用工具箱中的"选择工具"选中调整好的封舌，复制一个，单击"控制"面板中的"水平翻转"按钮，将其移到信封的左侧。

（22）绘制一个宽为 230 毫米、高为 70 毫米的矩形，使用工具箱中的"直接选择工具"单击其下边线，按 Delete 键将其删除，调整左上角的锚点和右上角的锚点，移到信封正面的上方，效果如图 3-89 所示。

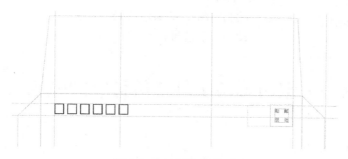

图 3-89　绘制信封背面

（23）使用工具箱中的"选择工具"选中步骤（22）中的矩形，复制一个，单击"控制"面板中的"垂直翻转"按钮，将其移到信封的下方。

（24）选中信封中间的矩形，在"描边"面板中设置线的类型为"虚线 4 和 4"。

经过以上步骤，完成了信封的轮廓图的制作，效果如图 3-55 所示。

（25）将所有轮廓线单独保存起来，如图 3-90 所示，此图可用于生成刀模；将其他内容保存起来，用于印刷，如图 3-91 所示。

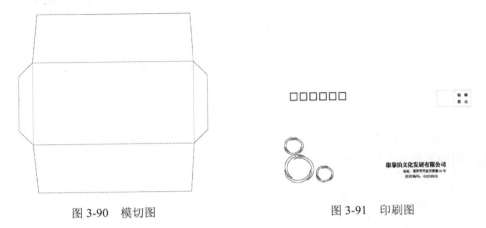

图 3-90　模切图　　　　　　　　　　　图 3-91　印刷图

思考练习

1．问答题

图 3-92　企业标志效果图

（1）对选中对象进行旋转有几种方法？

（2）使用"控制"面板缩放对象和使用菜单命令缩放对象有何不同？

（3）怎样进行多重复制？

（4）"多重复制"对话框中的"位移"指的是复制后对象哪两个点之间的距离？

2．操作题

（1）绘制如图 3-92 所示的企业标志。

（2）设计一个信封。

3.4　颜色——编辑 LOGO 和"信封"的颜色

案例展示

五彩缤纷的世界之所以美丽与人类对不同色彩的感受分不开，可以想象一下，如果世界只有黑白两色将是多么单调啊。在本章前面两节中制作的纸杯和信封都只是轮廓图，由于涉及比较复杂的颜色设置，所以没有为它们添加颜色。本节将为前面制作的 LOGO、信封和纸杯设置相关的颜色，LOGO 和信封编辑好颜色后的效果如图 3-93 所示。

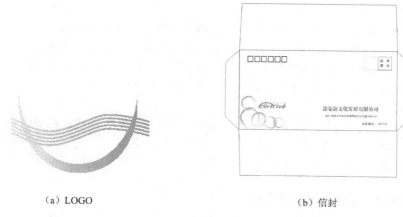

（a）LOGO　　　　　　　　　　　　　　　（b）信封

图 3-93　编辑好颜色的 LOGO 和信封

重点掌握

➢ "颜色"面板的使用方法；
➢ "色样"面板的使用方法；
➢ 色彩管理的相关知识。
友情链接：本案例的制作步骤见"制作过程"。

知识准备

　　在 InDesign 中设置颜色的方法有很多种，如在"颜色"面板、"色样"面板中设置颜色。本节将介绍几种设置颜色的方法。

3.4.1　颜色模式

　　人的眼睛是根据所看见的光的波长来识别颜色的。经研究发现可见光谱中的大部分颜色可以用 3 种基本色光按不同的比例混合而成，混合出来的颜色人眼观察时与原颜色相同，所以这 3 种颜色称为三原色，在不同的情况下这 3 种基本颜色不同，所以就有了不同的彩色模式。

1．RGB 模式

　　在电视机、计算机显示器和投影设备中由设备发出不同颜色的光传递到人眼中，这些光的颜色叠加形成了其他颜色，因此该模式也称加色模式。在这种模式下，大部分的可见光谱可以由红（Red）、绿（Green）、蓝（Blue）3 种颜色的光以不同比例混合而成，因此这种彩色模式称为 RGB 模式。

2．CMYK 模式

　　当阳光照射到一个不发光物体上时，这个物体将吸收一部分光线，并将剩下的光线进行反射，反射的光就是我们看见的物体颜色，这是一种减色原理。人们通过实验发现它的三原色是青（Cyan）、品红（Magenta）和黄（Yellow），这种描述颜色的模式被称为 CMY 颜色模式。在理想的 CMY 颜色模式中，C、M、Y 3 种颜色以最大值相互叠加时，在白色背景上应该产生黑色。但是，在实际应用中，由于制造颜色纯度等问题的存在，使得这 3 种颜色在以最大值相互叠加时，不能产生接近于理想的黑色。在印刷工业中，为了弥补上述缺陷，人们又添加了黑色，这就是 CMYK 颜色模式。CMYK 模式广泛用于印刷领域，如果排版生成的结果最后用于印刷，则在排版时通常使用 CMYK 模式定义颜色。

3．灰度模式

灰度模式中只存在灰度（0～100％），当一个彩色文件被转换为灰度模式的文件时，图像中的色相和饱和度等有关颜色的信息将被消除，只留下亮度信息。如果排版的结果用于印刷，则一般不使用这种方式定义颜色。即使在排灰度版面时，大多数情况下也是使用 CMYK 模式定义颜色，将 C、M、Y 的值定为 0，然后通过调整 K 的值得到不同的颜色。

4．专色模式

使用专用色标定义颜色的方法并不常用，只有个别做广告和装帧设计的高档用户在版面中需要使用专用色标的颜色时，才用这种方法来定义颜色。使用这种方法定义颜色还要求印刷时使用专色油墨和高档设备，成本较高，国内用户很少使用。

3.4.2 "颜色"面板和吸管工具

在 InDesign 中可以通过"颜色"面板为文字、边框或底纹设置颜色。也可以将颜色保存为色样，供以后使用。

1．"颜色"面板介绍

选择"窗口"｜"颜色"｜"颜色"命令，或按 F6 键，打开"颜色"面板（按住 Shift 键的同时，单击"控制"面板中的"填色"或"描边"右侧的下拉按钮，也可以打开与之相连的"颜色"面板），该面板的主要功能如图 3-94 所示。

2．调整颜色数值的方法

在"颜色"面板中调整颜色值的方法有以下两种。

（1）在 CMYK 编辑框内输入颜色值，或者拖动滑块选择数值。

（2）将鼠标指针置于色谱上，鼠标指针变为吸管工具，直接吸取颜色值。彩虹条还提供了设置无色、白色和黑色的便捷操作，选中对象后，直接单击彩虹条两端相应区域即可。

注意：以后本书描述颜色时以 C50M20Y30K5 来表示，它的含义是利用滑块或后面的数值框将 C 的数值设置为 50％，M 的数值为 20％，Y 的数值为 30％，K 的数值为 5％。

3．设置形状填色与描边颜色

形状本身包含填色和描边，在"描边"面板中不能设置描边的颜色，描边的颜色可以在"颜色"面板中进行设置。默认的填色为无，描边为黑，要更改填色和描边颜色可以使用以下的方法。

（1）使用工具箱中"选择工具" 选中要编辑颜色的对象，按 F6 键，打开"颜色"面板。

（2）单击"填色"按钮，在 CMYK 数值框内输入颜色值，或单击颜色条即可为形状填充颜色，如图 3-95 所示。

（3）在"颜色"面板中单击"描边"按钮，这时面板为黑白色，如图 3-96 所示，选择面板菜单中的"CMYK"命令，这时面板如图 3-97 所示，用前面的方法在 CMYK 数值框内输入颜色值，或单击颜色条即可完成描边颜色的设置。

图 3-94 "颜色"面板

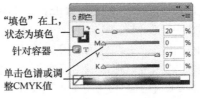

图 3-95 设置填色的颜色

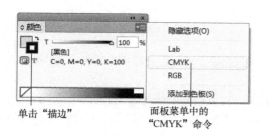

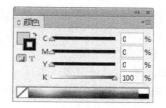

单击"描边" 面板菜单中的
"CMYK"命令

图 3-96 设置边框颜色　　　　　图 3-97 更改"颜色"面板的颜色类型

即时体验

为小熊的脸部填色，效果如图 3-98 所示。

（1）选中脸部的椭圆，按 F6 键，打开"颜色"面板，单击"填色"按钮，调整颜色为 C45M69Y77K0，这时选中的图形填充了颜色。

（2）单击一个作为耳朵的图形，在"颜色"面板中单击"上次颜色"按钮，为耳朵填色。用同样的方法为另一个耳朵填色。

（3）选中作为眼睛和鼻子的圆，设置它的填色为黑色。

4．设置文字填色与描边

默认文字的填色为黑，描边为无，更改文字填色的方法如下。

（1）选中要填色的文字，这时"颜色"面板如图 3-99 所示，从图中可以看到此时为黑白状态，选择面板菜单中的"CMYK"命令，面板会更改为四色的面板，在 CMYK 数值框内输入颜色值或单击颜色条即可完成描边颜色的设置。

图 3-98 小熊的颜色　　　　　　图 3-99 为文字填色

（2）单击"描边"按钮，这时的"颜色"面板如图 3-100 所示，在 CMYK 数值框内输入颜色值或单击颜色条可完成描边颜色的设置。设置了填色和描边的文字如图 3-101 所示。

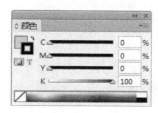

文字描边

图 3-100 为文字描边　　　　　图 3-101 设置了填色和描边后的文字

5．将颜色添加到色板中

在"颜色"面板中每调整一次颜色值只对当前选中的对象有效，如果想要经常使用某种颜色设置，则可以将该颜色定义为色板，以后使用时直接在"色板"面板中调用即可。将"颜色"面板中的颜色存为色板的方法如下。

（1）在"颜色"面板中设置颜色值。

（2）选择"颜色"面板菜单中的"添加到色板"命令，即可在"色板"面板中找到相应的色板。

6．使用吸管工具

InDesign 可以使用吸管工具复制颜色，吸管工具可以吸取图像及图元上的颜色，应用于文字、图形边框和底纹。吸取的颜色也可以保存为色板，供以后使用。使用吸管工具的方法如图 3-102 所示。

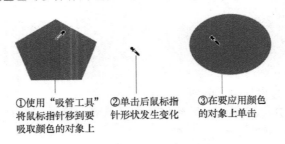

①使用"吸管工具"将鼠标指针移到要吸取颜色的对象上　②单击后鼠标指针形状发生变化　③在要应用颜色的对象上单击

图 3-102　使用吸管工具

操作过程中，如果按 Esc 键或单击页面空白处，可以清空吸管中吸取的颜色。

将吸取了颜色的鼠标指针在"色样"面板下面的新建色板按钮 上单击，即可直接将吸取的颜色保存为色板。

3.4.3　"色板"面板

选择"窗口"｜"颜色"｜"色板"命令，或按 F5 键，打开"色板"面板，如图 3-103 所示（单击"控制"面板中的"填色"或"描边"右侧的下拉按钮，打开与之相连的"色板"面板），在该窗口中存放已经设置好的单色及渐变色样本，还可以建立及删除颜色样本。

1．使用"色板"面板

使用"色板"面板为对象填色与描边的方法如下。

（1）使用工具箱中的"选择工具" 选中对象。

（2）在"色板"面板中单击"填色"按钮，选择其中的色板为对象填色。

（3）单击"描边"按钮，选择其中的色板为对象设置描边颜色。

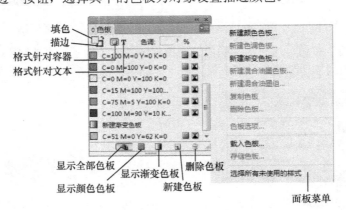

图 3-103　"色板"面板

（4）在"色样"面板的"色调"编辑框内输入色调值，或者单击编辑框右侧的下拉按钮，拖动滑块设置色调值。

2．新建颜色色板

对于经常使用的颜色，如果每次都使用"颜色"面板调整会非常麻烦，这时可以建立新色板，将其存储在"色板"面板中，每次使用时只要单击该色板即可，色板分为渐变和单色两种。建立单色色板的方法如下。

（1）单击"色板"面板菜单按钮▼≡，在弹出的面板菜单中选择"新建颜色色板"命令（或在色板区域上右击，在弹出的快捷菜单中选择"新建颜色色板"命令），弹出"新建颜色色板"对话框，如图 3-104 所示。

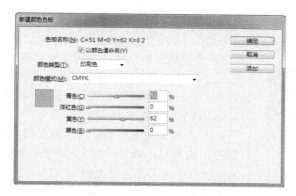

图 3-104 "新建颜色色板"对话框

注意：如果单击"色板"面板中的"新建色板"按钮 ，则可直接新建色板，效果与复制色板相同。

（2）如果需要指定新的色样名称，则取消选中"以颜色值命名"复选框，在弹出的文本框中输入新的名称；如果不需要更改名称，则跳过本步。

（3）选择颜色类型和颜色模式，如无特殊需要，则可以使用默认值。

（4）通过拖动滑块调整每个颜色的值或直接输入颜色的数值。

（5）如果不需要建立新色板，则单击"确定"按钮；如果需要再建立新色板，则单击"添加"按钮，然后继续建立新的色板。

3．新建渐变色板

填色和描边都可以使用渐变色，在"色板"面板中可以建立渐变色板，方法如下。

（1）单击"色板"面板菜单按钮▼≡，在弹出的面板菜单中选择"新建渐变色板"命令，弹出"新建渐变色板"对话框，如图 3-105 所示。

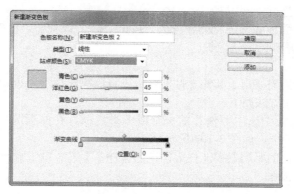

图 3-105 "新建渐变色板"对话框

（2）在"色板名称"文本框中输入新的名称，在"类型"下拉列表中选择"线性"或者"径向”选项。

（3）单击“渐变曲线”色条上的一个站点 🏠，修改其颜色。

（4）用同样的方法修改另一个站点的颜色，如果需要添加站点，则在色条下面单击即可。

（5）如果不需要建立新色板，则可单击“确定”按钮；如果需要再建立新色板，则单击“添加”按钮，然后继续建立新的色板。

即时体验

建立新渐变色板，为矩形填充渐变色，如图 3-106 所示。

（1）单击“色板”面板菜单按钮 🔽，在弹出的面板菜单中选择“新建渐变色板”命令，弹出“新建渐变色板”对话框，设置色板名称为“红黄红”。

图 3-106　为矩形进行渐变填充

（2）单击渐变曲线左侧站点（单击后可以看见位置为 0%），设置颜色为 C0M100Y100K0；单击右侧站点（位置为 100%），设置颜色为 C0M100Y100K0。

（3）在渐变曲线下面单击，出现新的站点，拖动站点图标，调整其位置到 50%，设置颜色为 C0M0Y100K0。

（4）单击渐变曲线上方左侧的控制点 ◇，将其位置调整到 25%，再调整另一个控制点的位置到 75%，单击“确定”按钮。

（5）选中绘制好的矩形，在“色板”面板中保证“填色”按钮在上时，单击“红黄红”色板。

4．编辑色板

如果需要修改建立的色板，则可以对色板进行编辑，方法如下。

（1）选中要编辑的色板。

（2）在面板菜单中选择“色板选项”命令（或双击需要编辑的色板；或右击，在弹出的快捷菜单中选择“色板选项”命令），弹出“色板选项”对话框。

弹出的对话框与要编辑的色板有关，如果编辑单色色板，则可参看图 3-104；如果编辑渐变色板，则可参看图 3-105。

（3）修改名称或颜色，单击“确定”按钮。

如果修改了色板的颜色，则应用了该颜色的所有对象都将改变颜色。

5．删除色板

除了“套版色”、“黑色”和“纸色”不可删除外，其余的色板都可以删除。将不需要的色板删除可以保证“色板”面板的整洁，删除色板的方法如下。

（1）选中要删除的色板。

（2）单击“色板”面板底部的“删除色板”按钮 🗑，或者在“色板”面板菜单中选择“删除色板”命令，均可直接删除所选色板。

6．存储色板

用户定义的颜色如果需要用于其他文件，则可以将色板保存为 Adobe 色板交换文件，用于其他文档。存储色板的操作方法如下。

（1）在“色板”面板中选中要保存的一个或多个色板，在面板菜单中选择“存储色板”命令，弹出“另存为”对话框，如图 3-107 所示。

（2）选择要保存文件的驱动器和文件夹，在“文件名”文本框中输入文件名。

（3）单击“保存”按钮。

7．导入色板

导入色板可以减少调整颜色的工作量，还可以在不同文件中使用相同的颜色，导入色板的方法如下。

（1）选择"色样"面板菜单中的"导入色板"命令，弹出"打开文件"对话框，如图 3-108 所示。

图 3-107　"另存为"对话框

图 3-108　"打开文件"对话框

（2）在"文件类型"下拉列表中选择"Adobe 色板交换文件"选项，选择一个色板文件。

（3）单击"打开"按钮。

3.4.4　"渐变"面板与渐变色板工具

前面介绍了在"色板"面板中设置渐变色的方法，除了这种方法外，还可以在"渐变"面板中为对象填充渐变色。

1."渐变"面板

选择"窗口"｜"颜色"｜"渐变"命令，打开"渐变"面板，如图 3-109 所示，该面板主要参数如下。

（1）设置站点颜色：单击一个站点后，在"颜色"面板中设置需要的颜色。

（2）角度：通过该参数可设置渐变色的角度，不同角度的渐变效果如图 3-110 所示。

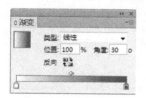

图 3-109　"渐变"面板

(a) 0°渐变　　　(b) 45°渐变

图 3-110　不同角度的渐变

（3）反向：单击该按钮后，站点的位置互换。

2. 使用渐变色板工具

InDesign 可以使用渐变工具为对象着色，还可以调整渐变中心和渐变角度。着色时渐变类型和站点颜色依据"颜色"面板中的设定而设置。

（1）选中要渐变填充的对象。

（2）选择工具箱中的"渐变色板工具"　。

（3）光标变成 形状时，在对象上划出任意角度的线段，即可为对象添加渐变色。可以在对象区域内画线，也可以在对象选中区域外画线。

说明：此时添加的渐变色是按照"颜色"面板中设定的渐变类型和分量点颜色着色的，可以通过"颜色"面板修改渐变色。

3.4.5 实用技能——使用色谱

在设计制作的过程中，颜色的调配是从计算机上观察的，但是计算机显示屏如果没有经过严格的调试，则看到的颜色和印刷出来的颜色是有区别的，如果要"看到"印刷后的颜色，则要查看色谱。

目前市场上有多种色谱可以使用，选择色谱时要注意一些必需的参数，如油墨、印刷顺序、印刷机器、印刷速度、油墨密度、纸张、软件、输出线数等。如果还不清楚，则可向印制作品的印刷厂家咨询。

制作过程

1．为企业标志编辑颜色

（1）选择"文件"｜"打开"命令，弹出"打开文件"对话框，选择在本章第一个案例中制作的"标志.innd"文件，单击"打开"按钮将其打开。

（2）拖动鼠标选中 5 条并列的曲线，如图 3-111 所示，按 F10 键，打开"描边"面板，设置描边的粗细为 2 点。

（3）按 F5 键，打开"色板"面板，单击"描边"按钮，在面板菜单中选择"新建渐变色板"命令，弹出"新建渐变色板"对话框。

（4）设置色板名称为"黄绿渐变"，单击左侧站点，将"站点颜色"设置为"CMYK"，设置颜色为 C0M9Y98K0；单击右侧站点，将"站点颜色"设置为"CMYK"，设置颜色为 C59M0Y100K0，选中两个站点之间的菱形块，将其拖动到 36%左右的位置，如图 3-112 所示，单击"确定"按钮。

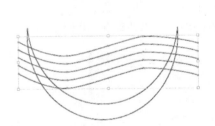
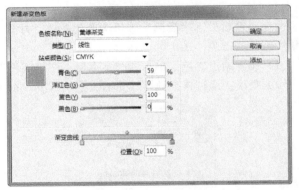

图 3-111 选中 5 条曲线　　　　　　图 3-112 设置黄绿渐变

（5）选中字母 C 形图形，在"色板"面板中单击"填色"按钮，再单击"黄绿渐变"色板；完成后单击"描边"按钮，再单击"无"按钮，如图 3-113 所示。

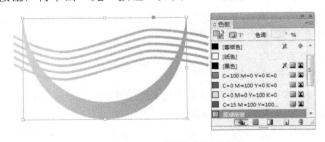

图 3-113 对 C 形图形使用色样

至此，企业 LOGO 图形颜色的设置已完成，效果如图 3-93 所示。

2．为信封编辑颜色

（1）选择"文件" | "打开"命令，弹出"打开文件"对话框，选择在本章第 3 个案例中制作的"企业信封"文件，单击"打开"按钮将其打开。

（2）拖动鼠标选中信封正面左上角的 6 个邮政编码框，按 F5 键，打开"色板"面板，单击"描边"按钮，在色板列表中右击，在弹出的快捷菜单中选择"新建颜色色板"命令，弹出"新建颜色色板"对话框。

（3）在"颜色类型"下拉列表中选择"专色"选项，在"颜色模式"下拉列表中选择"PANTONE+Solid Coated"选项，在"PANTONE"文本框中输入"1795"，如图 3-114 所示，单击"确定"按钮。

（4）选中文字"贴邮票处"，设置它的填色为"邮政编码颜色"，描边为"无"；再选中文字周围的实线矩形和虚线矩形，设置它的填色为"无"，描边为"PANTONE 1795C"。

（5）在"色板"面板中建立新的色板，分别为黄绿（C35M0Y100K0），浅绿（C52M0Y100K0），绿（C100M0Y100K0）。只留下一组 C 形图形，其余全部删除，选中剩下的图形，将其取消编组，分别设置第 1 个 C 形图形的描边为"无"，填色为"黄绿"；第 2 个 C 形图形的描边为"无"，填色为"浅绿"；第 3 个 C 形图形的描边为"无"，填色为"绿"。

（6）将填好颜色的图形编组后复制 4 个并调整大小和位置，如图 3-114 所示。

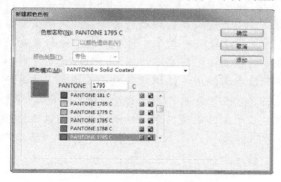

图 3-114　邮政编码框的颜色

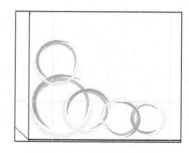

图 3-115　左下角的图形

（7）选中右下角的文字，在"色板"面板中单击"绿"色板。

（8）按 Ctrl+D 组合键，弹出"置入"对话框，选择"报名"图片，单击"打开"按钮，调整大小和位置。

至此，信封的颜色已设置完成，完成后的效果如图 3-93 所示。

思考练习

1．问答题

（1）常用的颜色模式有几种？

（2）怎样在"颜色"面板中为对象填充颜色？

（3）怎样建立一个新的单色色板？

（4）怎样为对象填充线性渐变？

（5）如何为已经填充了线性渐变的图形更改渐变的角度？

2．操作题

（1）为纸杯编辑颜色，如图 3-116 所示。

（2）为 3.3 节制作的标志编辑颜色，如图 3-117 所示。

图 3-116　为纸杯编辑颜色

图 3-117　为标志编辑颜色

本章回顾

InDesign 提供了矩形、椭圆、直线、钢笔、画笔等多个绘制图形的工具，钢笔工具功能更加强大，使用"直接选择工具" ▶ 还可以将图形进行任意变换。InDesign 中通过路径运算可以将多个图元进行不同种类的叠加操作，得到复杂的图形。每一个形状、文本框架或者图像都是一个对象，可以对对象进行复制、粘贴、旋转、缩放等多种操作，多个对象之间可以有多种不同的对齐方式。对于任意一个对象均可以为其设置不同的填色与描边，编辑对象颜色常用的方法是使用"颜色"面板和"色板"面板。在"色板"面板中还可以方便地将编辑好的色板导出，以方便在其他文件中使用。吸管工具的使用更是可以方便地吸取已经存在的图形、图像的颜色。

第4章

制作一张报纸——文本框架与文字属性设置

　　文本因其传输的信息量大而在出版物中占有重要地位。InDesign 具有强大的文字处理功能，建立新文件以后用户可以创建文本框架输入文本，或者将文本文件、Word 文件、Excel 文件中的内容直接放入到 InDesign 中，并可以为其设置不同的效果。虽然现在电子出版物越来越多，但传统的报纸还占有一定的份额，而且很多电子报的排版方式也采用了传统报纸的排版方式，本章将以一张报纸为例，介绍关于文字操作的基础知识，包括文字工具的使用、文本框架的创建、文本属性的编辑等操作。

4.1　制作"报纸正文"——排入文字与调整文本框架

　　在大多数报纸中，文字因其传递的信息能力而占有重要地位，因报纸的版面一般比较大，所以一般要使用分栏。另外，报纸中文字的使用也有一定的要求，本案例将介绍报纸中部分版面的排版方法，报纸正文效果如图 4-1 所示。

专业排版技术（InDesign CS6）

图 4-1　报纸正文效果图

看图解题

图 4-2 为完成本案例需要的部分参数及制作要点。

图 4-2　报纸正文制作要点

➢ 创建文本框架的方法；
➢ 向框架中添加文字的方法；
➢ 置入文件中内容的方法；
➢ 文本框架的选择、连接和删除的基本操作方法。
友情链接：本案例的制作步骤见"制作过程"。

知识准备

　　在本案例制作的报纸中，主要信息是由文字表现的，要完成这个任务遇到的第一个问题是如何在页面中输入文字。另外，在这样一个主要由文字表现的作品中，为了有良好的阅读效果，针对不同内容使用了不同的字体、字号及文字的颜色。本节将介绍有关输入文字、创建文本框架、文本框架形状的改变等内容。

4.1.1　创建框架

　　InDesign 提供了多用方法使用户在页面中输入文字，例如，可以直接输入文字，也可以将其他文件中的内容排入到文档中。

　　1. 创建文本框架

　　使用工具箱中的"文字工具" 可以创建文本框架，单击"文字工具"按钮 并停留一段时间，将出现 4 个选项，如图 4-3 所示。其中，"路径文字工具"和"垂直路径文字工具"使用比较复杂，将在后面章节中进行介绍。使用"文字工具"和"直排文字工具"创建文本框架的方法如下。

　　（1）使用工具箱中的"文字工具" （或"直排文字工具" ），鼠标指针将变为 （或 ）形状。

　　（2）在文档页面上拖动，绘制出矩形文本框架，如图 4-4 所示（若按住 Shift 键，则可绘制正方形文本框架），在绘制的过程中在光标右下角出现的数字为文本框架的大小。

　　（3）释放鼠标左键，框架的左上角（或右上角）将出现闪动的光标，它是文本插入点，这时可以输入文字。

　　使用"文字工具" 可以创建横排文字，"直排文字工具" 可以创建竖排文字，如图 4-5 所示。

图 4-3　文字工具的 4 个选项　　　图 4-4　绘制文本框架　　　图 4-5　横排和竖排文字效果

　　2. 创建网格框架

　　网格框架是中文排版特有的文本框架类型，它是由一定的基线网络组成的，可以更精确地对文本进行定位。网格框架与普通的文本框架相比，功能和外观基本相同，但前者包含网格。使用工具箱中的"水平网格工具" 和"垂直网格工具" 可以创建水平网格框架和垂直网格框架。具体操作方法如下。

图 4-6　水平和垂直网格框架

　　（1）使用工具箱中的"水平网格工具" （或"垂直网格工具" ），鼠标指针将变为 状。

　　（2）在页面中拖动鼠标，绘制出水平（或垂直）框架网格。

　　在网格框架中输入文字，效果如图 4-6 所示。

4.1.2　向框架中添加文本

在 InDesign 中可以使用键盘直接输入、复制粘贴或置入文本等方法添加文本，若文字处理应用程序支持拖放功能，则可以将文本拖动到 InDesign 框架中。

1．直接输入和修改文本

键盘输入文本是指在文本光标处直接输入中西文字符的过程。

（1）创建框架后直接键入文本：当创建了文本框架后，光标会自动定位在起始位置，直接使用键盘输入相应文本即可。

（2）在已经创建好的框架中输入文本：如果要在已经创建好的文本使用框架中输入新文对或在已存在的文字块中的文本进行编辑修改，则需要定位光标，方法是使用"文字工具" T.（或"直排文字工具" IT.），将鼠标指针移动到文本框架区域变为 I（或 ⟼）状时，在框架中单击即可继续输入文本。

2．粘贴文本

粘贴文本是指将 InDesign 中其他位置的文本或其他文字处理应用程序中的文本通过剪贴板粘贴到当前位置的过程。具体操作方法如下。

（1）将需粘贴的文本通过"复制"或"剪切"命令存放到剪贴板中。

（2）根据需要执行以下操作。

①如果需要将文本粘贴在已经存在的文本框架中，则使用工具箱中的"文字工具" T.（或"直排文字工具" IT.），将鼠标指针移动到框架中，当其变为 I（或 ⟼）状时，在框架中单击。

②如果粘贴的文本需要成为独立的文本框架，则应在页面空白处单击，不选择任何对象，（InDesign 会为粘贴的文本创建文本框架）。

（3）选择"编辑" | "粘贴"命令。

3．置入文本

在实际工作中，大量的文字素材保存在文本文件或 Word 文件中，在使用这些文字时，除了可以复制/粘贴外，还可以选择"文件"|"置入"命令，这种操作方法称为置入文本。在置入文本时，InDesign 可以自动创建文本框架。置入文本的具体操作方法如下。

（1）确定在何处置入文本。

根据是否定位插入点，可能会出现以下 3 种情况。

①定位插入点：在文本框架中合适的位置单击定位插入点，置入的文本将从插入点继续向下排。

②不定位插入点，选取了某文本框架：如果选中"替换所选项目"复选框，而且不使用网格格式，则置入的文本将替换原有文本，否则将创建新文本框架。

③不定位插入点：置入的文本将自动创建新的文本框架。

（2）选择"文件" | "置入"命令（或按 Ctrl+D 组合键），弹出"置入"对话框，如图 4-7 所示，在该对话框中选择要置入的文本文件即可。

在"置入"对话框中的文件类型下面有几个复选框，其中 3 个复选框的具体含义如下。

①"显示导入选项"复选框：选中该复选框，在置入时将根据不同的文件弹出对应的导入选项对话框。图 4-8 所示为 Microsoft Word 的导入选项对话框。

②"应用网格格式"复选框：选中该复选框将创建带网格的文本框架。

③"替换所选项目"复选框：选中该复选框将用导入的文本替换当前选中的文本或框架。

（3）单击"打开"按钮（若选中了"显示导入选项"复选框，则需设置置入文件类型的导入选项，否则不用进行任何设置）。

（4）这时置入的文本将显示在插入点后或替换某文本框架；若没有定位插入点也没有选取文本框架，则鼠标指针将变为 ▤ 状，这时可以根据用户需要，在某处单击并置入所有文本，或者拖动鼠标绘制固定大小的文本框架。

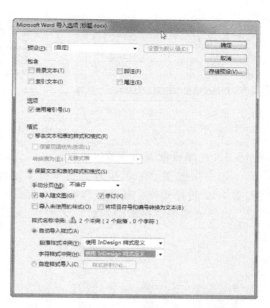

图 4-7　"置入"对话框　　　　　　　图 4-8　Microsoft Word 的导入选项对话框

当需要置入比较长的文档（或者绘制的文本框架较小）时，在文本框架右下角会出现溢流标记田，这时可以将框架调大，也可以将其移动到下一个文本框架中。

4.1.3　串接文本框架

页面中有多个框架时，框架中的文本可独立于其他框架，也可在多个框架之间连续排文。要在多个框架之间连续排文，首先必须将框架连接起来。连接的框架可位于同一页或跨页，也可位于文档的其他页。在框架之间连接文本的过程称为串接文本。

1. 文本框架的入口和出口

每个文本框架都包含一个入口和一个出口，这些端口用来与其他文本框架进行连接。空的入端口或出端口分别表示文章的开头或结尾，如图 4-9 所示。如果端口中有箭头，则表示该框架链接到另一框架，如图 4-10 所示；如果一个框架出口处出现红色加号，则表示有溢流文本。

图 4-9　没有串接的文本框架　　　　　　图 4-10　串接的文本框架

2. 将现有框架串接

在 InDesign 中，可以将两个已经存在的框架进行串接，具体操作方法如图 4-11 所示。

图 4-11　串接文本框架的方法

3．在串接框架中间添加框架

如果需要在已经串接好的两个框架之间添加一个框架，则可以先选中任意一个框架，然后按图 4-12 进行操作。需要注意的是，在图 4-12 中选中了左侧的框架进行操作，如果选中了右侧框架，则需要单击该框架的入口，这才是正确的操作。

图 4-12　在框架之间添加新框架的方法

4．取消串接文本框架

取消串接文本框架时，将断开该框架与串接中的所有后续框架之间的连接。取消串接文本框架以前，显示在这些框架中的任何文本将成为溢流文本（不会删除文本），所有的后续框架都为空。取消串接文本框架的操作过程如图 4-13 所示。需要注意的是，为了清楚地看到鼠标指针，这里先选中了右侧的框架。

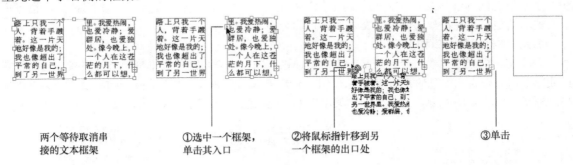

图 4-13　取消串接文本框架

4.1.4　手动与自动排文

置入文本后，鼠标指针将成为载入的文本图标，这时通过一些操作可以将文本排到页面上。当文本不长时，只要单击或在页面上拖动鼠标即可完成文本的置入；当文本比较长时，如何将全部文本排入到页面中是下面要解决的问题。

1．手动排文

下面以手工排入两栏文字为例说明手动排文的操作步骤，注意文档分栏为 2 栏。

（1）按 Ctrl+D 组合键，在弹出的"置入"对话框中选择一个文件，单击"打开"按钮，这时鼠标指针变为载入的文本图标。

（2）按图 4-14 进行操作。

①在需要置入文本处单击或
拖动鼠标

②单击文本框架出口处

③鼠标指针发生变化，将其
移到需要的位置

④单击或拖动鼠标，继续
置入文本

图 4-14　手动排文

（3）重复图 4-14 中的步骤②～步骤④，直到排完全部文本。

2．半自动排文

半自动排文的方法如下。

（1）按 Ctrl+D 组合键，在弹出的"置入"对话框中选择一个文件，单击"打开"按钮。

（2）按图 4-15 进行操作，直到将所有文本置入完成。

(1) 按往Alt键，在需要
置入文本处单击

(2) 不释放Alt键，鼠标指针形状
未变，在需要的位置继续单击

(3) 文本被继续置入，如未
完成，可继续单击置入文本

图 4-15　半自动排文

半自动排文与手动排文一样，文本每次排文一栏，但是在置入每栏后，载入的文本图标将自动重新载入。

3．自动排文

自动排文可以将一个文件中的文本一次全部置入到页面中，如果页面不足，则自动添加页面，以便置入文本。使用自动排文的方法如下。

（1）选择"文件"｜"置入"命令，在弹出的"置入"对话框中选择一个文件，单击"打开"按钮。

（2）将载入的文本图标置于页面上（或现有框架内的任何位置），按住 Shift 键，这时鼠标指针变为状，在需要置入文本的起始位置处单击。

InDesign 将创建新文本框架和新文档页面，直到将所有文本都添加到文档中为止。

当鼠标指针变为 状时，按住 Shift + Alt 组合键并单击，将所有文本都排列到当前页面中，但不添加页面。任意剩余的文本都将成为溢流文本

4.1.5 调整文本框架

创建好文本框架以后使用工具箱中的"选择工具" ，将鼠标指针移到该框架上单击，选中该框架，可以移动文本框架、调整文本框架的大小。InDesign 中还可以很方便地将文本框架调整为任意形状。

1. 调整文本框架的大小

选中了文本框架以后，可以通过"控制"面板中的 W 和 H 数值框中的数值调整文本框架的大小，也可以用鼠标拖动来完成，操作过程如图 4-16 所示。

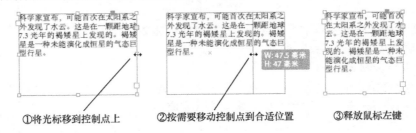

图 4-16　拖动鼠标调整文本框架的大小

2. 框架适合文字

一般来说在文本框架中输入文字以后，框架都会比较大，留下很多空白区域，当页面中的框架比较多时，这些空白区域就会影响下面的排版工作，所以编辑完的文本框架应使框架正好包围在文字周围，称之为文本框架与文字相适合。下面介绍几种使框架与文字适合的方法。

（1）选中框架，拖动边控制柄调整框架，效果如图 4-17 所示。

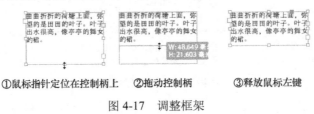

①鼠标指针定位在控制柄上　　②拖动控制柄　　③释放鼠标左键

图 4-17　调整框架

由于 InDesign 有强大的智能参考线功能，因此可使用这种方法使框架与文本适合。

（2）选中框架，双击边上的控制柄，效果如图 4-18 所示，从图中可以看出框架以对边为基础适合了文字。

（3）选中框架后右击，在弹出的快捷菜单中选择"适合" | "使框架适合内容"命令，得到的结果与图 4-18 中的结果相同。

（4）选中框架，双击角上的控制柄，效果如图 4-19 所示。

操作：双击边上的控制柄　　　结果：文本框架
与文字相适合

图 4-18　双击边上的控制柄

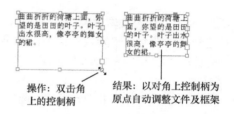

操作：双击角　　　结果：以对角上控制柄为
上的控制柄　　　原点自动调整文件及框架

图 4-19　调整框架

4.1.6　实用技能——报纸的分栏

报纸的版面比较宽，为了保证阅读效果，报纸的每个版面会分为若干栏。

一份报纸每一栏的宽度相等并相对固定，这是该报纸的基本栏。一般来说，四开报使用小 5 号字排版时，采用 6 个基本栏，每栏是 11 个字。

根据不同的排版要求，报纸除了排基本栏之外，还有变栏的形式，变栏后一般大于基本栏。变栏有两种形式：一种是将两个基本栏合成一个栏；另一种是打破基本栏，称为破栏，如将 3 个基本栏合并，使其变为两栏，称为三破二。

一般在以下几种情况下使用变栏。

（1）为了突出某篇文章，采用变栏可以吸引读者的注意力。

（2）为了有效利用版面，如诗歌、法令条款，使用变栏可以提高版面利用效率，同时使排版美观。

（3）文章篇幅较大时，栏的宽度可适当放大，占半版以上的文章尤其应该注意。

制作过程

1. 创建新文件

（1）选择"文件"｜"新建"｜"文档"命令，弹出"新建文档"对话框，如图 4-20 所示，按图中所示进行设置。

（2）在"新建文档"对话框中单击"边距和分栏"按钮，弹出"新建边距和分栏"对话框，如图 4-21 所示，按图中所示进行设置。

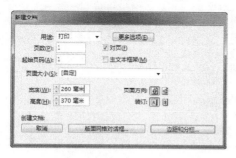

图 4-20　"新建文档"对话框

图 4-21　"新建边距和分栏"对话框

（3）单击"确定"按钮，完成新文档的创建，以"报纸"为名将其保存，保存类型为"InDesign CS6 文档"。

（4）将零点定位在版心左上角，从水平标尺上拖动出一条参数考线，在"控制"面板中设置其 Y 值为 3 毫米，用同样的方法，在 50 毫米、183 毫米、253 毫米处分别建立水平参考线。

（5）拖动鼠标选中所有参考线并右击，在弹出的快捷菜单中选择"锁定参考线"命令。

2．置入文本并调整文本框架

（1）选择"文件"｜"置入"命令，弹出"置入"对话框，在该对话框中选择本书配套素材文件夹中提供的"营养早餐.docx"文件，选中"显示导入选项"复选框，如图 4-22 所示，单击"打开"按钮。

（2）这时弹出"Microsoft Word 导入选项（营养早餐.docx）"对话框，如图 4-23 所示，按图中所示进行设置，单击"确定"按钮。

图 4-22 "置入"对话框   图 4-23 导入选项的设置

（3）这时出现载入的文本图标，按图 4-24 所示方法，将文本置入到版面中。

①在3毫米参考线与栏线交叉处按住鼠标左键　②拖动到183毫米参考线与第一栏右侧栏线交叉处释放鼠标左键　③单击文本出口的溢流标志　④在50毫米参考线与第二栏左侧线交叉处按住鼠标左键　⑤拖动到183毫米参考线与第二栏右侧栏线交叉处释放鼠标左键　⑥完成文本的置入操作

图 4-24 将文本置入到版面中

提示

在调整框架时注意使用智能参考线将框架对齐。

（4）在最后一个文本框架中，拖动鼠标选中文字"技巧：营养早餐搭配指南"及以下的所有文字，按 Ctrl+X 组合键，将其剪切下来，在空白处单击，再按 Ctrl+V 组合键，将其粘贴，使其形成一个单独的文本框架。

（5）调整第 3、4 栏及步骤（4）中粘贴形成的文本框架，使得版面如图 4-25 所示。

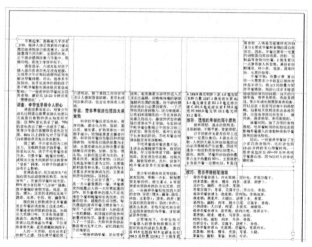

图 4-25　调整好各框架的位置

（6）使用工具箱中的"文字工具"，在 3 毫米水平参考线下方创建文本框架，宽度为三栏，如图 4-26 所示，输入文字"我国中学生不吃早餐现象严重。全社会需高度重视孩子早餐"，按 Ctrl+A 组合键选中刚输入的文字，在"控制"面板中设置字体为"方正大黑简体"，大小为 14 点，单击"控制"面板中的"居中对齐"按钮。

图 4-26　输入文字并设置字体

（7）再创建一个文本框架，输入文字"让孩子的健康从早餐开始"，设置字体为"方正超粗黑简体"，大小为 36 点，居中对齐，然后双击文本框架右下角的控制柄，使框架包围在文字上。

（8）选择"文件"｜"置入"命令，弹出"置入"对话框，在该对话框中选择本书配套素材文件夹中提供的"调查显示.docx"文件，取消选中所有复选框，单击"打开"按钮，在页面中拖动鼠标形成文本框架。

（9）调整好各框架的大小和位置，如图 4-27 所示，在调整时注意利用智能参考线。

（10）选择"文件"｜"置入"命令，弹出"置入"对话框，在该对话框中选择本书配套素材文件夹中提供的"主要食品营养成分表.xls"文件，选中"显示导入选项"复选框，单击"打开"按钮，弹出 Microsoft Excel 导入选项对话框。

（11）在 Microsoft Excel 导入选项对话框中，在"工作表"下拉列表中选择"Sheet2"选项（这时"单元格范围"下拉列表自动发生变化），如图 4-28 所示，单击"确定"按钮。

图 4-27　调整好各框架的大小和位置

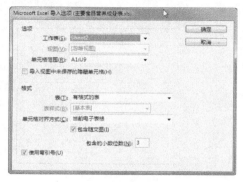

图 4-28　"Microsoft Excel 导入选项"对话框

（12）在 253 毫米水平参考线上方拖动鼠标，将表中的内容置入，如图 4-29 所示。

183毫米水平参考线

253毫米水平参考线

图 4-29　置入的 Excel 文件和标题

（13）在表格上方创建一个文本框架，宽度为 4 栏，输入文字"附：部分食品营养成分表"，按 Ctrl+A 组合键全选文字，设置字体为"方正大黑简体"，大小为 18 点，居中对齐，如图 4-29 所示。

（14）沿版心上边沿线绘制一条水平线，设置粗细为 1 点。

（15）将广告图片置入到版面中，调整好位置。

至此，页面中的正文制作完成，如图 4-1 所示。

思考练习

1．问答题

（1）简述如何将外部文件中的文本置入到 InDesign 中。

（2）手动排文、半自动排文和自动排文在操作上有什么不同点？

（3）怎样串接文本框架？

（4）有 3 个串接的文本框架，如果删除了中间的框架，则该框架中的文字是否被删除？

（5）如何在不改变文字排版的情况下，使框架适合文字？

2．操作题

创建一个新文档，纸张大小为 A4，边距分别为"上"20 毫米、"下"15 毫米、"内"18 毫米和"外"18 毫米，置入本书配套素材提供的"桃花源记.docx"，调整框架，完成的框架效果和预览效果如图 4-30 所示。

图 4-30　效果图

4.2　设置"康靠泊报"的文字——设置文本格式

　　在 4.1 节中，报纸正文中的文字继承了其在 Word 中的格式，从制作结果可以看到还有一些不能让人满意，本案例中将完成文字的设置。一张报纸除头版以外，一般在最上面的部分要加本报的报名、版序等内容，这个位置称为报眉；在报纸的最下面有本报的一些信息，称为报尾。本节将继续完成 4.1 节中未完成的报纸，完成的效果如图 4-31 所示。

图 4-31　"康靠泊"报纸完成效果

看图解题

图 4-32 所示为完成本案例需要的部分参数及制作要点。

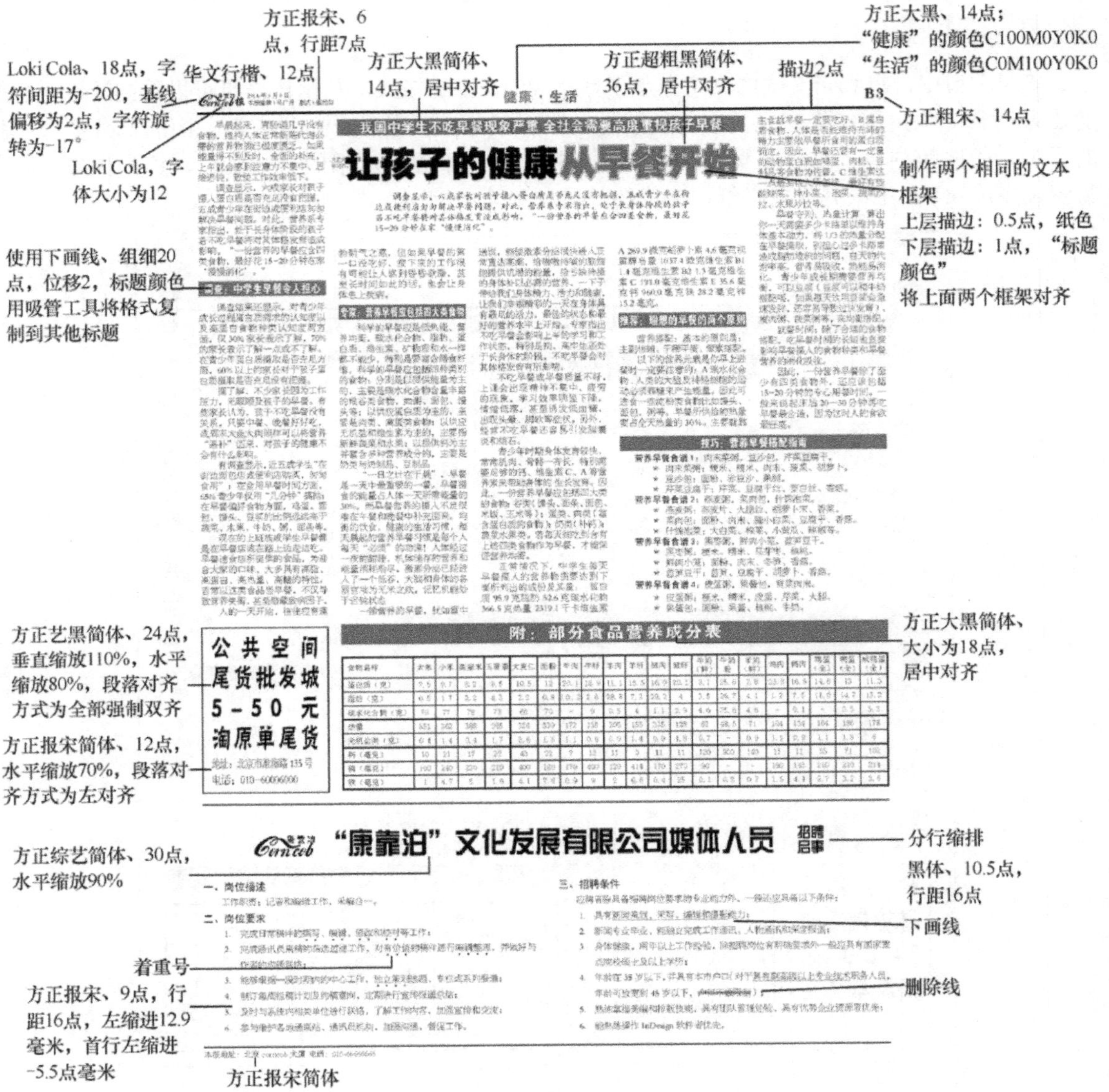

方正报宋、6点，行距7点
方正大黑、14点；“健康”的颜色C100M0Y0K0 “生活”的颜色C0M100Y0K0
Loki Cola、18点，字符间距为-200，基线偏移为2点，字符旋转为-17°
华文行楷、12点
方正大黑简体、14点，居中对齐
方正超粗黑简体、36点，居中对齐
描边2点
方正粗宋、14点
Loki Cola，字体大小为12
健康 · 生活
B3
我国中学生不吃早餐现象严重 全社会需要高度重视孩子早餐
让孩子的健康从早餐开始
制作两个相同的文本框架
上层描边：0.5点，纸色
下层描边：1点，“标题颜色”
将上面两个框架对齐
使用下画线，组细20点，位移2，标题颜色用吸管工具将格式复制到其他标题
方正大黑简体、大小为18点，居中对齐
附：部分食品营养成分表
方正艺黑简体、24点，垂直缩放110%，水平缩放80%，段落对齐方式为全部强制双齐
公共空间
尾货批发城
5-50元
淘原单尾货
方正报宋简体、12点，水平缩放70%，段落对齐方式为左对齐
“康靠泊”文化发展有限公司媒体人员
招聘启事
分行缩排
方正综艺简体、30点，水平缩放90%
黑体、10.5点，行距16点
下画线
着重号
删除线
方正报宋、9点，行距16点，左缩进12.9毫米，首行左缩进-5.5点毫米
方正报宋简体

图 4-32 “康靠泊”报纸主要参数及制作要点

重点掌握

- 选择文字的方法；
- 字体、字体大小的设置方法；
- 行距、字符间距的设置方法；
- 加粗、倾斜、旋转和文字缩放的设置方法；
- 文字其他属性的设置方法。

友情链接：本案例的制作步骤见"制作过程"。

在出版物中的文字具有许多特性，如字体、字号、字距、行距等，对这些参数的综合设置，可以使版面美观、可阅读性高。在 InDesign 中将这些文字参数称为文字属性，本节将介绍有关字体、字号等常用文字属性设置的方法，其他文字属性限于篇幅将不在这里介绍，读者可根据本节介绍的内容，学习其他文字属性的设置。

4.2.1　选择文本

InDesign 选中文字的方法有多种，下面仅介绍几种常用的操作。需要注意的是，选择文本要求在文本状态下进行。

1．使用鼠标拖动选择文本

（1）使用工具箱中的"文字工具" T 使鼠标指针变为 I 状。

（2）定位插入点，拖动鼠标选择需要的文本。

提示

使用"选择工具" ▶ 时，在文本框架上双击可以直接定位插入点。

2．使用键盘选择文本

在某些情况下，使用键盘选择文本比使用鼠标快捷。使用键盘选择文本的方法：定位插入点以后，按住 Shift 键，使用键盘上的几个方向键将光标移动到所选择文本的终点，再释放 Shift 键。

4.2.2　设置文字的字体和字号

这里所说的字体是印刷字体，是供排版印刷用的规范化文字形体，如宋体就是一种字体。字体样式是字体家族中单个字体的变体，例如，英文字体 Times New Roman 有 4 种样式：Regular（正常）、Italic（斜体）、Bold（粗体）、Bold Italic（粗斜体）；对中日韩字体而言，字体样式的名称通常由粗细种类来决定。一种字体中有几种样式以及显示的字体样式名称取决于字体制造商。

在 InDesign 中，设置字体和字体大小的方法有多种，下面介绍几种常用的操作方法。

需要说明的是，如果选中了文字，再设置字体，则字体应用于选中的文字；如果未选中文字而设置了字体，则字体应用于新输入的文字。

1．通过"字符格式控制"面板设置

菜单栏下面就是"控制"面板，一般情况下"控制"面板显示在屏幕上，如果被关闭，则可通过选择"窗口"｜"控制"命令打开。使用了工具箱中的"文字工具" T （或者选择了文本）后会打开"字符格式控制"面板，在"控制"面板中可以设置字体、字号，如图 4-33 所示。

图 4-33　在"控制"面板中设置字体和字号

从图中可以看到，"段落格式控制"面板与"字符格式控制"面板同时打开，当前状态下"字

符格式控制"按钮被按下，显示的是"字符格式控制"面板。

当使用的显示器屏幕足够宽时，观察"控制"面板，可以发现：在"字符格式控制"面板的后半部分为段落格式的参数；同样，在"段落格式控制"面板的后半部分为字符格式的参数。这样设计是可以方便用户使用。

（1）设置字体：单击"字体"下拉按钮，弹出字体的下拉列表，选择需要的字体即可完成字体的设置。

（2）设置字号："字号"数值框中直接输入数值，或单击其下拉按钮，在弹出的下拉列表中选择所需要的字号。

有关字体和字号的进一步探讨，请参看 4.2.7 小节。

2. 通过"字符"面板设置

选择"窗口"｜"文字和表"｜"字符"命令（或按 Ctrl+T 组合键），打开"字符"面板，如图 4-34 所示。在该面板中可以设置不同的字体、字号，使用方法与在"控制"面板中设置字体、字号相同。

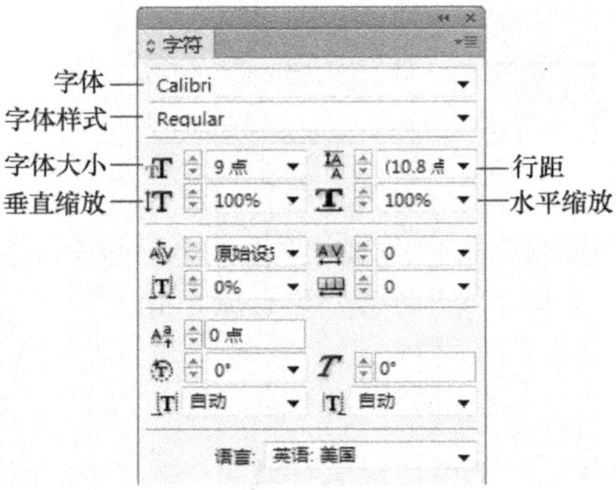

在"字符"面板中，单击右上角的 按钮可以弹出面板菜单，通过该菜单可以设置更多的文字属性参数。

3. 通过菜单设置版式

选择"文字"｜"字体"命令，弹出字体下拉列表，从该下拉列表中可直接选择相关的字体。

选择"文字"｜"大小"命令，弹出字体大小下拉列表，从该下拉列表中可直接选择相关字体的大小，如果列表中的数值不符合要求，则可选择"文字"｜"大小"｜"其他"命令，打开"字符"面板，用前面介绍的方法设置字体大小。

图 4-34　"字符"面板

上面介绍了 3 种设置字体和字体大小的方法，在 InDesign 中一般对象参数的设置都提供了这样几个路径，下面其他参数的设置不再介绍所有方法，只介绍在"字符"面板中的设置方法，其他方法请根据前面的介绍自己体验。

4.2.3　设置字间距和行距

在 InDesign 中可调整字间距的参数很多，包括针对罗马字排版的"字偶间距"、"字符间距"和针对日中韩文的"字符前挤压间距"、"字符后挤压间距"和"比例间距"，虽然参数针对不同文字，但是这些参数对中文排版都有一定的作用。

与字间距有关的参数在"字符"面板中的位置如图 4-35 所示，也可以在"控制"面板中找到这些参数，其含义及使用方法如下。

图 4-35　"字符"面板中的字间距调整参数

1．字偶间距调整

字偶间距调整是增大或减小特定字符对之间间距的过程。将光标定位在需要调整的两个字符之间，在"字偶间距" 数值框中可以对两个字符之间的距离进行调整，如图 4-36 所示。如果选中一段文本，则只可以对其进行"视觉"、"原始设定-仅罗马字"和"原始设定"3 个选项进行选择。

2．字符间距调整

字符间距调整是加宽或紧缩文本的过程。在选中了需要调整的文本后，在"字符间距"数值框中进行设置，完成的效果如图 4-37 所示。

观察图 4-36 和图 4-37，可以发现，这两个参数对字距的调整都是调整字符右侧的空间，且这两个参数可正可负，分别对应字间距的增大和减小。

<table>
<tr><td>图 4-36　字偶间距的调整</td><td>图 4-37　字符间距的调整</td></tr>
</table>

3．调整字符前后的间距

字符前后的间距用于调整字符前后的空格数。使用方法是选中需要添加前后空格的文本，然后在"字符"面板中的"字符前挤压间距"或"字符后挤压间距"下拉列表中选择要添加的空格量，如添加 1/4 的全角空格。当该行设置为强制双齐时，则不调整该空格，完成的效果如图 4-38 所示。

4．比例间距

对字符应用比例间距，会使字符周围的空间按比例压缩，但字符的垂直和水平缩放将保持不变。与字偶间距和字符间距不同的是，比例间距只能压缩字间距，而且是从两侧对空间进行压缩，完成的效果如图 4-39 所示。

<table>
<tr><td>图 4-38　字符前挤压间距</td><td>图 4-39　调整比例间距</td></tr>
</table>

5．设置行距

InDesign 中行距的含义在不同字符的排版中不尽相同，在罗马字排版中相邻行文字间的垂直间距称为行距。测量行距时是计算一行文本的基线到上一行文本基线的距离，如图 4-40 所示。

中日韩文中的行距包括全角字框的高度和行间距。默认情况下，测量文本行的行距时将计算

专业排版技术（InDesign CS6）

从其全角字框上边缘到下一行的全角字框上边缘之间的距离，如图 4-41 所示。

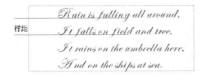

图 4-40　罗马字中的行距　　　　　　　　图 4-41　中文字符的行距

　　默认情况下，行距是字符属性，所以可以在同一段落内应用多个行距值。在"字符格式控制"面板或"字符"面板中，均可以在"行距"数值框 ᴬ↕(10.8点▼) 中设置行距的大小。一个段落中的行距是否保持一样，可以通过首选项进行设置。

　　默认的"自动行距"选项按文字大小的 120%设置行距（例如，10 点文字的行距为 12 点）。当使用自动行距时，InDesign 会在"字符"面板的"行距"菜单中，将行距值显示在圆括号中。

　　当一行文字中的行距不同时（例如，字符有大有小时，自动行距会受字符大小影响而不同；或者一行中设置了不同行距时），最大行距值决定了该行的行距。例如，一行文字中一部分字符是 10 点，另一部分字符是 14 点，则默认选中是 14 点的 120%，即 16.8 点。

4.2.4　文字的倾斜、旋转和缩放

　　倾斜的文字可以用于突出显示，特别是在西文中，更多地使用倾斜来突出显示某些内容，而旋转的文字更多地用于一些文字量比较少的场合，如图书的封面、海报等。文字的倾斜和旋转只能在"字符"面板中进行设置。

1．文字的倾斜与旋转

　　选中文字后，在"字符"面板中的"倾斜"数值框 T↕0° 中输入适当的数值就可以使选中的文字倾斜，正值表示文字向右倾斜，负值表示文字向左倾斜。

　　选中文本后，在"字符"面板的"旋转"数值框 ⊕↕0° ▼ 中输入一个数值，正值表示逆时针旋转，负值表示顺时针旋转。倾斜与旋转效果如图 4-42 所示。

2．文字的缩放

　　字符在设计时有一定的长宽比例，在某些场合下可能需要一些细长字或者宽扁字，在 InDesign 中允许根据字符的原始宽度和高度，指定文字的宽高比。具体操作方法如下。

　　（1）选中需要缩放的文字。

　　（2）在"控制"面板或"字符"面板中，设置"水平缩放"数值框 T 100% ▼ 中的数值，则字符高度不变，而宽度变化，100%为原字符大小。同样的，如果设置"垂直缩放"数值框 IT 100% ▼ 中的数值，则字符宽度不变，高度发生变化，变化效果如图 4-43 所示。

图 4-42　倾斜与旋转的效果　　　　　　　　图 4-43　文字缩放效果

　　除了这种方法以外，还可以使用文本框架的缩放来形成字符的缩放效果。

 提示

　　缩放会导致文字变形，某些字体系列会包含真正的紧缩字体或加宽字体，在这种情况下使用这些专门设计的紧缩字体或加宽字体会更加合适。

4.2.5　调整基线与设置下画线及删除线

基线的调整可以改变文字在一行中垂直方向的位置，下画线（软件中为"下画线"，为符合国家标准写为"下画线"，）和删除线用于特别标示一些内容，都是排版中常用的修饰方法。

1．调整基线

当一行文字中有随文图，或者字体大小不一样，或者设置不同格式时，都有可能使一行的内容上下不一，这时使用"基线偏移"可以相对于周围文本的基线上下移动选定字符。

设置基线偏移的方法：在"控制"面板或"字符"面板中的"基线偏移"数值框 A♣ ⟨ 0点 ⟩ 中输入一个数值。正值将使该字符的基线移动到这一行中其余字符基线的上方，负值将使其移动到这一行中其余字符基线的下方，进行了基线移动的文本效果如图 4-44 所示。

如果选中了字符再设置基线偏移，则选中的字符基线会发生变化；如果没选中字符，则在设置之后所有输入的文字基线均会发生变化。

2．设置下画线和删除线

在"控制"面板中，"基线偏移"数值框的右侧，有一组图标用于字符的一些格式设置，如图 4-45 所示。

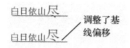

图 4-44　基线调整效果　　　　　图 4-45　"控制"面板中的一组字符格式

这一组共有 6 个按钮，在"字符"面板中没有这些按钮，但单击"字符"面板中的 ▤ 按钮，在弹出的面板菜单中可以找到相应的命令。这里不再一一介绍所有按钮的功能，只介绍下画线和删除线的设置。

下画线和删除线的使用方法和设置基本相同，下面以下画线为例介绍其设置方法。　（1）使用默认设置为文字添加下画线或删除线：选中要设置下画线的文字，单击"控制"面板中的"下画线"按钮 **T** 或"删除线"按钮 **F**，即可完成设置。

（2）自定义下画线：按图 4-46 中①～④的操作顺序就可以完成自定义下画线的设置。

选择"字符"面板菜单中的"删除线选项"命令，弹出"删除线选项"对话框，将其与"下画线选项"对话框对比，可以发现其参数几乎完全一样，唯一不同的是"位移"参数的默认值不同。但是当删除线比较粗时会发现删除线覆盖在文字上方，而下画线如果和文字重叠，则衬在文字下方。

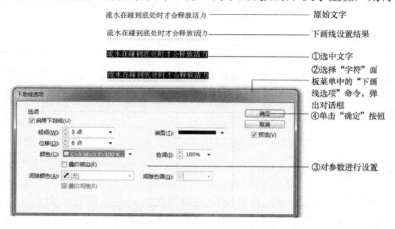

图 4-46　"下画线选项"对话框

4.2.6　文字的填色与描边

InDesign 可以为文本设置不同的颜色，也可以用不同的颜色为文本描边。

1. 使用"控制"面板对文字填色与描边

如果只需要对文本框架内的一部分文字进行填色与描边，则可以使用"控制"面板进行操作，方法如下：使用工具箱中的"文字工具"T选择需要填色与描边的文本，按图 4-47 进行操作。

要注意的是描边的粗细为默认值，如果需要调整则需要进入"描边"面板进行操作。

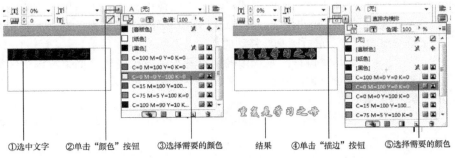

①选中文字　②单击"颜色"按钮　③选择需要的颜色　　结果　　④单击"描边"按钮　⑤选择需要的颜色

图 4-47　使用"控制"面板对选中文字进行填色与描边

2. 使用"色板"面板对文字填色与描边

使用"色板"面板可以对选中的文字填色，也可以直接对选中的文本框架中的全部文字进行填色。如果只需要对文本框架内一部分文字进行填色与描边，则方法如下：使用工具箱中的"文字工具"T选择需要填色与描边的文字，按 F5 键，打开"色板"面板，按图 4-48 进行操作。

使用"颜色"面板也可以对文字进行填色与描边，操作方法请读者探索。

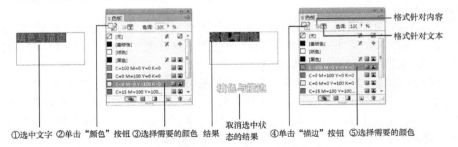

格式针对内容
格式针对文本

①选中文字　②单击"颜色"按钮　③选择需要的颜色　结果　取消选中状态的结果　④单击"描边"按钮　⑤选择需要的颜色

图 4-48　使用"色板"面板对文字填色与描边

提示

如果需要对整个文本框架中的文字进行相同的填色与描边，则可以选中整个框架，然后在"色板"面板中单击"格式针对文本"按钮，如图 4-48 所示，这样即可用图中的操作步骤对文字进行填色与描边操作。

4.2.7　复合字体

在很多出版物中经常会出现中文与英文、阿拉伯数字夹杂的情况，为了让它们之间协调，就要为它们设置配套的字体。但是这些文字可以将不同字体的不同部分混合在一起，如果使用选中文本的方式修改字体，显然工作量太大，在 InDesign 中可以创建一种复合字体来为同一段落中不同文本设置自己的字体。

1．创建和应用复合字体

创建复合字体的操作方法如下。

（1）选择"文字"｜"复合字体"命令，弹出"复合字体"对话框。

（2）在该对话框中单击"新建"按钮，弹出"复合字体编辑器"对话框，在"名称"文本框中输入复合字体的名称（如"报纸上的复合字体"）；在"基于字体"下拉列表中指定作为新复合字体基础的复合字体，单击"确定"按钮回到"复合字体"对话框，如图 4-49 所示。

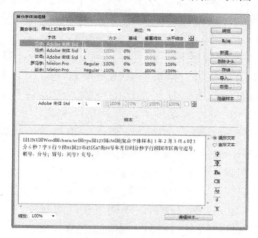

图 4-49　"复合字体编辑器"对话框

（3）在"复合字体"中选择一个类别（如"汉字"），在列表框中指定字体属性，如图 4-49 所示。

指定字体属性的方法：单击"显示样本"以打开样本编辑窗口，单击其右侧的下拉按钮，以便对指示表意字框、全角字框、基线等的彩线选择"显示"或"隐藏"。此外，还可以通过"横排文本"和"直排文本"选项切换样本文本的方向，使其以水平或垂直方式显示。

（4）单击"存储"按钮可以存储创建复合字体的设置，设置完成后单击"确定"按钮。

创建完成的复合字体可以在"字体"下拉列表中找到，使用方法与一般字体的使用方法相同。

2．导入复合字体

从其他 InDesign 文档中导入复合字体的方法如下。

（1）选择"文字"｜"复合字体"命令，弹出"复合字体编辑器"对话框。

（2）在该对话框中单击"导入"按钮，弹出"打开文件"对话框，在该对话框中找到已经设置过复合字体的文件。

（3）单击包含要导入的复合字体的 InDesign 文档。

（4）单击"打开"按钮，回到"复合字体编辑器"对话框，单击"确定"按钮。

3．删除复合字体

如果不再需要已经创建的复合字体，则可以使用下面的方法将其删除。

（1）选择"文字"｜"复合字体"命令，弹出"复合字体编辑器"对话框。

（2）在"复合字体编辑器"对话框中选择要删除的复合字体。

（3）单击"删除字体"按钮，在弹出的对话框中单击"是"按钮。

4.2.8　实用技能——报刊书籍中常用字体、字号和行距

1．报刊书籍中的常用字体

用于印刷的字体种类繁多，在图书、期刊、报纸排版中常用的中文字体主要有宋体、黑体、

仿宋体和楷体。

（1）宋体：宋体字的特点是横平竖直，横笔画较细，竖笔画较粗，在笔画的右上弯处有装饰字肩，在众多的印刷字体中，宋体字最适合于阅读，因此在图书、期刊及各种报纸中，正文大多使用宋体。

为使宋体的实用性更强，计算机排版系统将宋体字又分为小标宋、大标宋、书宋和报宋，以及各种中宋、粗宋。

报宋笔画纤细，字体清秀工整，结构均匀，印刷效果清晰明快，适用于报纸、杂志的正文；书宋字体端正清秀，横轻竖重，结构均匀，笔法严谨，美观实用，适用于各类书刊、杂志的正文；其他变形的宋体主要用于排标题。

（2）黑体：黑体又称方体、等线体、粗体、平体、方头体。黑体字的特点是笔画粗重醒目，横竖的粗细一致。由于黑体字具有刚毅坚实感，所以经常作为报纸、书刊的标题和重要内容提示等。但由于黑体字粗犷的笔画占据了字间的空隙，所以它不适合排长篇的文章，只能用于短文或夹排警句引文。在计算机排版系统中，黑体字的变化字体还有大黑、超粗黑等。

（3）仿宋体：常用于短小的文章，如诗歌、散文、古籍等；也可以用做表题、图注、摘要等；还能用来排小四号、四号、三号字的文件和内部材料。

（4）楷体：楷体接近手写体，主要用于通俗读物，小学课本，少儿读物，报刊中的短文，正文图书中的前言、习题、后记等，报刊中的引题、副题及中小号标题。但楷体字适合少量文字，如果排成行从整个版面上看不如宋体整齐醒目，不便于长时间阅读。

随着计算机排版技术的发展，各种各样的字体被不断开发出来，满足各种出版物的需求，对于字体的使用需要在实践中不断总结、提高。

2．报刊书籍中的常用字号

在 InDesign 中，印刷字的大小用点数制来描述。点数制是国际上通行的印刷字形的一种计量方法。这里的"点"不是计算机字形的点阵，而是传统计量字大小的单位，用小写 p 表示，也称为"磅"。其换算关系如下：1p=0.35146mm≈0.35mm，1 英寸=72p。

我国出版系统中常用于表述字体大小的是号数制，如报纸中常用的是小五号字。表 4-1 中给出了常用字号的大小与磅数的对照表，这个表对于使用 InDesign 设计版面的工作者来说非常重要，要经常使用。

表 4-1　计算机排版系统常用字号对照表

字　　号	磅数	毫米	字　　号	磅数	毫米
小七号	5	1.849	小二号	18	6.369
七号	6	2.123	二号	21	7.397
小六号	7	2.456	小一号	24	8.424
六号	8	2.808	一号	28	9.657
小五号	9	3.150	小初号	32	11.095
五号	10.5	3.697	初号	36	12.671
小四号	12	4.246	小特号	42	14.794
四号	14	4.931	特号	48	16.917
三号	16	5.547	特大号	56	19.726

例如，中文排版中，正常的段落首行要缩进两个字符，如果使用五号字排版，则从表中可以看出它的大小大约是 3.7mm，所以需要在"首行左缩进"数值框中设置 7.4mm。

3．字间距和行距的设计

从字面上看，字距是指文字之间的距离，行距是相邻两行文字之间的距离。在版面设计中首先想到的应该是方便阅读。适当的行距会形成一条明显的水平空白带以引导浏览者的目光，行距过宽会使一行文字失去较好的延续性；字间距过小会造成文字过于拥挤而影响阅读，过大则使得版面散乱，破坏整体结构。正文的字间距应通篇保持一致。标题字可考虑统一设计每个字之间的间距标准，如果字母间距太小，则可读性会受到影响；如果间距太大，则字词的结构遭到破坏，读者不得不停下来对字词进行重新组合。

良好的字间距和行距的编排，应该是使受众在阅读过程中难以觉察字间与行间的间隔，表现出极强的整体感。一般行距的常规比例应为 10：12，即用字 10 点，则行距 12 点。这也是 InDesign 默认的行距值。

制作过程

1．制作报名

（1）打开上一个实例中完成的"报纸.indd"文件，删除广告图片，然后在报眉处创建一个文本框架，输入文字"Corn cob 报"。

（2）用鼠标拖动选中第一个大写字母"C"，设置字体为 Loki Cola，大小为 18 点，字符间距为-200，基线偏移为 2 点，字符旋转为-17º，参数及效果如图 4-50 所示。

（3）选中文字中所有小写字母"orn cob"，设置字体为 Loki Cola，字体大小为 12 点；选中文字"报"，设置字体为"华文行楷"，字体大小为 12 点。

 提示

为方便起见，以后我们将上面提到的字体和字体大小的设置描述为：设置文字为"华文行楷"，12 点。

（4）将光标定位在文字"报"的前面，设置"字偶间距"为-200。

（5）再创建一个文本框架，输入文字"康靠泊"，设置它的字体为"方正平和体"，字体大小为 6 点，将它移到"Corn cob 报"上方，调整好位置，如图 4-51 所示。

图 4-50　大写英文字母 C 的参数设置　　　　图 4-51　制作好报名

（6）选中构成报名的两个文本框架并右击，在弹出的快捷菜单中选择"成组"命令，或按 Ctrl+G 组合键，将其组成一个组，然后将其移到版心线上方左侧，如图 4-52 所示。

图 4-52　制作好的报眉

2．制作报眉和报尾

（1）使用工具箱中的 "直线"工具 ✐ ，按住 Shift 键，沿版心的上边线绘制一条与版心同宽的直线，在"控制"面板中设置其"粗细"为 2 点。

（2）在报名的右侧创建 3 个文本框架，按图 4-52 输入文字，并进行相关设置。

（3）使用工具箱中的"直线"工具 ✐ 沿版心的下边线绘制一条直线，在这条直线下方，再创建一个文本框架，输入文字"本报地址：北京 corn 大厦　电话：010-66666666　网址：www.corncob. com"，设置文字为方正报宋简体、6 点。

3．设置标题

（1）在"色板"面板中定义一个名为"标题颜色"的新色板，设置它的颜色值为 C100M0Y0K30。

（2）将标题中的文字"从早餐开始"选中，按 Ctrl+X 组合键将其剪切下来，使用工具箱中的"选择工具" ▶ 选中剩余的文本框架并右击，在弹出的快捷菜单中选择"适合"｜"使框架适合内容"命令。

（3）在页面空白处单击，按 Ctrl+V 组合键，将上一步剪切下来的文本粘贴为一个独立的文本框架，选中文字，将文字的颜色设置为"标题颜色"，再复制一次此框架。

（4）按图 4-52 分别设置两个文本框架中文字的描边，同时选中两个框架，单击"控制"面板中的"垂直居中对齐"按钮 ▣，再单击"水平居中对齐"按钮 ▣，完成后的效果如图 4-53 所示。

（5）使用工具箱中的"选择工具" ▶ 选中内容为"我国中学生……"的框架，按图 4-54 进行设置，完成后调整它们的位置，注意图中所示要求。

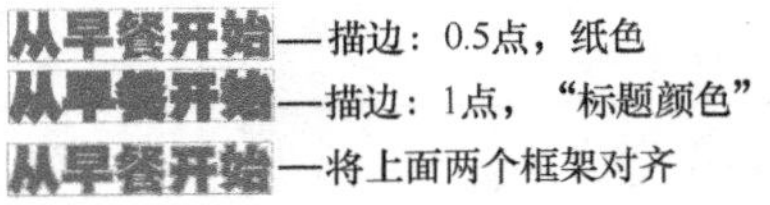

从早餐开始—描边：0.5点，纸色
从早餐开始—描边：1点，"标题颜色"
从早餐开始—将上面两个框架对齐

图 4-53　制作具有双重描边的文字

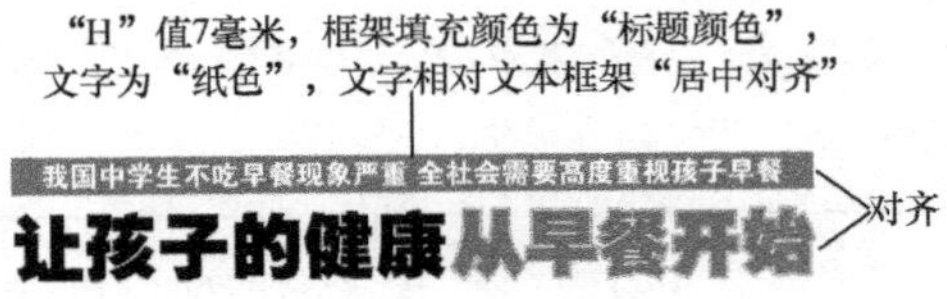

"H"值7毫米，框架填充颜色为"标题颜色"，
文字为"纸色"，文字相对文本框架"居中对齐"

我国中学生不吃早餐现象严重 全社会需要高度重视孩子早餐
让孩子的健康从早餐开始 —对齐

图 4-54　调整标题的位置

4．设置正文字的文字格式

仔细观察版面，可以看到在一些段落中出现了一个字占用一行的情况，如图 4-55 所示，这种情况在排版中是不允许出现的，需要将其消除。

（1）分别选中正文文字，设置字体为"方正报宋简体"，选中出现单字不成行情况所在段落的所有文字，在"控制"面板中设置"字符间距" ⏣ 为-25。

（2）选中小标题"调查：中学生早餐令人担心"，按 Ctrl+T 组合键，打开"字符"面板，在面板菜单中选择"下画线选项"命令，弹出"下画线选项"对话框，如图 4-56 所示，按图 4-56 进行设置，单击"确定"按钮。

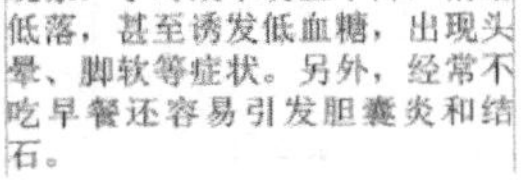

　　不吃早餐或早餐质量不好，上课会出现精神不集中、疲劳的现象，学习效率明显下降，情绪低落，甚至诱发低血糖，出现头晕、脚软等症状。另外，经常不吃早餐还容易引发胆囊炎和结石。

图 4-55　一个字占用一行的情况

图 4-56　设置下画线选项

（3）在文字的前面添加一个半角空格，在后面添加半角空格，直到颜色充满一行。

（4）将光标定位在步骤（2）中设置的小标题上，在"控制"面板中单击"段落格式控制"按钮 ，设置"段前间距" 为 2 毫米，"段后间距" 为 2 毫米。

至此，完成了一个小标题的制作，下面将格式复制到其他小标题上。

（5）使用工具箱中的"吸管工具" ，鼠标指针变为一只吸管的形状，按图 4-57 所示步骤将前面设置的格式复制到其他小标题上。

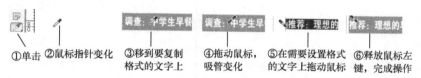

①单击 ②鼠标指针变化 ③移到要复制 ④拖动鼠标， ⑤在需要设置格式 ⑥释放鼠标左
格式的文字上 吸管变化 的文字上拖动鼠标 键，完成操作

图 4-57 使用吸管工具复制文字格式

（6）选中小标题"专家：营养早餐应包括四大类食物"，在"字符"面板中将文字的水平缩放设置为 70%。

（7）选中表格上方的标题文字"附：部分食品营养成分表"，设置"垂直缩放"为 90%，颜色为"纸色"，在"控制"面板中单击"段落格式控制"按钮 ，再单击"居中"按钮 。

（8）使用工具箱中的"选择工具" 选中文字"附：部分食品营养成分表"所在的文本框架，单击"控制"面板中的"居中对齐"按钮 ，使文字在框架中上下居中。按样张所示调整框架的大小，并填充"标题颜色"。

5．制作版面中的广告

调整好版面后，在表格的左侧出现了一块空白，这部分将放置一个文字广告。另外，全版报纸上还有 1/4 版面的空白，这是预留的广告位置，要放本报的招聘广告。

（1）在表格左侧空白处创建一个文本框架，输入文字，如图 4-58 所示，按图 4-58 设置文字的格式。

（2）使用工具箱中的"矩形工具"，在文字的外面绘制一个矩形，调整好位置。

（3）在 253 毫米水平辅助线处绘制一条与版心同宽的直线，粗细为 1 点，然后在 273 毫米处创建一条水平辅助线。

（4）复制报纸左上角的报名，将文字"报"删除，在"控制"面板中单击"约束缩放比例"按钮，在"X 缩放"数值框中输入 170%，完成后将它移到 273 毫米辅助线的上方，贴近版心左侧。

公 共 空 间
尾货批发城
5 - 50 元
淘原单尾货

方正艺黑简体、24点，
垂直缩放110%，水平
缩放80%，段落对齐
方式为全部强制双齐

地址：北京市淮海路 135 号
电话：010-60006000

方正报宋简体、12点，
水平缩放70%，段落对
齐方式为左对齐

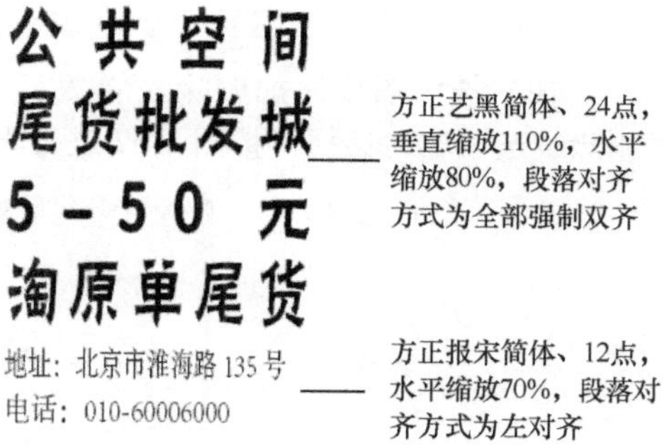

图 4-58 广告文字的制作

（5）在企业标志右侧再创建一个文本框架，输入文字并调整文字格式，如图 4-59 所示。

（6）再创建一个文本框架，输入"招聘启事"，文字参数设置与标题相同，选中文字，选择"字符"面板菜单中的"分行缩排"命令，效果如图 4-59 所示。

"康靠泊" 文化发展有限公司媒体人员 招聘启事

放大170% 方正综艺简体、30点，水平缩入90% 分行缩排

图 4-59 广告中的标题

（7）在标题的下方创建一个文本框架，排入本书素材"招聘广告"中的文字，按图 4-60 设置字体和字体大小。

（8）选中需要添加着重号的文字，选择"字符"面板菜单中的"着重号"｜"着重号"命令，弹出"着重号"对话框，如图 4-61 所示，按图 4-61 进行设置，单击"确定"按钮。

（9）选中需要添加下画线的文字，选择"字符"面板菜单中的"下画线"命令，即可完成下画线的添加操作。

图 4-60　广告中的文字

图 4-61　着重号参数的设置

（10）选中需要添加删除线的文字，选择"字符"面板菜单中的"删除线选项"命令，弹出"删除线选项"对话框，按图 4-62 进行设置，单击"确定"按钮。

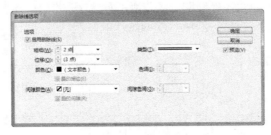

图 4-62　删除线参数的设置

经过以上制作，完成整个报纸的制作工作，输出后的效果如图 4-31 所示。

思考练习

1．问答题

（1）有几种方法可以设置文字的字体和字体大小？

（2）字偶间距和字符间距有什么不同？如何设置字符间距？

（3）选中一个文本框架中的文字，设置文字的旋转与选中框架再设置框架旋转得到的效果有什么不同？

（4）行距有何含义？怎样设置行距？

（5）简述复合字体的用途。怎样创建复合字体？

2．操作题

制作一份产品说明书，如图 4-63 所示。

图 4-63　产品说明书

本章回顾

本章主要介绍了在页面中如何排入文字及文字参数的设置。

在各种媒体中，由于文字传输信息最大而占有重要地位，报纸更是以文字为主要内容。InDesign 具有强大的文字处理功能，可以满足排版过程中对文字处理的要求。

InDesign 中所有文字均在文本框架中，使用工具箱中的"文字工具"拖动鼠标可以创建文本框架，再输入文字。对于已经保存在其他文件中的文字素材，可以选择"文件"｜"置入"命令将文字排入到页面中，InDesign 支持的文件包括文本文件、Word 文件和 Excel 文件等。当排入的文字比较长时，使用自动排文可以节省大量的工作时间。

文字的参数包括字符参数和段落参数，可以在"字符"、"段落"面板中完成设置，也可以在"控制"面板中完成设置。

第 5 章

制作"世界时间"杂志——
段落格式和框架

大量的文字构成文章，段落是文章思想内容在表达时由于转折、强调、间歇等情况造成的文字停顿。段落是构成文章的基本单位，在中文排版中具有换行另起的明显标志。排版时合理设置段落格式，使文章有行有止，在读者视觉上形成更加醒目明晰的印象，便于读者阅读、理解和回味，也有利于作者条理清楚地表达内容。

在 InDesign 中，可以灵活控制段落的对齐、缩进、段前段后间距等段落格式；还可以根据版面的情况，使用合适的分栏、段落线等排出漂亮的版面。

5.1 制作杂志目录——设置段落格式

案例展示

目录页的作用主要是为了使读者更方便地了解正文内容并检索相应信息，把书籍中的标题名按部篇章节的顺序或按类别排列，并标注页码。不同期刊、书籍的目录页不同，科技类图书的目录比较规范，而生活类的期刊目录页设计起来比较灵活，本案例中将设计"世界时间"的目录，完成以后的效果如图 5-1 所示。在本案例的制作过程中，主要对文字进行各种格式设置。

图 5-1　杂志目录效果图

本案例的制作要点如图 5-2 所示。

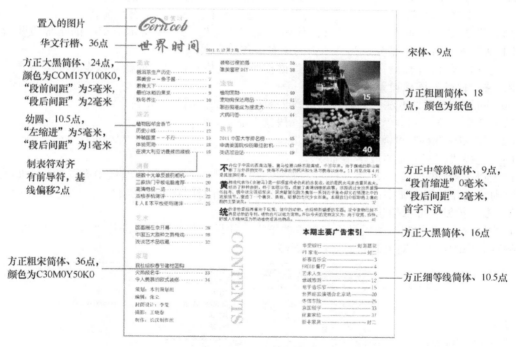

图 5-2　杂志目录的制作要点

重点掌握

➢ 段落中各种对齐的含义及设置方法；
➢ 段落中各种缩进的含义及设置方法；

➢ 首字下沉的使用方法；
➢ 使用 Tab 键对齐文字的方法；
➢ 项目符号和编号的使用方法。
友情链接： 本案例的制作步骤见"制作过程"。

知识准备

在 InDesign 中编辑文字时，如果按 Enter 键可形成换段，按 Shift+Enter 组合键可形成换行。在文本框架中右击，在弹出的快捷菜单中选择"显示隐含的字符"命令，可以看到换行标记¬和换段标记¶。换行只是将文字在本行结束，移到下一行，无论进行多少次换行，只要不进行换段操作，则这些文字都在一个段落中；而使用换段操作则会形成一个段落。本节介绍的段落格式设置中的每一个段落就是指遇到换段标记时形成的段落。

5.1.1 设置段落格式的方法

InDesign 中要设置段落格式前首先指定需要设置的段落，指定段落以后，可以有多种方法设置段落格式。

1．指定需要设置格式的段落
指定段落时不一定要将段落中的文字全部选中，一般来说有以下几种方法来指定段落。
（1）指定一个段落：使用"文字工具"，在要设置段落格式的段落中单击定位插入点，选择该段落中的部分文字或全部文字都可以指定该段落，为其设置段落格式。
（2）指定多个段落：使用"文字工具"，选择多个段落中的部分或全部文字。
（3）指定文本框架中的全部段落：使用"文字工具"选中文本框架中的全部段落或使用"选择工具"选中文本框架，为文章内的所有段落设置属性。
指定需要设置的段落后，通过"段落"面板、"段落格式控制"面板可以设置段落格式。

2．在"段落"面板设置段落格式
InDesign 中有多种方法可以打开"段落"面板，下面介绍其中几种方法。
（1）选择"窗口"｜"文字和表"｜"段落"命令。
（2）按 Alt+Ctrl+T 组合键。
（3）选择"文字"｜"段落"命令。
经过以上操作，打开"段落"面板，如图 5-3 所示。在"段落"面板中设置参数，如果指定文字，则格式针对指定文字；如果不指定文字，则格式针对即将创建的文字。

3．在"控制"面板中设置段落格式
正常情况下，"控制"面板显示在菜单的下方，如果没有显示，可选择"窗口"｜"控制"命令或按 Alt+Ctrl+6 组合键控制它的显示和隐藏。

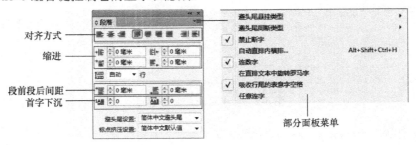

图 5-3 "段落"面板

由于"控制"面板会随选择的对象发生变化，所以在"控制"面板中设置段落格式时，应使

用"文字工具" T，再单击"控制"面板左侧的"段落格式控制"按钮 ¶，即可切换到"段落格式控制"面板，其中的一部分"段落格式控制"面板如图 5-4 所示。

图 5-4　部分"段落格式控制"面板

5.1.2　文本的对齐方式

文本的对齐包括在行方向上的对齐（对于横排文本而言，是在水平方向的对齐）和垂直于行方向上的对齐（对于横排文本而言，是在竖直方向的对齐），前者属于段落格式的设置，而后者为文本框架的操作，为了方便学习，在本节中介绍这两个方向上的对齐。

1. 段落对齐

段落的对齐方式是指排版后段落中的每一行的对齐方式，由于段落的"段落格式控制"面板中对齐方式按钮不全，所以个别按钮只能在"段落"面板中找到。在 InDesign 中共有 9 种段落对齐方式，其对应的按钮和功能如表 5-1 所示。

表 5-1　段落对齐方式的按钮和功能

对 齐 方 式	按　　钮	功　　能
左对齐		使段落以文本框架左侧为标准对齐
居中对齐		使段落以文本框架中间为标准对齐
右对齐		使段落以文本框架右侧为标准对齐
双齐末行齐左		使段落的最后一行左对齐，其余各行文本左右两端均与文本框架对齐
双齐末行居中		使段落的最后一行居中对齐，其余各行文本左右两端均与文本框架对齐
双齐末行齐右		使段落的最后一行右对齐，其余各行文本左右两端均与文本框架对齐
全部强制双齐		使段落的各行文本左右两端均与文本框架对齐
朝向书脊对齐		使段落中所有文本偶数页（左手页）文本右对齐，但当该文本转入奇数页（右手页）时，会变成左对齐
背向书脊对齐		使段落中所有文本左手页文本左对齐，而右手页文本会右对齐

即时体验

对文本设置不同的段落对齐方式，体验不同对齐方式的效果，完成后如图 5-5 所示。

图 5-5　不同对齐方式的效果

（1）创建一个文本框架，宽度为 60 毫米、高度为 70 毫米，输入如图 5-5 所示文字，设置文字为宋体、12 点。

（2）不改变框架宽度，调整框架高度，使其大小适合文本。

（3）复制框架，选中第一个框架，设置文本的段落对齐方式为"居左"，依次设置各框架的段落对齐方式，完成的效果如图 5-5 所示。

仔细观察不同对齐方式在文本框架中的排版效果，理解对齐方式的名称和含义。一般来说，在文本框架中做正文排版时，使用的对齐方式是"双齐末行齐左"。

2．强制行数

设置强制行数也可以理解为在垂直方向上的对齐，它的含义是某些文本中需要占用两行或两行以上的位置，以便突出显示，这时可以使用"强制行数"来达到此目的。具体操作方法如下。

（1）使用工具箱中的"文字工具" ，选中需要设置强制行数的文本或将光标定位在该段落中。

（2）在"段落格式控制"面板或"段落"面板中的"强制行数"下拉列表 中选择需要应用强制行数的段落。

此时，设置"强制行数"的段落在总行数形成的高度中垂直居中显示。

强制行数对段落起作用，如果选中了某段落中的部分文本，则设置对整个段落都起作用。

即时体验

通过下述操作，研究强制行数中行的高度与哪些量有关。

（1）新建文档，创建一个文本框架，输入《登鹳雀楼》全诗，设置文字格式，如图 5-6 所示，将整个框架复制一次，使两个框架左右排列。

（2）选中左侧框架中的标题文字"登鹳雀楼"（行距为默认值），在"段落格式控制"面板中的"强制行数"下拉列表 行中选择"3"；选择右侧框架中的标题文字"登鹳雀楼"，设置文字大小为 12 点，行距默认，在"段落格式控制"面板中的"强制行数"下拉列表 行中选择"3"，得到的结果如图 5-7 所示。

图 5-6　字体的设置

图 5-7　设置结果

可以看出，在"强制行数"中设置的行的总高度与行距无关。

（3）选择"视图"｜"网格和参考线"｜"显示基线网格"命令，显示基线。

（4）选择"编辑"｜"首选项"｜"网格"命令，弹出"首选项"对话框，将"间隔"设置为"20 点"，如图 5-8 所示，单击"确定"按钮。

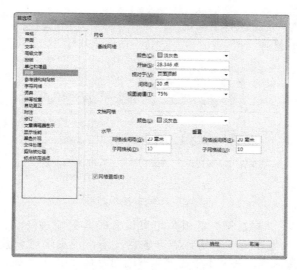

图 5-8　设置基线网格的间隔

这时可以看到标题占据的总行高（垂直距离）发生了变化，如图 5-9 所示。

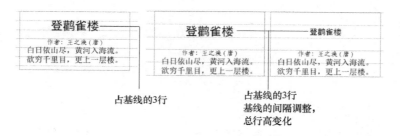

占基线的3行

占基线的3行
基线的间隔调整，
总行高变化

图 5-9　段落强制行数后的结果

经过以上操作，可以得出结论：段落使用了"强制行数"来控制标题的总高度后，标题行的总高度与段落无关，只与基线网格的参数有关。

3. 在"控制"面板中设置垂直对齐

文本在框架中的对齐除了沿文字排版方向以外，还有垂直于文字排版方向的对齐，在 InDesign 中将垂直于文字排版方向的对齐方式称为垂直对齐。垂直对齐是针对框架设置的，不能单独对框架中的某一个段落单独设置不同的垂直对齐方式。设置文本框架垂直对齐的方法如下。

如果使用工具箱中的"选择工具" 选中文本框架，则"控制"面板的最右侧有 4 个按钮，分别是"上对齐"按钮、"居中对齐"按钮、"下对齐"按钮和"垂直对齐"按钮，不同垂直对齐的效果如图 5-10 所示。

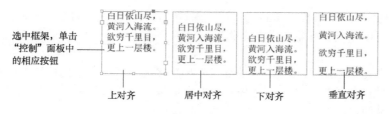

选中框架，单击
"控制"面板中
的相应按钮

上对齐　　居中对齐　　下对齐　　垂直对齐

图 5-10　不同垂直对齐的效果

4. 制表符对齐

使用制表符可以将文本定位在文本框中特定的水平位置，默认制表符设置由"首选项"（单位和增量）对话框中的"水平"标尺单位确定。

（1）"制表符"面板：选择"文字"｜"制表符"命令，打开"制表符"面板，如图 5-11 所示。

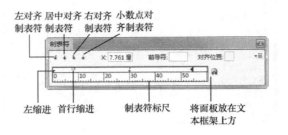

图 5-11 "制表符"面板

从图中可以看到，在"制表符"面板中可以设置段落的缩进及 4 种方式的制表符对齐。虽然也可以使用制表符设置段落的缩进，但一般情况下，使用缩进设置实现段落的缩进。

（2）使用制表符设置对齐：在文本中需要对齐的地方直接按 Tab 键，可以使用默认设置的制表符对齐；如果需要进行调整，则可以使用"制表符"面板，具体操作方法如图 5-12 所示。

在 Tab 键面板中有各种对齐方式、填充符号及 Tab 键定位等按钮，请读者尝试使用这些按钮并体会其作用。

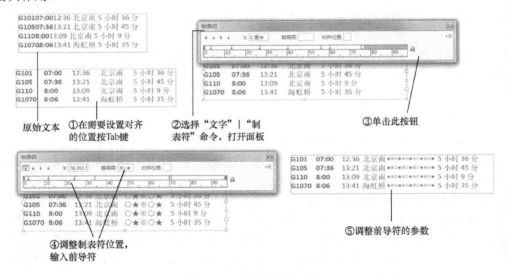

图 5-12 使用制表符对齐

5.1.3 段落的缩进和间距

InDesign 中提供了 4 种段落缩进方式：左缩进、首行左缩进、右缩进和末行右缩进。利用这几种缩进方式，可以完成多种缩进形式的设置。

1．缩进

在"制表符"面板中可以设置段落的缩进，但更多的情况下要使用段落的缩进设置。光标定位在需要调整设置的段落中，在"段落格式控制"面板或"段落"面板的相应数值框中调整，即可设置缩进和段落间距。

InDesign 中，左缩进和右缩进是相对于文本框架的缩进，"首行缩进"是相对于左边距缩进定位的。例如，如果段落的左边缘缩进了 5 毫米，将首行缩进设置为 7.4 毫米后，段落的第一行会从框架或内边距的左边缘缩进 12.4 毫米。各种缩进和间距的作用如表 5-2 所示。

表 5-2 缩进和间距的作用

名　称	按　钮	功　　能
左缩进		使本段落中所有行均沿文本框架左边线的内边缘向里缩进
首行左缩进		使本段落中第一行沿文本框架左边线的内边缘向里缩进
右缩进		使本段落中所有行均沿文本框架右边线的内边缘向里缩进
末行右缩进		使本段落中最后一行沿文本框架右边线的内边缘向里缩进
段前间距		设置本段落与前面段落之间的距离，但是对于文本框架中第一个段落不会产生影响
段后间距		设置本段落与后面段落之间的距离

 提 示

在 InDesign 中，所有的缩进都以长度单位毫米指示，而在一般的排版工作中需要知道的是缩进几个字符（如首行缩进两个字符），所以要根据本段落中字体号的实际大小计算来确定需要的缩进和数值。例如，5 号字的大小约为 3.697 毫米，如果首行缩进 2 个字符，则可设置"首行左缩进"为 7.4 毫米。

2．段前间距、段后间距

当前段落开始行段落与上一段落尾的间距称为段前间距，当前段落段尾与下一段段首之间的距离称为段后间距。

在"段落格式控制"面板中"段前间距" 后面的数值框中输入数值，可确定段前间距的数值，在"段后间距" 后面的数值框中输入数值，可确定段后间距，如图 5-13 所示。

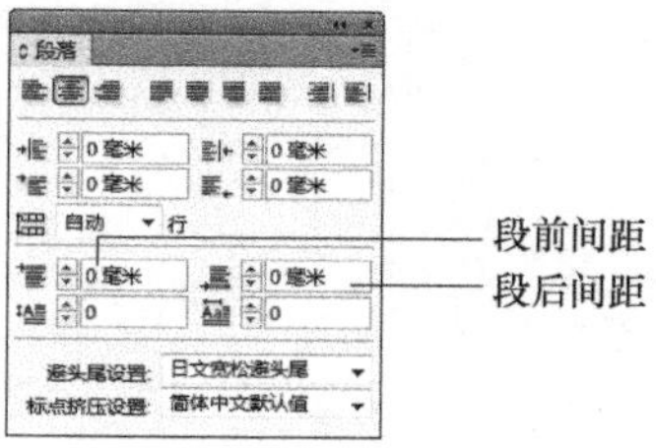

→ 段前间距
→ 段后间距

图 5-13 设置段前间距和段后间距

即时体验

对图 5-14 所示文章设置缩进，完成的效果如图 5-15 所示。

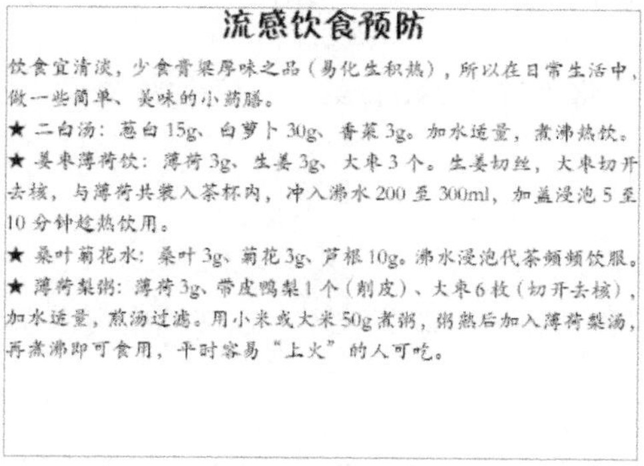

流感饮食预防

饮食宜清淡，少食膏粱厚味之品（易化生积热），所以在日常生活中，做一些简单、美味的小药膳。
★ 二白汤：葱白 15g、白萝卜 30g、香菜 3g。加水适量，煮沸热饮。
★ 姜枣薄荷饮：薄荷 3g、生姜 3g、大枣 3 个。生姜切丝，与薄荷共装入茶杯内，冲入沸水 200 至 300ml，加盖浸泡 5 至 10 分钟趁热饮用。
★ 桑叶菊花水：桑叶 3g、菊花 3g、芦根 10g。沸水浸泡代茶频频饮服。
★ 薄荷梨粥：薄荷 3g、带皮鸭梨 1 个（削皮）、大枣 6 枚（切开去核），加水适量，煎汤过滤。用小米或大米 50g 煮粥，俏熟后加入薄荷梨汤，再煮沸即可食用，平时容易"上火"的人可吃。

图 5-14 没有设置缩进的文章

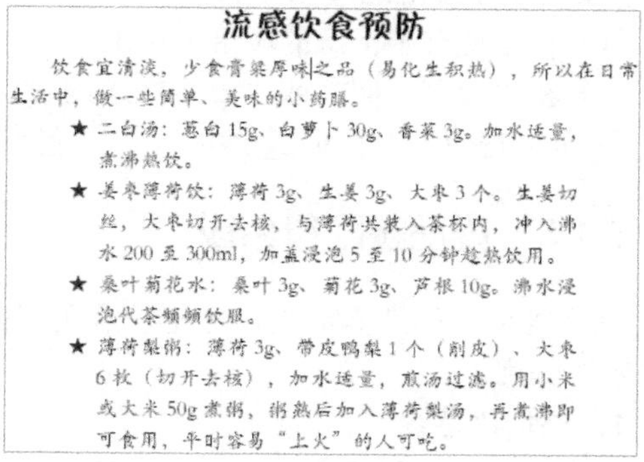

流感饮食预防

饮食宜清淡，少食膏粱厚味之品（易化生积热），所以在日常生活中，做一些简单、美味的小药膳。
★ 二白汤：葱白 15g、白萝卜 30g、香菜 3g。加水适量，煮沸热饮。
★ 姜枣薄荷饮：薄荷 3g、生姜 3g、大枣 3 个。生姜切丝，大枣切开去核，与薄荷共装入茶杯内，冲入沸水 200 至 300ml，加盖浸泡 5 至 10 分钟趁热饮用。
★ 桑叶菊花水：桑叶 3g、菊花 3g、芦根 10g。沸水浸泡代茶频频饮服。
★ 薄荷梨粥：薄荷 3g、带皮鸭梨 1 个（削皮）、大枣 6 枚（切开去核），加水适量，煎汤过滤。用小米或大米 50g 煮粥，俏熟后加入薄荷梨汤，再煮沸即可食用，平时容易"上火"的人可吃。

图 5-15 设置缩进的文章

（1）输入文字，选中第一行标题文字，设置为居中对齐，文字为方正艺黑简体、16 点，行距 24 点，其余文字为楷体、10 点。

（2）将光标定位在标题上，在"段落格式控制"面板中设置其"段后间距"为 2 毫米。

（3）将光标定位在标题下面的第一段，在"段落格式控制"面板中设置"段首左缩进" 的值为 7 毫米。

（4）选中剩余的所有文字，先设置"左缩进" 为 15 毫米，再设置"首行左缩进" 的值为-4.7 毫米，"右缩进" 的值为 10 毫米，完成的效果如图 5-15 所示。

5.1.4　首字下沉

首字下沉是排版的一种格式，即使一段文字的第一个或前几个字比本段的其他字大，并且使其占用从第一行开始向下两行以上的空间，从而起到吸引读者的作用。

1．设置首字下沉

在 InDesign 中设置首字下沉的方法如下。

（1）将光标定位在要设置首字下沉的段落。

（2）在"段落格式控制"面板或"段落"面板中设置首字下沉所占用的行数和首字下沉字数。图 5-16 所示为在"段落"面板中进行设置及其结果。

在中文版式中，设置首字下沉的段落其首行左缩进应为 0 毫米。

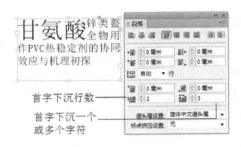

图 5-16　设置首字下沉

2．移去首字下沉

如果希望去掉已经添加了的首字下沉效果，则可以按下面的方法进行操作。

（1）在出现首字下沉的段落中单击。

（2）在"段落"面板或"段落格式控制"面板中，将"首字下沉行数"数值框或"首字下沉字符数"数值框设置为 0。

5.1.5　段前线和段后线

段落线是一种段落格式，可随段落在页面中一起移动并适当调节长短，在文档中可以起到突出显示的作用。

1．添加段落线

将段落线添加到整个段落上，即使只选择某段落中的一部分文本或只定位光标，段落线也会添加到本段落之前或之后。设置段落线的方法如下。

（1）选择需要添加段落线的文本或者在该段落中单击。

（2）在"段落"面板菜单中选择"段落线"命令，弹出"段落线"对话框，如图 5-17 所示。

（3）在"段落线"对话框顶部的"段落线"下拉列表中选择"段前线"或"段后线"选项，选中"启用段落线"复选框。

（4）在"启用段落线"下方设置段落线的粗细、颜色、类型、色调、间隙颜色等参数，其设置方法与描边的设置方法相同。

（5）在"位移"数值框中指定段落线与文本之间的距离。

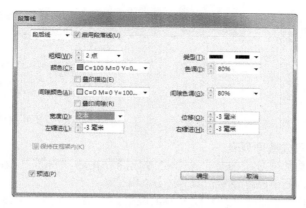

图 5-17　"段落线"对话框

对于段前线，位移是指从文本顶行的基线到段前线的底部的距离；对于段后线，位移是指从文本末行的基线到段后线的顶部的距离。

（6）在"宽度"下拉列表中选择"文本"（从文本的左边缘到该行末尾）或"分栏"（从栏的左边缘到栏的右边缘）。

（7）在"左缩进"和"右缩进"数值框中设置段落线相对于上一步中设置宽度的缩进值。

（8）单击"确定"按钮，完成段落线的设置。

按图 5-17 进行设置，效果如图 5-18 所示。

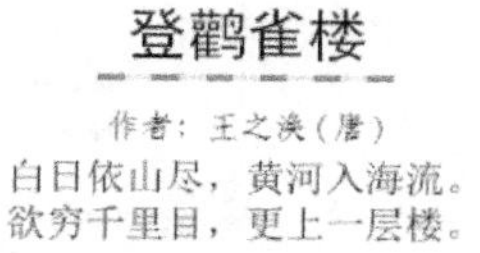

2．删除段落线

设置完成段落线以后如果希望将其去掉，可按照下面的方法进行操作。

（1）使用工具箱中的"文字工具" T 将光标定位在已经添加了段落线的文本中。

（2）选择"段落"面板菜单中的"段落线"命令，弹出"段落线"对话框。

（3）如果需要删除段前线，则在最上面的下拉列表中选择"段前线"选项，反之选择"段后线"，取消选中"启用段落线"复选框。

（4）单击"确定"按钮。

登鹳雀楼

作者：王之涣（唐）
白日依山尽，黄河入海流。
欲穷千里目，更上一层楼。

图 5-18　段后线效果

5.1.6　项目符号和编号

在项目符号列表中，每个段落的开头都有一个项目符号字符。在项目编号列表中，每个段落的开头都有一个编号和分隔符。

1．以默认参数创建项目符号或编号列表

以默认参数创建项目符号或编号列表的操作方法如下。

（1）将光标定位在要添加项目符号或编号的段落上（如一次为多个段落添加，则需要选中多个段落）。

（2）将"控制"面板切换为"段落格式控制"面板，根据需要单击"项目符号列表"按钮 或"编号列表"按钮 。

如果已经设置了项目符号或编辑的段落，单击这两个按钮会取消项目符号或编号。默认的项目符号效果如图 5-19 所示，默认的编号效果如图 5-20 所示。

· 聚氨酯泡沫塑料制造中氯氟烃替代物的研究进展 · 发泡聚烯烃技术进展 · 聚烯烃的化学结构改进 · 材料性能及应用 · 聚氨酯/环氧树脂互穿聚合物网络阻尼性能的研究 · 聚乙烯与光降解共混物的光氧化PVC/PE共混体系的研究	1. 聚氨酯泡沫塑料制造中氯氟烃替代物的研究进展 2. 发泡聚烯烃技术进展 3. 聚烯烃的化学结构改进 4. 材料性能及应用 5. 聚氨酯/环氧树脂互穿聚合物网络阻尼性能的研究 6. 聚乙烯与光降解共混物的光氧化PVC/PE共混体系的研究
图 5-19　默认的项目符号效果	图 5-20　默认的编号效果

2．自定义项目符号或编号列表

如果希望自定义项目符号或编号，或者更改已经存在的项目符号或编号的格式，则需要在"项目符号和编号"对话框中进行设置，具体方法如下。

（1）将光标定位在要添加项目符号或编号的段落上（如一次为多个段落添加，则需要选中多个段落）。

（2）在"段落"面板菜单中选择"项目符号和编号"命令（或者在"段落格式控制"面板菜单中选择"项目符号和编号"命令；或者按住 Alt 键单击"控制"面板中的"项目符号列表"按钮 或"编号列表"按钮 ），弹出"项目符号和编号"对话框。

（3）在"列表类型"下拉列表中选择"项目符号"选项，这时的对话框如图 5-21 所示；如果选择"编号"选项，则对话框如图 5-22 所示。

图 5-21　"项目符号和编号"对话框（项目符号）	图 5-22　"项目符号和编号"对话框（编号）

（4）设置参数以后，单击"确定"按钮。

即时体验

对如图 5-23 所示文章设置项目符号和编号，完成后的效果如图 5-24 所示。

图 5-23　未编辑的原文章	图 5-24　设置好项目符号和编号的文章

（1）输入文字，将光标定位在第一行"基础班"中，在"段落"面板菜单中选择"项目符号和编号"命令，弹出"项目符号和编号"对话框，在"列表类型"下拉列表中选择"编号"选项，按图 5-22 中的参数进行设置（注意，在"编号"文本框架中将两个符号之间的圆点修改为顿号），单击"确定"按钮。

（2）将光标定位在文字"室内装饰设计师就业班"中，按住 Alt 键单击"段落格式控制"面板中的"编号列表"按钮 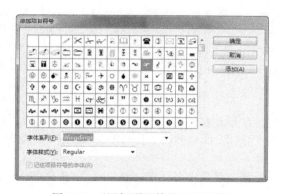，弹出"项目符号和编号"对话框，按上一步的方法进行设置，在"模式"下拉列表中选择"从上一个编号继续"选项，单击"确定"按钮。

（3）选中"基础班"下面的 5 行文字，在"段落"面板菜单中选择"项目符号和编号"命令，弹出"项目符号和编号"对话框，在"列表类型"下拉列表中选择"项目符号"选项，按图 5-21 中的参数进行设置。

（4）单击"添加"按钮，弹出"添加项目符号"对话框，如图 5-25 所示，在"字体系列"下拉列表中选择"Wingdings"选项，找到图中所示的符号后单击"确定"按钮，框回到"项目符号和编号"对话框，在"项目符号字符"列表框中选中刚添加的符号，单击"确定"按钮。

（5）使用吸管工具将刚设置的项目符号的格式复制到图 5-24 中相应的文字上。

（6）将光标定位在"手绘课程"下面的文字中，用前面的方法弹出"项目符号和编号"对话框，按图 5-26 进行设置，单击"确定"按钮。

图 5-25　"添加项目符号"对话框　　　　图 5-26　使用不同缩进设置的项目符号

（7）使用吸管工具将步骤（6）中设置的格式复制到图 5-24 相应的文字上。

完成的效果如图 5-24 所示。

5.1.7　实用技能——期刊目录的排版

期刊排版的目录灵活，无固定模式，由其性质和风格决定。一般来说，目录上有版本记录、栏目、文章名、作者名及页次等内容，各部分内容排版时有以下特点。

版本记录的排版：版本记录一般有固定格式，经过一段时间才会修改，在这里要记录期刊的年份、期号、主办单位、印刷单位、发行单位、主编姓名、中国标准连续出版物号或准印编号等，有些还有副主编、版式设计、责任校对等。

栏目的排版：期刊一般划分成不同的栏目，在目录中要体现出栏目，栏目的排版中一般用不同的字体、字号及装饰等和文章名区分，这样做既便于查找，又使得版面美观。

文章名的排版：期刊目录上的文章名一般使用相同的字体、字号，也可不同，但各期应变动不大。

页次的排版：页次一般排在齐栏首或齐栏末。页次排在齐栏首时，页码最前一位数字对齐；页次排在齐栏末时，页码最后一位数字对齐。

作者的排版：作者姓名为 3 个字以上时中间不加空，2 个字中间加 1 个字空，如果作者齐栏末排，则最后一个字对齐。

制作过程

1．创建新文件

（1）选择"文件"｜"新建"｜"文档"命令，弹出"新建文档"对话框，设置"页数"为 1，"宽度"为 204 毫米，"高度"为 273 毫米，单击"边距和分栏"按钮，弹出"新建边距和分栏"对话框，如图 5-27 所示。

图 5-27　设置文档的边距和分栏

（2）按图 5-27 设置参数，单击"确定"按钮完成新文件的创建，以"目录.indd"为名将其保存。

（3）将标尺零点定位在版心左上角，创建 3 条水平参考线，位置分别为 40 毫米、168 毫米、218 毫米，在版面上右击，在弹出的快捷菜单中选择"网格和参考线"｜"锁定参考线"命令，将参考线锁定。

2．制作目录正文

（1）按 Ctrl+D 组合键，弹出"置入"对话框，从中选择本书配套素材提供的"标志.jpg"文件，单击"打开"按钮，将文件排入到版面中，在"控制"面板中设置其宽度为 40 毫米、高度为 15.5 毫米，将其调整到页面的左上角。

（2）创建文本框架，输入文字"世界时间"，设置文字为华文行楷、36 点，将其移到标志的下方，将文字的颜色调整为 C85M5Y100K0。

（3）创建文本框架，输入文字"2011.2.12 第 2 期"，设置文字为宋体、9 点。

（4）在"世界时间"文字的右侧到版心右边线之间绘制一条直线，在"控制"面板的设置描边粗细数值框 0.283 点 中输入 1 点。单击"描边颜色"按钮右侧的箭头，在弹出的下拉列表将色调设置为 80%，如图 5-28 所示。

（5）调整各框架的位置，如图 5-29 所示。

图 5-28　设置描边颜色

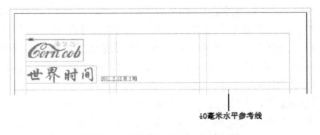

图 5-29　调整刊名等对象的位置

（6）按 Ctrl+D 组合键，弹出"置入"对话框，选择本书配套素材提供的"杂志目录.txt"文件，单击"打开"按钮，当鼠标指针变为排入文本形状时，将鼠标指针移到 40 毫米水平参考线与版心左边线交叉点处，按住 Shift 键单击，自动排入全部文本，然后调整框架位置，使几栏的文本框架全部从 40 毫米水平参考线处开始。

（7）选中作为栏目名称的文字"美食"，设置文字为方正大黑简体、14 点，文字颜色为 C0M15Y100K0，在"段落"面板中设置"段前间距"为 5 毫米，"段后间距"为 2 毫米。

（8）使用工具箱中的"吸管工具"，当鼠标指针变为吸管形状时，在文字"美食"上拖动鼠标，将鼠标指针移到"旅游"上拖动，完成文字格式的复制。再在文字"艺术"上拖动鼠标完成格式的复制，重复操作，将格式复制到其他栏目的标题上。

（9）选中"美食"下面的文字，设置文字为幼圆、10.5 点，在"段落"面板中设置"左缩进"为 5 毫米，"段后间距"为 1 毫米。

（10）按 Shift+Ctrl+T 组合键，打开"制表符"面板，如图 5-30 所示，按图 5-30 进行操作，设置页码格式，完成后的效果如图 5-31 所示。

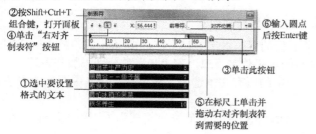

图 5-30　设置页码格式　　　　　　　　　图 5-31　对齐后的页码

（11）使用吸管工具，将格式复制到其他栏目中的内容上，检查文字，如果标题太长，则可在合适的位置做回行处理。

（12）选中任意一个标题中页码前面的小圆点前导符，在"字符格式控制"面板中将"基线偏移"数值框中的数值设置为 2 点。使用吸管工具将这行前导符的格式复制到其他前导符上。

（13）调整好框架的位置，如图 5-32 所示。

（14）按 Ctrl+D 组合键，弹出"置入"对话框，选择本书配套素材中的两张图片，单击"确定"按钮，将它们排入到版面中，调整好大小和位置，如图 5-33 所示。创建文本框架，分别输入"15"和"40"，设置文字为方正粗圆简体、18 点，文字颜色为纸色，将其移到图片的右下角。

图 5-32　调整目录中文本框架的大小和位置　　　　　图 5-33　排入图片

（15）在图片的下方排入本书配套素材"详细介绍"中的文字，设置文字为方正中等线简体、9 点，选中段落，在"段落"面板中设置这 3 个段落的"首行左缩进"为 0、"段后间距"2 毫米、"首字下沉行数"为 2、首字下沉的字数为 1，选中占用了两行的第 1 个字，将字体设置为方正大黑简体，调整文本框架的大小和位置，如图 5-34 所示。

图 5-34　设置首字下沉

（16）将光标定位在图 5-34 中文字第 1 段的页码数字"15"前，按 Tab 键，插入一个制表符。使用同样的方法，在此框架的另外两段文字的页码数字"32"和"40"前分别添加制表符。

（17）按 Ctrl+A 组合键将这个文本框架中的所有文本选中，用步骤（10）中介绍的方法设置页码数字的格式。

（18）创建直排文本框架，输入文字"CONTENTS"，设置文字格式为方正粗宋简体、36 点，颜色为 C30M0Y50K0，如图 5-35 所示。

（19）排入本书配套素材提供的"广告索引"文件中的文字，设置标题文字为方正大黑简体、16 点，其余文字为方正细等线简体、10.5 点。

（20）在页码文字之前按 Tab 键，将除标题以外的文字选中，用步骤（10）中介绍的方法设置页码数字的格式，完成后将所有小圆点的基线偏移设置为 2 点，完成后的效果如图 5-35 所示。

（21）在页面左下角创建文本框架，输入文字，如图 5-36 所示，设置文字为宋体、9 点，行距为 17 点。

 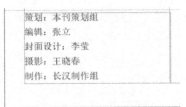

图 5-35　设置"广告索引"中的文字　　　　图 5-36　制作左下角文字

（22）在页面版心外左下角处创建文本框架，输入页码及网址，文字格式为宋体、9 点。

经过以上操作，已经制作好目录各部分，调整好各文本框架的位置，完成后的效果如图 5-1 所示。

思考练习

1．问答题

（1）如果需要使段落的最后一行右对齐，其余各行文本左右两端均与文本框架对齐，则应使用哪种对齐方式？

（2）在 InDesign 中有关段落的缩进方式中，哪种缩进使本段落中所有行均沿文本框架左边线的内边缘向里缩进？

（3）如果首行左缩进为 5 毫米，左缩进为 2 毫米，则段落第一个字与文本框架左侧边线之间的距离是多少？

（4）如何设置首字下沉？

（5）如何删除已经添加的段落线？

（6）如果需要使用新符号为选中的文本添加项目符号，则应如何操作？

2．操作题

（1）设计制作一个杂志目录。

（2）参考图 5-37，制作科学类杂志目录。

图 5-37　科学类杂志的目录

5.2　制作"杂志内页"——文本框架属性与文章编辑器

案例展示

在日常生活中，我们经常会阅读各种各样的期刊杂志，期刊由封面和内页构成，内页主要包括目录、正文及插图页，在上一个案例中制作了期刊的目录，本案例将制作期刊的正文。在本案例中要制作并排放置的 2 页版面，其中左侧页面中只有一篇文章，而右侧页面则存在两篇文章，这也是期刊的一个特点，即在一个对页上有时会有两篇以上的文章，这时要注意合理布置版面，使版面灵活。本案例完成后的效果如图 5-38 所示。

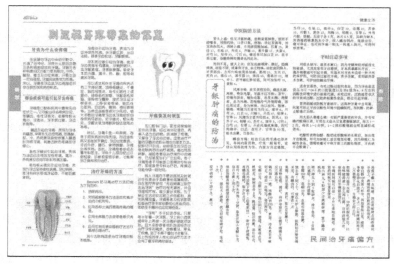

图 5-38　杂志内页"健康专题"效果图

看图解题

制作杂志内页的要点如图 5-39 所示。

图 5-39　杂志内页制作要点

重点掌握

> 文本框架属性的设置；
> 框架网格属性的设置；
> 文本框架排版方向的更改及竖排字特殊效果的设置；
> 文章编辑器的作用及使用。

友情链接：本案例的制作步骤见"制作过程"。

知识准备

　　在 InDesign 中，文本框架中文字可以单栏排版，也可以按需要分成不同栏排版；允许在横排文本框架和直排文本框架中灵活转换；网格框架可以为文字设置默认属性。

5.2.1　设置文本框架的属性

　　文本框架的分栏、文字与框架之间的距离、文字在文本框架中的垂直位置等均属于文本框架的属性。

1．设置文本框架属性的方法

　　文本框架的属性可以使用菜单命令设置，也可以使用"控制"面板设置。

　　（1）使用菜单命令设置文本框架属性：选择文本框架或将光标定位在文本框架中或选中文字时，选择"对象"｜"文本框架选项"命令，弹出"文本框架选项"对话框，如图 5-40 所示，在该对话框中按要求设置参数，单击"确定"按钮，可完成文本框架属性的设置。

　　（2）使用"控制"面板设置文本框架属性：选中文本框架后，在"控制"面板中有一部分设置框架属性的参数；将光标定位在文本框架中或选中文字时，在"段落格式控制"面板中有框架参数，如图 5-41 所示。在"控制"面板中直接设置参数的值即可修改文本框架的属性。

2．分栏

　　分栏是指在书籍、报纸编辑中，将版面划分为若干列。横排版面的栏是由上而下垂直划分的。在文档编辑中分栏是一个基本方法，一般报纸、期刊有固定的分栏，分栏的依据为是否有利于读者的阅读，是否有利于表现书籍、报纸的特点。

图 5-40 "文本框架选项"对话框

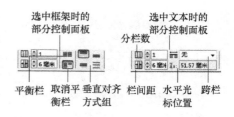

图 5-41 "控制"面板中的框架属性参数

创建了文本框架以后，默认情况下文字为一栏，通过对文本框架参数的调整可以改变分栏。在 InDesign 中分栏形式灵活，可以针对整个框架分栏，也可以针对一段分栏，或者一个框架中只有某一段不分栏。在"文本框架选项"对话框或"控制"面板中都可以设置分栏。从图 5-40 和图 5-41 中可以看到关于分栏的参数在对话框和"控制"面板中略有不同（有些是重复的，有些不重复，下面的叙述中不再区分参数所在的位置），其中部分参数的含义如下。

（1）"列数"下拉列表：有 3 个选项，使用不同选项时，调整框架的宽度的效果如图 5-42 所示。

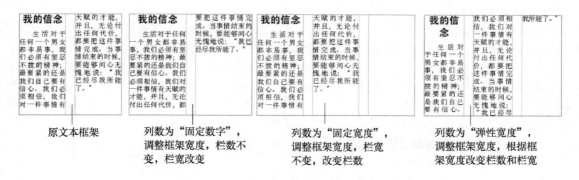

图 5-42 不同"列数"选项时调整框架宽度的效果

（2）"栏数"（或分栏数）数值框：决定分几栏。

（3）"栏间距"数值框：决定每栏之间的距离。

（4）"宽度"数值框：每栏的宽度，在该数值框中输入数值以后，将根据该数值和"行数"调整文本框架的宽度。

（5）"平衡栏"复选框（对应"控制"面板中的"平衡栏"和"取消平衡栏"按钮）：选中该复选框，表示启用平衡栏，它与非平衡栏的关系如图 5-43 所示。

（6）"跨栏"下拉列表：当将光标定位在文本中或选中文本时，在"段落格式控制"面板中出现两组命令，分别是"跨越"和"拆分"，效果如图 5-44 所示

图 5-43　平衡栏与非平衡栏

图 5-44　跨越与拆分

图 5-45　设置了内边距的文本框架

3．内边距

内边距指文本与文本框架边线之间的距离，框架中的文本所有段落设置的参数都以内边距参数为依据，内边距只能在"文本框架选项"对话框中调整，如图 5-40 所示。如果文本框架形状被调整为非矩形，则这 4 个数值框会被合并为"内边距"，只能对文本与框架之间的距离设置相同的数值。

设置了内边距的文本框架效果如图 5-45 所示。

提示

在文本框架有填色效果时，填色区域必须比文字区域大一些，具体大多少，同一出版物应相同。

4．垂直对齐

垂直对齐指文本在框架中与排版方向垂直方向的对齐方式，有 4 个选项：上、居中、下和两端对齐，它们的功能与"控制"面板中相应的按钮功能相同，详见 5.1 节。

5．文本框架的基线

如果需要对框架而不是整个文档使用基线网格，则可以在图 5-40 所示的"文本框架选项"对话框中选择"基线选项"选项卡，对文本框架的基线进行调整。设置基线的过程如下。

（1）调整前选择"视图"｜"网格和参考线"｜"显示基线网格"命令，显示所有基线网格。

（2）选中文本框架并右击，在弹出的快捷菜单中选择"文本框架选项"命令，弹出"文本框架选项"对话框，选择"基线选项"选项卡，如图 5-46 所示，按图进行设置，完成后单击"确定"按钮，调整基线选项之前和之后的效果如图 5-46 所示。

（a）"基线选项"选项卡

（b）调整基线

图 5-46　调整文本框架的基线

6．自动调整大小

文本框架的大小调整与任意对象的调整方法相同，都可以使用鼠标操作或在"控制"面板中直接操作，在"文本框架选项"对话框的"基线选项"选项卡中调整框架大小，如图 5-47 所示。

使用这种方法调整框架大小时无论是选中框架还是将光标定位在框架中，均可以直接调整框架大小，调整后的效果如图 5-48 所示。在调整的过程中，文本自动流动，适合框架的调整。设置了自动调整的文本框架后，可以在用鼠标调整框架时自动调整。

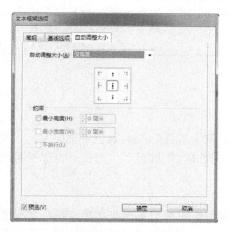

图 5-47　"自动调整大小"选项卡

自动调整大小前

自动调整大小后

图 5-48　自动调整大小的效果

即时体验

为杂志中的一个栏目设置文本框架的属性，完成的效果如图 5-49 所示。

（1）将本书配套素材中的文件置入到页面中，设置以下文字格式："外国精品散文欣赏"为黑体、14 点；"《与书为伴》"为方正粗宋、24 点，"段前间距"为 5 毫米，"段后间距"为 3 毫米；"作者：苏格兰 塞缪尔斯"为幼圆、9 点，"段前间距"为 1 毫米，"段后间距"为 3 毫米；正文为宋体、10.5 点。

（2）选中文本框架，设置其填色为黑色，色调为 10%，然后右击，在弹出的快捷菜单中选择"文本框架选项"命令，弹出"文本框架选项"对话框，在该对话框中进行设置，如图 5-50 所示。

图 5-49　文本框架属性设置完成后的效果

图 5-50　设置框架的常规属性

（3）选择"自动调整大小"选项卡，设置自动调整大小为"仅高度"，完成后单击"确定"按钮。

（4）选中第3段的所有文字，在"字符格式控制"面板中将"字符间距"调整为"-10"。

在出版物的排版中，经常会遇到一个文字块中分栏时差一行不能排齐的情况，这时要根据版面中的实际情况增加 1 行或减少 1 行。一般使用的方法是调整字距，如果增加一行，则选择一段最长而且最后一行文字最多的段落，将字符间距增加，直到增加一行；如果需要减少一行，则需要相反的操作。

完成后的效果如图 5-49 所示。

5.2.2 设置框架网格的属性

使用工具箱中的"水平网格工具" 或"垂直网格工具" 可以创建框架网格，框架网格是中文排版特有的文本框架类型，其中字符的全角字框和间距都显示为网格，框架网格的属性包括网格属性、对齐方式选项等内容。

1. 设置框架网格属性的方法

框架网格也是文本框架，它具有文本框架的属性，前面介绍的文本框架属性的设置也适用于框架网格，这里所说的框架网格属性是其特有的属性。创建框架网格以后如果要修改其参数，则可以使用下面的方法。

（1）使用"选择工具" 选择要修改其属性的框架，或将光标定位在框架网格中，或选择文本。

（2）选择"对象" | "框架网格选项"命令，弹出"框架网格"对话框，如图 5-51 所示，根据需要进行设置。

（3）单击"确定"按钮。

2. 框架网格属性

在"框架网格"对话框中可以更改框架网格设置，其中有关"网格属性"中各参数的作用如下。

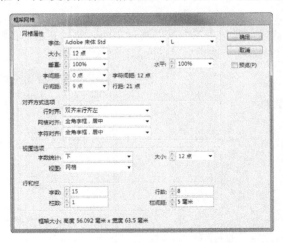

图 5-51 "框架网格"对话框

（1）字体：选择字体系列和字体样式。这些字体设置将根据版面网格应用到框架网格中。

（2）大小：指定字体大小。这个值将作为网格单元格的大小。

（3）垂直和水平：以百分比形式为全角中文字符指定网格缩放。

（4）字间距：指定框架网格中网格单元格之间的间距。这个值将用做网格间距。

（5）行间距：指定网格的行间距。只有当该值超过由文本属性中的行距设置的间距时，网格对齐方式才会增加该值。

（6）行对齐：用于指定文本的行对齐方式。

（7）网格对齐：用于指定将文本与全角字框、表意字框对齐，还是与罗马字基线对齐。

（8）字符对齐：用于指定将同一行的小字符与大字符对齐的方法。

（9）字数统计：用于确定框架网格尺寸和字数统计的显示位置。

（10）行和栏：这里的栏数的栏间距就是分栏的设置，与"文本框架选项"对话框中的参数相互对应。

5.2.3　转换文本框架和框架网格

在 InDesign 中，能将纯文本框架转换为框架网格，也可以将框架网格转换为纯文本框架。

1．纯文本框架与框架网格的关系

虽然在正常状态下，框架网格中能看到网格，但在预览状态下两种框架外观相同，所以框架网格的功能和外观与纯文本框架基本相同。但它们之间也存在一些不同，下面介绍其中的一部分特点。

（1）框架网格包含字符属性设置，置入的文本会应用这些属性；纯文本框架没有字符属性设置，置入的文本，会采用"字符"面板中当前选定的字符属性。

（2）框架网格字符属性可以通过选择"对象"｜"框架网格选项"命令，在弹出的对话框中更改，也可以在"字符格式控制"面板或"控制"面板中更改字符属性；纯文本框架需要选择文本，使用"字符格式控制"面板或"控制"面板来设置属性。

（3）框架网格中的行距取决于"框架网格"对话框中的"行间距"设置；纯文本框架则根据"字符格式控制"面板中"行距"的指定值来应用行距。

（4）由于文本框架没有设置字符属性，因此，将具有字符属性的框架网格更改为纯文本框架，会导致部分属性重新设置格式。

2．将纯文本框架转换为框架网格

使用下面几种方法可以将纯文本框架转换为框架网格。

（1）选择了文本框架或将光标定位在框架中，选择"对象"｜"框架类型"｜"框架网格"命令。

（2）选择了文本框架或将光标定位在框架中，选择"文字"｜"文章"命令，打开"文章"面板，如图 5-52 所示，在"框架类型"下拉列表中选择"框架网格"选项。

（3）选择框架并右击，在弹出的快捷菜单中选择"框架类型"｜"框架网格"命令。

将纯文本框架转换为框架网格后的效果如图 5-53 所示。

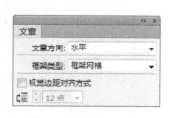

图 5-52　"文章"面板

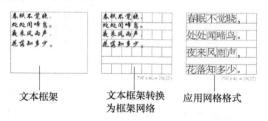

图 5-53　纯文本框架转换为框架网格

将纯文本框架转换为框架网格以后，文章中未应用字符样式或段落样式的文本，会应用框架网格的文档默认值。如果要根据网格属性重新设置文章文本格式，则在选中框架网格后，选择"编辑"｜"应用网格格式"命令。

3．框架网格转换为文本框架

如果希望从框架网格中移去网格，则可使用下列操作之一。

（1）选择框架网格或将光标定位在框架中，选择"对象"｜"框架类型"｜"文本框架"命令。

（2）选择框架网格或将光标定位在框架中，选择"文字"｜"文章"命令，打开"文章"面板，在"框架类型"下拉列表中选择"文本框架"选项。

（3）选择框架网格并右击，在弹出的快捷菜单中选择"框架类型"｜"文本框架"命令。

5.2.4　排版方向

在中文排版中主要内容是汉字的排版，汉字的排版从中国古代到现代发生了一些变化，从而产生了不同的排版方向：竖排和横排。

1．文章排版方向

中国古文正规的书写方式如下：竖排成行，自上而下写满一行后，再自右向左换行，这种排版方式即为竖排。现代西文的排版方式是从左向右横向排版，写满一行后向下换行，即横排。横排与人眼的生理结构相符合，人的两眼是横的，眼睛视线横看比竖看要宽，阅读时眼和头部转动较小，自然省力，不易疲劳，阅读效率高，各种数理化公式和外国的人名、地名排写也较方便，因此我国后来推广使用这种排版方式。在 InDesign 中提供了两种排版方向：横排和直排。设置排版方向的方法如下。

（1）选中文本框架或将光标定位在框架中或选择一部分文本。

（2）选择"文字"｜"排版方向"，在子菜单中选择所需的排版方向。

两种不同的排版方式如图 5-54 所示。

2．直排内横排

在直排文章里，有些文字（如数字、西文字符）使用直排时阅读比较困难，这时就可以将这样的文字设置为横向排版，这部分文字的排版格式就是直排内横排，设置直排内横排的方法如下。

（1）在直排的文章里，选中需要横排的文字。

（2）按 Ctrl+T 组合键，打开"字符"面板，在面板菜单中选择"直排内横排"命令（或按 Alt+Ctrl+H 组合键），就可以将竖排文字改为横排，如图 5-55 所示。

如果需要对直排内横排的文字设置偏移方向，则可以在"字符"（或"控制"）面板菜单中选择"直排内横排设置"命令，弹出"直排内横排设置"对话框，如图 5-56 所示，设置后单击"确定"按钮。

图 5-54　横排和竖排　　　　　图 5-55　直排内横排　　　　图 5-56　"直排内横排设置"对话框

在"直排内横排设置"对话框中，"上下"数值如果为正，则文字向上移动；"左右"数值框中数值如果为正，则文字向右移动。

5.2.5　文章编辑器

InDesign 中的页面主要用于排版及少量文字的录入、检查等，对于具有大量文字的正文内容来说，不能很好地对文本进行检查、更正等工作，这时可以在文章编辑器窗口中编辑文本。在文章编辑器窗口写入和编辑时，允许整篇文章按照指定的字体、大小和间距显示，而无需考虑版面或格式的干扰。

1．进入文章编辑器

进入文章编辑器的方法如下所述。

（1）选中文本框架，或在文本框架中定位光标，或选中多个框架。

（2）选择"编辑"｜"在文章编辑器中编辑"命令。

这时打开文章编辑器窗口，如图 5-57 所示。图中垂直深度标尺指示文本填充框架的程度，直线指示文本溢流的位置。

2．切换不同文章的窗口

每一个独立的文本框架都是一篇文章，从而具有一个文章编辑器窗口，可以同时打开多个文章编辑器窗口，选择"窗口"命令，在这个菜单的底部选择相应的文章编辑器的名称即可打开文章编辑器窗口。

在文章编辑器中编辑文章时，所做的更改将反映在页面窗口中。"窗口"菜单会列出打开的文章。不能在文章编辑器窗口中创建新文章。

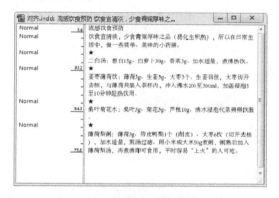

图 5-57　文章编辑器窗口

3．退出文章编辑器

在文章编辑器中编辑完文本内容以后，需要回到页面继续排版工作。从文章编辑器回到页面有不同的方法，达到的效果也不同。

（1）选择"编辑"｜"在版面中编辑"命令。使用这种方法时，版面视图显示的文本选区或插入点位置与文章编辑器中上次显示的相同，文章编辑器窗口仍打开但已移到版面窗口的后面。

（2）单击页面窗口。文章编辑器窗口仍打开但移到版面窗口的后面。

（3）关闭文章编辑器窗口。

5.2.6　查找和更改文本

查找和更改文本是一项重要的编辑功能，在 InDesign 中可以搜索特殊字符、单词、多组单词或特定格式的文本，并进行更改。也可搜索其他项目，包括 OpenType 属性，如分数字和花饰字、制表符、空格和特殊字符。在"查找/更改"对话框中也可以进行全角半角转换、对对象的查找等。进行查找和更改文本的具体操作如下。

（1）选择"编辑"｜"查找/更改"命令，弹出"查找/更改"对话框，如图 5-58（a）所示。可查找的特殊字符如图 5-58（b）所示。

（a）"查找/更改"对话框　　　　　　　　　　（b）可查找的特殊字符

图 5-58　查找/更改字符

（2）在"搜索"下拉列表中指定搜索范围。

（3）在"查找内容"文本框中输入或粘贴要查找的文本。

（4）在"更改为"文本框中输入或粘贴新文本。

（5）单击"完成"按钮。

5.2.7　实用技能——期刊正文的排版

期刊篇目多且各有主题，因此各文章可以有不同的标题字体，还可以用不同的正文字体、字号，当一个版面上有多篇不同的文章时，可以用分栏数不同、字体不同、横竖排交叉来体现文章的独立性，或者在文章间用线条分隔。

期刊正文一般用小五号字排版，重点文章使用五号字排版。篇幅较长的文章用宋体排版，短一些的文章在符合期刊特点的情况下字体可以灵活掌握。

期刊的开本一般比较大，为保证一定的信息量，一般使用分栏设计，分栏除了可以节省版面以外，还有便于阅读、有利于版面美化等特点。分栏数目与期刊开本大小、正文字号有关，例如，16 开期刊如果用五号字排版，则一般采用通栏或双栏排版；如果使用小五号字排版，则可以有双栏排、三栏排和四栏排。

期刊也有书眉，一般书眉用于反映期刊的栏目，不同栏目的书眉可以有不同格式，但一种期刊同一栏目的书眉在较长一段时间内保持相对稳定，书眉排版的位置灵活（可以在天头、地脚或者切口），一般要加装饰，装饰效果与期刊风格有关。

正文排版时如果有长篇文稿连载，则必须注意本期与上期或者前面几期的呼应。每期上连载文章的字体、字号、标题、分栏、书眉等格式相同。期刊的文章有长有短，不可能每篇都整版排，因此多余的部分要转到其他版面上，在转页时应注明"下转第几页"和"上接第几页"，但是要平衡整本期刊，一本期刊中不可出现过多的转版。

制作过程

1．创建文件并制作版心外内容

（1）选择"文件"｜"新建"｜"文档"命令，弹出"新建文档"对话框，设置"页数"为 2，

"起始页码"为 2，使用"对页"，"宽度"为 204 毫米，"高度"273 毫米，如图 5-59 所示。

（2）单击"边距和分栏"按钮，弹出"新建边距和分栏"对话框，设置边距"上"为 15 毫米、"下"为 12 毫米、"内"为 8 毫米、"外"为 12 毫米，"栏数"为 3，"栏间距"为 5 毫米，单击"确定"按钮，完成新文件的创建，以"杂志正文：健康专题.indd"为名将其保存。

（3）将标尺零点定位在版心左上角，按住 Ctrl 键从水平标尺拖动出 3 条水平参考线，位置分别为 23 毫米、60 毫米和 141 毫米。

（4）在左侧页面的上方版心线处，绘制一条约为版心宽度一半的直线，在"控制"面板中设置描边粗细为 0.5 点，复制一条线，移到右侧页面相对应的位置。

（5）使用工具箱中的"矩形工具"，在页面的左侧、60 毫米水平提示线下方，创建一个矩形，"宽度"为 13 毫米，"高度"为 40 毫米。

（6）按 F6 键，打开"颜色"面板，如图 5-60 所示，设置描边为无，填色为 C0M50Y100K0，调整好其位置，矩形要覆盖出血，如图 5-60 所示。将此矩形复制一个移到页面的另一侧。

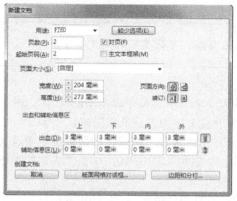

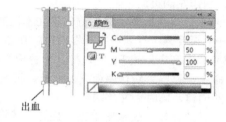

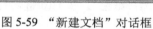

图 5-59　"新建文档"对话框　　　　　　　　图 5-60　设置矩形的颜色

（7）创建文本框架，输入文字"健康"，设置文字为方正大黑简体、16 点，选中文字，按 F5 键，在"色板"面板中选择"纸色"。

（8）使用工具箱中的"选择工具"选中上一步创建的文本框架，双击右下角的控制柄，使文本框架边框正好适合文字内容，单击"控制"面板中的"逆时针旋转 90°"按钮，设置旋转角度为 90°，调整好其位置，如图 5-61 中 A 所示。

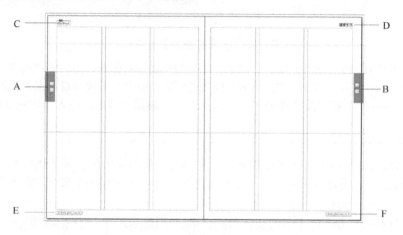

图 5-61　制作好版心外的内容

123

（9）将上一步制作的文字"健康"复制一份，单击"控制"面板中的"水平翻转"按钮，将复制好的文本框架移到页面右侧的矩形块上，调整好它们的位置，如图 5-61 中 B 所示。

（10）按 Ctrl+D 组合键，弹出"置入"对话框，在该对话框中选择本书配套素材提供的"标志"图像，单击"打开"按钮，在页面中单击，将其排入到页面中，调整好其大小，将其移到版心左上角的外侧，如图 5-61 中 C 所示。

（11）再创建一个文本框架，输入"健康生活"，设置文字为方正细等线简体、12 点，双击文本框架右下角的控制柄，使框架与文本相适合，移到图 5-61 中 D 所示位置。注意，使用智能参考线将其底边线与标志对齐，右边线与版心右边线对齐。

（12）在页面左下角版心外创建文本框架，输入"32　www.phei.com.cn"，设置文字为宋体、9 点，左对齐，将其移到图 5-61 中 E 所示位置。复制该文本框架，将文字内容改为"www.phei.com.cn　33"，右对齐，移到图 5-61 中 F 所示位置。

至此，完成版心外内容的制作，效果如图 5-61 所示。

提示

这些内容其实应该是主页中的内容。在学习完主页后，可将其制作到主页中。

2．制作左侧页面

（1）在 23 毫米提示线上方创建文本框架，输入文字"别忽视牙疼带来的信息"，选中文字后按 Ctrl＋T 组合键，打开"字符"面板，在该面板中设置文字为方正平和简体、36 点。

（2）选中文字，按 F5 键，打开"色板"面板，单击"填色"按钮，在面板菜单中选择"新建色板"命令，弹出"新建色板"对话框，设置新颜色为 C0M28Y100K0，单击"确定"按钮，完成新色板的创建，同时为文字填色。

（3）在"色板"面板中单击"描边"按钮，颜色设置为"纸色"，按 F10 键，打开"描边"面板，设置描边粗细为 0.75 点。

（4）复制设置好的文本框架，将复制的框架移到旁边，选中原框架中的文字，设置描边颜色为 80%黑，描边粗细为 1.5 点。

（5）选中两个框架，在"控制"面板中单击"水平居中对齐"按钮，再单击"垂直居中对齐"按钮，按 Ctrl+G 组合键将两个框架编成组，完成的效果如图 5-62 所示。

图 5-62　设置标题文字的格式

（6）按 Ctrl+D 组合键，弹出"置入"对话框，选择本书配套素材提供的"别忽视牙疼带来的信息.txt"文件，单击"打开"按钮，按住 Shift 键在 23 毫米水平参考线与版心左侧边线交叉处单击，自动排入文本。这时第二栏的文本排到了版心最上面，粗略调整框架的位置，如图 5-63 所示。

提示

在使用 InDesign 排版时，如果能使用页面分栏，则应尽量使用，因为这样排入的文本是多个框架串接而成的，当需要排入一些与栏同宽的图像时，可以直接调整框架而不使用图文绕排。

（7）用前面介绍的方法将本书配套素材提供的"牙齿.psd"和"牙齿结构.jpg"文件排入到版面中，将其调整大小到与栏同宽。

（8）使用工具箱中的"文字工具"在刚排入的文本框架中单击，按 Ctrl+A 组合键，将所有文字选中，在"字符格式控制"面板中设置文字为方正细圆简体、10.5 点，段后间距为 2 毫米。

（9）选中正文中第一行文字"牙齿为什么会疼痛"，在"字符格式控制"面板中设置文字为方正大黑简体、14 点，单击"填色"按钮，将文字颜色设置为 C0M100Y0K0；在"段落格式控制"面板中设置"首行左缩进"为 0 毫米，居中对齐。

（10）保持"牙齿为什么会疼痛"为选中状态，在"段落格式控制"面板或"段落"面板中的"强制行数"下拉列表 中选择"3"，这样即可设置"总高"为 3 行。

（11）在"段落"面板菜单中选择"段落线"命令，弹出"段落线"对话框，如图 5-64 所示，按图进行设置。在"段落线"对话框中选择"段前线"选项，选中"启用段落线"复选框。参照图 5-64 设置段后线的参数，其中 "位移"值为"-6 毫米"，单击"确定"按钮，形成上下画线效果，如图 5-64 所示。

图 5-63　粗调文本框架的位置　　　　　　　图 5-64　利用"段落线"对话框设置小标题格式

（12）使用工具箱中的"吸管工具"将格式复制到其他小标题上。其中，复制到"哪些疾病可能引起牙齿疼痛"小标题上时，格式出现了混乱，选中小标题文字，在"字符格式控制"面板中设置"水平缩放"为 90%。

（13）选中文字"治疗牙疼的方法"下面的所有编有序号的文字，在"段落格式控制"面板中设置"左缩进"为 9 毫米，"首行左缩进"为-6 毫米。

这时版面已经基本完成，观察版面，发现文字在最后一行没有对齐，调整图的大小、框架位置，直到完成。

至此，左侧版面制作完成。在检查版面时，如果文本框架有续排标志或文本框架最后有较大的空白，可以调整文本框架的形状，使其消失，完成效果如图 5-38 所示。

3．制作右侧页面

（1）按 Ctrl+D 组合键，弹出"置入"对话框，选择本书配套素材提供的"牙龈肿痛的防治.txt"文件，单击"打开"按钮，在版面的右侧拖动鼠标创建一个文本框架，在"控制"面板中设置分栏的"栏数"为 2，"栏间距"为 5 毫米。

专业排版技术（InDesign CS6）

（2）将标题文字"牙龈肿痛的防治"剪切，然后粘贴为一个独立的文本框架，把这个框架移动到旁边，设置正文文字为宋体、10.5 点，段后间距为 2 毫米，首行左缩进为 7.4 毫米。

（3）将小标题文字"中医防治方法"设置为方正粗宋简体、14 点，文字颜色为 C0M100Y0K0。在"段落格式控制"面板中设置"首行左缩进"为 0 毫米，居中对齐。

（4）保持"中医防治方法"为选中状态，在"段落格式控制"面板的"强制行数"下拉列表 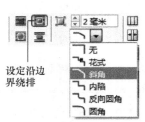 行中选择"2"，即设置"总高"为 2 行。使用"吸管工具"将格式复制到另一个小标题"平时注意事项"上。

调整文本框架的大小，使其在 141 毫米水平参考线的上方。

（5）选中另一个文本框架中的文字"牙龈肿痛的防治"并右击，在弹出的快捷菜单中选择"排版方向"｜"垂直"命令，设置文字为方正魏碑简体、24 点。

（6）选中直排文字的文本框架，设置其宽度为 20 毫米，高度为 77 毫米，在"控制"面板中单击"居中对齐"按钮，设置描边颜色为黑，"粗细"为 0.75 点。

（7）在"控制"面板中单击"设定沿边界绕排"按钮；在下面的角类型中选择"斜角"选项，在其上面的数值框中输入"2 毫米"，如图 5-65 所示，单击"确定"按钮。

（8）将标题文本框架移到上半版文章的左下角，如图 5-66 所示，如果在排版过程中两栏差一行不能排平，可调整一段文字的字距，达到增加一行或减少一行的目的。

图 5-65　设置标题的角效果和文本绕排　　　图 5-66　右侧上半版面的制作效果

下面制作右侧版面下半部分的直排文字。

（9）在刚排版好的文章下面绘制一条与版心同宽的直线，设置描边为黑色，0.5 点。

（10）将本书配套素材提供的"民间治牙痛偏方.txt"文件中的所有文字排入到版面中，成为一个文本框架。

（11）将光标定位在框架中，按 Ctrl+A 组合键全选文字，设置文字为宋体、10.5 点，"行距"为 13 点，"段后间距"为 3 毫米，"首行左缩进"为 0 毫米。

（12）保持文本的选中状态，选择"段落"面板菜单中的"项目符号和编号"命令，弹出"项目符号和编号"对话框，如图 5-67 所示，按图中所示进行设置，单击"添加"按钮，弹出"添加项目符号"对话框，如图 5-68 所示，按图中所示进行设置，单击"确定"按钮，回到"项目符号和编号"对话框，选中新添加的符号，单击"确定"按钮。

（13）选中正文框架中的第一个数字"100"，按 Alt+Ctrl+H 组合键完成直排内横排操作，依次选择各数字，将所有数字修改为横排。

（14）创建一个新框架，输入"民间治牙痛偏方"文字，设置文字为方正华隶简体、26 点，"字符间距"为 200，颜色为 C100M0Y0K0。

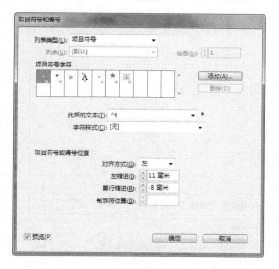

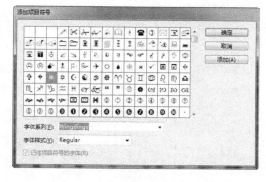

图 5-67 "项目符号和编号"对话框

图 5-68 添加新的项目符号

（15）保证"民间治牙痛偏方"所在框架为选中状态，选择"窗口"|"文本绕排"命令，打开"文本绕排"面板，如图 5-69 所示，按图中所示进行设置，将文本框架移到文章的右下角，如图 5-70 所示。

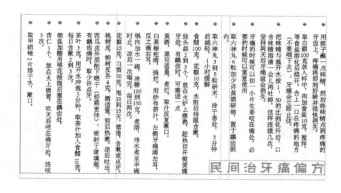

图 5-69 "文本绕排"面板

图 5-70 移动文本框架

至此，右侧版面制作完毕，如果有不满意的地方，可对版面进行微调，再保存文件。输出的效果如图 5-38 所示。

思考练习

1. 问答题

（1）页面的分栏和文本框架的分栏有什么不同？

（2）平衡栏的作用是什么？

（3）跨栏的作用是什么？

（4）内边距的含义是什么？

（5）文本框架与框架网格有什么不同？

（6）如何转换文本框架与框架网格？

（7）直排文本中的数字怎样变为横排？

2．操作题

（1）利用本案例提供的素材，重新设计版面。

（2）自己搜集素材设计一个杂志内页的版面，要求必须设计一个对页。

（3）利用本书配套素材设计杂志内页，可参考图 5-71。

图 5-71　参考图

5.3　杂志封面——文字特效与文本框架编辑

案例展示

在进行版面设计时，有许多地方需要为文字增加装饰，如期刊、报纸的标题，广告中的主要文字，书刊封面上的文字。一般常用的装饰方法是给文字勾边、为文字添加立体效果、将文字变形等。本案例将介绍"世界时间"杂志封面的设计，效果如图 5-72 所示。

图 5-72　杂志封面效果图

本案例的制作要点如图 5-73 所示。

使用路径文字制作刻度，描边均为黑色，80%

文字C，方正超粗黑、500点，创建轮廓，设置描边和填色均为"无"，将文字复制粘贴多个直到框架充满文字

充满文字C中的文字：方正卡通简体、7点

方正细圆

Cooper Std、16点

汉仪菱心体简、500点，创建轮廓，释放复合路径，再对复合路径进行设置

置入图片，调整大小，剪切一部分图像

图 5-73　杂志封面制作要点

> 路径文字的制作方法；
> 文字创建轮廓的方法；
> 文本框架的倾斜、旋转、变形；
> 使用特殊字符。

友情链接：本案例的制作步骤见"制作过程"。

利用前面介绍的有关文字的格式设置方法排版出来的文本都是横平竖直的，非常适合报纸、

专业排版技术（InDesign CS6）

期刊及图书正文的排版工作，但在一些要求比较有创意的场合，这些文字效果有些不够用。在 InDesign 中还提供了文字变形的处理效果，如路径文字、创建文字轮廓等。

5.3.1 使用路径文字

在一些海报、宣传页等出版物上经常可以看到一些文字并不是水平、竖直排列的，而是沿一条曲线排列的，在 InDesign 中可以通过创建路径文字来达到这个效果。

1．创建路径文字

路径文字是特定的沿曲线排版的文字，所以在创建路径文字之前一定要先创建相关的曲线。由于路径文字可以沿着任何形状的开放或封闭路径的边缘排列，所以曲线可以是闭合的，也可以是开放的。创建路径文字的具体步骤如图 5-74 所示。

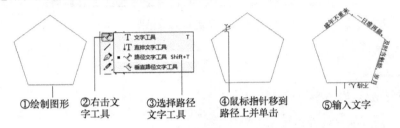

图 5-74　创建路径文字

路径文字工具有两种：一种是"路径文字"工具，另一种是"垂直路径文字工具"。其使用的方法相同，使用"垂直路径文字工具"创建的路径文字如图 5-75 所示。

2．编辑、分离或删除路径文字

如果创建完成的路径文字需要修改内容或需要删除路径文字，则可以使用下面的方法。

（1）编辑路径文字：创建完成路径文字以后，如果需要修改文字，则只要再使用"文字工具" T 、"路径文字工具" 在已经创建好的文字上单击（或使用"选择工具" 在文字上双击），即可进行修改或者设置文字格式。

（2）分离路径文字：使用"选择工具" ，在路径文字入口处单击，再在空白处单击，如图 5-76 所示，从图中可以看出对象分离为两个。

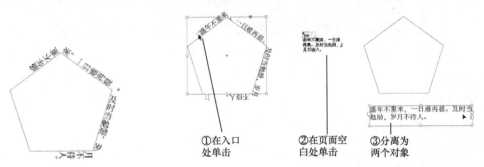

图 5-75　垂直路径文字　　　　　　图 5-76　分离路径文字

（3）删除路径文字：选择一个或多个需要删除的路径文字对象，选择"文字"｜"路径文字"｜"删除路径文字"命令。删除路径文字会将文字删除，而保留图形。

3．调整路径文字的位置

创建路径文字后，如果仔细观察会发现一些标记，这些标记的名称如图 5-77 所示。对路径文字进行调整时会用到这些标记。

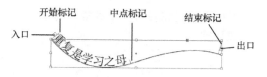

图 5-77 路径文字中的各种标记

如果确定的插入点位置并不符合要求,则需要移动路径文字起始位置和结束位置,具体操作方法如下。

(1)使用"选择工具" ▶ 选择路径文字。

(2)将鼠标指针定位在路径文字的开始标记或结束标记上,直到指针变为 ▶ₕ 状,拖动鼠标即可移动开始位置或结束位置。

 提示

不要将指针放在标记的入口、出口上。

如果需要可以沿垂直路径方向移动中点标记,效果如图 5-78 所示。

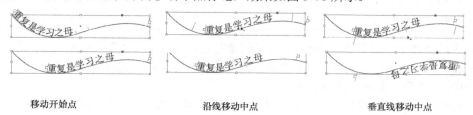

移动开始点   沿线移动中点   垂直线移动中点

图 5-78 调整路径文字的位置

4.设置路径文字的对齐和效果

路径文字的段落对齐方式与其他文本的对齐方式相同,下面仅介绍垂直对齐方式的设置。

(1)使用"选择工具" ▶ 或"文字工具" Ⓣ,选择路径文字。

(2)选择"文字"|"路径文字"|"选项"命令,弹出"路径文字选项"对话框,如图 5-79 所示。

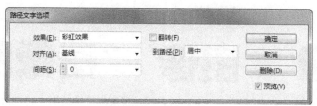

图 5-79 "路径文字选项"对话框

(3)在"效果"下拉列表中选择一种效果。部分效果如图 5-80 所示。

(4)在"对齐"下拉列表中选择一种对齐方式。部分对齐的效果如图 5-81 所示。

图 5-80 路径文字的不同效果   图 5-81 几种不同的对齐方式

（5）在"到路径"下拉列表中选择将路径对齐到其描边的位置。

（6）单击"确定"按钮完成设置。

5.3.2 创建轮廓

文字具有文字的属性，如字体、字体大小等，如果需要一些特殊形状的文字，则需要将文字转换为路径，在 InDesign 中将文字转为路径的方法是创建轮廓。创建轮廓后的文字可以像图形一样操作，如使用直接选择工具、进行路径运算等。

1．创建轮廓的方法

在一个文本框架中，可以对一个字创建轮廓，也可以对整个框架中的文字创建轮廓。选择文本框架中的文字并将其转换为轮廓时，生成的轮廓将成为与文本一起流动的（随文）定位对象，创建轮廓的方法如下。

（1）选择要创建轮廓的文字或文本框架。

（2）选择"文字"｜"创建轮廓"命令。

> **提示**
>
> 由于已转换的文本已不再是实际的文字，所以在转换为轮廓之前要确保排版设置满意，并创建了原始文本的副本。

创建了轮廓的文字如图 5-82 所示，这是创建完轮廓以后使用"直接选择工具"选中的结果，从中可以看出文字已经成为了路径，可以使用对图形的所有编辑方法调整文字的形状。

2．将文本轮廓的副本转换为路径

默认情况下，从文字创建轮廓将移去原始文本。但如果需要，也可以在原始文本之上建立一个副本，再对其副本创建轮廓，这样将不会丢失任何文本，这些工作可以通过一个操作完成，方法如下。

（1）选择要创建轮廓的文字或文本框架。

（2）按 Alt+Ctrl+Shift+O 组合键。

这时的效果如图 5-83 所示，可以看到成为路径的文字，用鼠标选中路径，可以看到底层还有文字，选中后可以发现，剩余的是文字，它具有文字的属性。这样既创建了轮廓，又保留了文字，而且轮廓严格在文字上方。

选中文本按
Alt+Ctrl+Shift+O组合键 　　剩余的底层文本　　移走的上层路径

图像 　图像 → 图像图像

图 5-82　创建了轮廓的文字 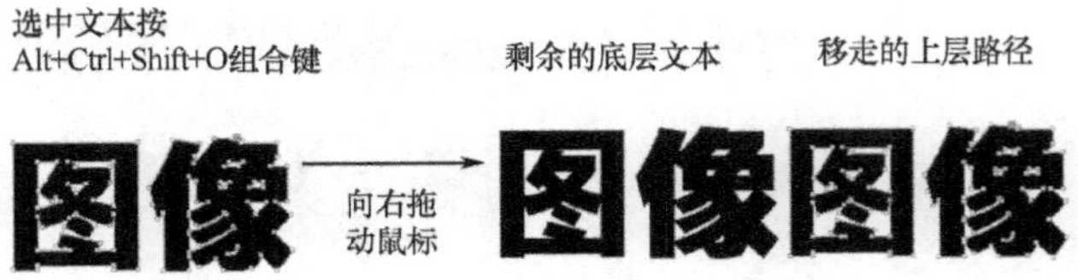　　　　　图 5-83　将文本轮廓的副本转换为路径

3．释放文字轮廓的复合路径

将文字转换为轮廓以后，实际上是转换成了一系列的复合路径，所以在对其中的任意一小部分图形操作时，可能会对整个文字路径产生影响，要去掉这种影响，可以取消复合路径，操作方法如下。

（1）选中已经创建了轮廓的文字。

（2）选择"对象"｜"路径"｜"释放复合路径"命令。

完成的效果如图 5-84 所示，从图中可以看出，释放路径以后的效果与字体及文字的复杂程度有关，如图中的"像"在释放了路径后外形上发生了变化，这种构成文字的复合路径比较复杂，要经过运算才能得到原文字，在对独立路径操作完成后可以再建立复合路径。释放了复合路径以后的文字可以对部分路径进行单独操作，如图 5-85 所示。

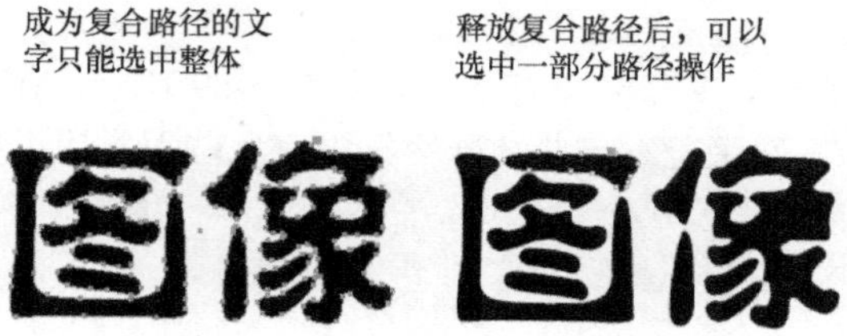

成为复合路径的文
字只能选中整体

释放复合路径后，可以
选中一部分路径操作

图 5-84　释放复合路径 　　　　　　　　图 5-85　对部分路径的操作

即时体验

为文字创建轮廓主要用于对一些比较大的文字产生特殊效果，根据下面的操作完成特殊文字的创建，完成后的效果如图 5-86 和图 5-87 所示。

图 5-86　变形字 　　　　　　　　图 5-87　特殊填充

（1）创建文本框架，输入文字"亲情"，设置文字为方正粗圆简体、24 点，填色"无"，描边颜色为 C15M100Y100K0，描边粗细为 1 点。

（2）选择"文字"｜"创建轮廓"命令。

（3）使用"直接选择工具"，拖动一部分锚点移动，使文字变形，效果如图 5-86 所示。

（4）创建文本框架，输入文字"图"，设置文字为方正水柱简体、24 点；再创建一个文本框架，输入文字"像"，设置文字为方正超粗黑简体、24 点。

（5）分别选中框架，选择"文字"｜"创建轮廓"命令，将它们转换为复合路径。

（6）选中"图"创建的轮廓，选择"对象"｜"路径"｜"释放复合路径"命令，使用"直接选择工具"，选择独立的路径，分别填充不同的颜色和不同的描边。

（7）置入到页面中一幅图像，调整好其大小，使其比"像"大些，复制图像，选中"像"字，选择"编辑"｜"贴入内部"命令，如果图像位置不好，则可以使用直接选择工具调整图像位置。

（8）在"控制"面板中设置"像"的描边为红色，1 点。

5.3.3　字形和特殊字符

在 InDesign 中，我们不仅可以在页面中插入常用字符，也可以通过"字形"面板插入一般输入法中不常用的字符，如全角破折号和半角破折号、注册商标符号和省略号等。

1. 使用"字形"面板

使用"字形"面板插入字符的方法如下。

（1）使用"文字工具" T 在需要字符的位置定位光标。

（2）选择"窗口"｜"文字和表"｜"字形"命令或选择"文字"｜"字形"命令，打开"字形"面板，如图 5-88 所示。

（3）在"显示"下拉列表中选择需要的字符集，双击需要的字符。

2. 特殊字符

在 InDesign 中可以使用菜单命令将一些常用的特殊字符插入到页面中，具体操作方法如下。

（1）使用"文字工具" **T**，在希望插入字符的位置定位光标。

（2）选择"文字"｜"插入特殊字符"命令，其子菜单有 5 个，如图 5-89 所示，在这几个菜单的子菜单中选择一个需要的命令即可插入特殊字符。这些特殊字符中有一些很常用，如当前页码、下转页码、版权符号和商标符号等。

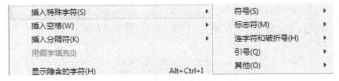

图 5-88 "字形"面板   图 5-89 "插入特殊字符"子菜单

3．插入空格和分隔符

（1）如果选择"文字"｜"插入空格"命令，在其子菜单中可以选择不同类型的空格并插入到页面中。利用这种方法插入的空格可以是四分之一空格、六分之一空格等出版中常用的空格。

（2）如果选择"文字"｜"插入分隔符"命令，在其子菜单中可以选择不同类型的分隔符并插入到页面中，可以使用的分隔符有分栏符、分页符、奇数页分页符和偶数页分页符等。

5.3.4 文本框架的缩放、倾斜、旋转与翻转

文本框架的倾斜等操作与一般对象的操作方法相同，但文本框架除了框架本身外，框架中还存在文本，当框架被倾斜、旋转时，框架中的文本会发生变化。

1．文本框架缩放、倾斜、旋转与翻转的方法

对文本框架进行的缩放、倾斜、旋转与翻转等操作属于对象的变换操作，与第 3 章介绍的操作方法相同，不同的是在文本框架变换时，框架中的文本也会发生变化。下面先总结文本框架变换的操作方法。

（1）使用工具箱的工具：工具箱中有一组工具，如图 5-90 所示，使用其中的一个工具，在选中的对象控制柄上拖动即可对文本框架进行相应的操作。

（2）使用"控制"面板：在"控制"面板中可以通过切换命令按钮对文本框架进行精确变换，涉及框架变换的参数如图 5-91 所示。

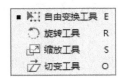

图 5-90 用于变换的工具   图 5-91 "控制"面板中的变换参数

（3）使用菜单命令：在"对象"｜"变换"子菜单中可以对选中的对象进行各种变换操作。

2．文本框架的变换对文本的影响

对文本框架的任何变换都会体现在文本的变化上，下面介绍其中几种。

（1）任意角度旋转：选中文本框架，用上面介绍的任意一种方法将框架旋转后的效果如图 5-92 所示，从图中可以看到框架旋转以后，文本也发生了旋转。

（2）固定值旋转与翻转：在选中了文本框架以后，使用"对象"｜"变换"子菜单，包括"水平翻转"、"垂直翻转"、"顺时针旋转 90°"或"逆时针旋转 90°"，以将文本框架进行相应的变换，也可以使用"控制"面板中相应的按钮进行变换，完成后的效果如图 5-93 所示。

図 5-92　旋转对文本的影响　　　　　图 5-93　文本框架已旋转与翻转的效果

（3）切变：选中文本框架，用上面介绍的任意一种方法对框架进行切变，效果如图 5-94 所示。

图 5-94　切变对文本的影响

（4）文本框架的缩放：这里的缩放是指对文本框架（包括框架中的内容）进行放大或缩小。它与前面介绍的调整文本框架的大小不同，两者的区别在于：框架缩放时，文本框架内的文字和图形也随之被放大或缩小，而改变文本框架的大小只是排版区域的大小发生变化，文本和图形的大小并不变化。

对文本框架进行缩放除了前面介绍的使用工具箱中的工具、"控制"面板、菜单命令 3 种方法外，还可以使用"选择工具" 。如果使用"选择工具" 直接拖动选中框架的控制柄，则会调整框架大小；如果在拖动时按住 Ctrl 键，则可以进行文本框架的缩放。调整文本框架大小与对文本框架进行缩放的效果如图 5-95 所示。

图 5-95　文本框架大小调整与缩放

5.3.5　非矩形文本框架

InDesign 中创建的文本框架是一个矩形框，但系统也提供了创建其他类型文本框架的方法，形成灵活、丰富的文本框架效果。当文本框架改变形状后，其中的文字会自动重排。

1．由路径和形状得到文本框架

InDesign 中绘制的任何形状、闭合路径和不闭合路径都可以成为文本框架，方法如下。

（1）绘制好形状或路径。

（2）使用工具箱中的"文字工具" 。

（3）在形状或路径的边线上单击。

这时路径或形状成为文本框架，可以输入或置入文本。如果置入文本，则可以选中绘制好的形状直接置入。

在 InDesign 中允许多种形状和路径转换为文本框架，如图 5-96 所示，图中只列举了形状、复合路径及不闭合路径几种情况，其他情况在这里不再一一列举。

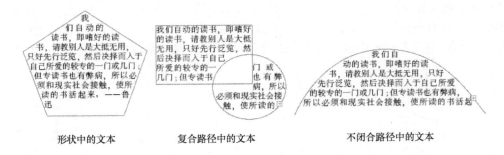

图 5-96　转换为文本框架

2．为文本框架设置角选项或转换形状

在 InDesign 中可以将形状转换，也可以为形状添加角效果，这些操作同样可以用于文本框架，改变框架的形状，框架中的文本也会重新排列。

（1）设置文本框架的角选项：选中文本框架，选择"对象"｜"角选项"命令，在弹出的对话框中进行设置（或在"控制"面板中直接修改参数）。

（2）转制形状：选中文本框架，选择"对象"｜"转换形状"子菜单中的命令。

转换了形状的文本框架效果如图 5-97 所示。

图 5-97　角选项和转换形状

3．编辑文本框架的形状

编辑路径的所有方法都可以编辑文本框架的形状，包括使用直接选择工具、钢笔工具组中的工具，使用方法与第 3 章编辑路径的方法相同，这里不再赘述。

经过编辑形状的文本框架如图 5-98 所示，图中只是一些样例，可以按照不同设计将框架编辑成需要的形状。

图 5-98　编辑文本框架的形状

5.3.6　实用技能——期刊封面的版式特点

期刊是有一定期限、连贯性的出版物。其封面与一般图书具有相似性，但也有一定的特殊性。

期刊一般有一定的领域特点，例如，有的反映基础理论，有的反映技术工艺，有的反映文化娱乐，有的反映时尚流行等。封面要反映专业的特点及本期的主要内容。

同一期刊的封面形式不宜常变换，刊名的字体或标志应该统一，而且在一定时期内要保持相对稳定。尤其是专业性较强的期刊，需固定形式。其他期刊为求形式生动，可以发生变化，但在某些局部也要有固定的形式，这样做可以方便读者辨认。封面设计中的字号选择因大小不同而产生不同的视觉效果。书名一般选用较大的字号，以做到主题突出，而作者名和出版社的名称使用较小字号。封面中运用的字体除了选择恰当的字体外，笔画也要清晰醒目，容易识别，具有可读性，不要选择不容易读懂的字体。

有的期刊在封面上印刷本期主要目录或与内容相关的图片图像，其目的是吸引读者的注意力。为了便于读者翻阅，刊名、年份、期号等重要内容的位置、大小应醒目、适当并相对固定。

制作过程

1．制作背景

（1）选择"文件"｜"新建"｜"文档"命令，弹出"新建文档"对话框，设置"页数"为2，使用"对页"，"宽度"为 204 毫米，"高度"为 273 毫米，单击"边距和分栏"按钮，弹出"新建边距和分栏"对话框，设置边距均为 0，单击"确定"按钮。

（2）按 F12 键，打开"页面"面板，在面板下半部分的页面 1 上右击，取消选中"允许文档随排布"和"允许选定的跨页随机排布"两个选项，如图 5-99 所示。

（3）将页面 2 拖动到页面 1 的右侧，如图 5-100 所示，使两个页面形成一个跨页。

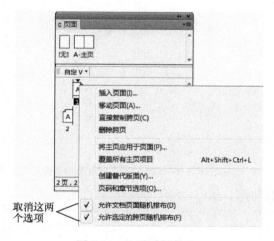

图 5-99　取消随机排布

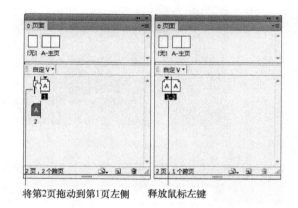

图 5-100　将两页调整成一个跨页

（4）在右侧页面上方的标尺中拖动出一条水平参考线，位置为 69 毫米。

（5）选择"文件"｜"置入"命令，弹出"置入"对话框，选择本书配套素材中的"风景.jpg"文件，单击"打开"按钮，光标变为置入图像形状，在页面中单击将图像置入到页面中。

（6）使用"选择工具"![箭头图标]调整图像的大小，如图 5-101 所示，调整后的结果可参看该图。

注意，图像要覆盖出血并且进入左侧页面一部分。

（7）使用"矩形工具"绘制一个矩形，大小覆盖右侧页面，同时要覆盖出血，在"颜色"面板中为其填色 C60M11Y2K0，描边为"无"。这时整个页面的效果如图 5-102 所示。

（8）选中两个对象，选择"对象"｜"锁定"命令。

将图像移到水 平参考线处　　按住Shift+Ctrl组合键用鼠标拖 动图像右下角，直到垂直方向 覆盖下方出血　　用鼠标拖动图像左边中间 控制柄，调整图像大小

图 5-101　调整图像的大小

2．制作封底

制作封底内容时先制作一个时钟。

（1）使用"椭圆工具"绘制一个长度和宽度均为 90 毫米的圆，设置描边为无，再绘制一个宽度和高度均为 95 毫米的圆，设置描边为 7 点，描边颜色为黑色，色调为 80%。

（2）使用工具箱中的"直线工具"按住 Shift 键，绘制一条竖直的直线，在"控制"面板中设置其长度为 9 毫米，在描边粗细数值框中直接输入"2.5 毫米"，按 Enter 键后完成设置，自动以点计数，按 Ctrl+C 组合键复制该直线段。

（3）使用工具箱中的"路径文字工具" ，在 90 毫米的圆上单击，按 Ctrl+V 组合键粘贴直线段，一共粘贴 12 个，这时的圆如图 5-103 所示。

图 5-102　绘制矩形

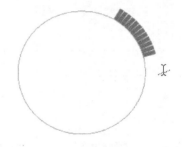

图 5-103　创建路径文字并粘贴 12 条短线

（4）单击"控制"面板中的"全部强制双齐"按钮 ，这时短线会分散开。

（5）使用工具箱中的"选择工具" 选中路径文字，选择"文字"｜"路径文字"｜"选项"命令，弹出"路径文字选项"对话框，选中"翻转"复选框，单击"确定"按钮，效果如图 5-104 所示。

（6）按 Ctrl 键向上滚动鼠标中轮进行放大显示，调整路径文字的开始和结束标记，如图 5-105 所示。

小技巧：调整开始标记时使线的中心在图 5-105 所示的位置，正好是 12 点的位置，调整结束标记时，观察第 7 条线，使其在处于与 12 点相对的 6 点位置。

（7）这时作为表盘的路径文字为选中状态，按住 Shift 键的同时单击宽高均为 95 毫米的圆，单击"控制"面板中的"垂直居中"和"水平居中"按钮，使两者居中对齐，如图 5-106 所示。

（8）创建水平和垂直参考线，确定刚对齐的两个对象的中心，从中心开始绘制两条直线段作为表针，如图 5-107 所示，其中长些作为分针的直线段描边为 4 点，80%黑色；短些作为时针的直线段描边为 5 点，80%黑色。

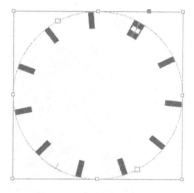

图 5-104 设置了翻转的路径文字

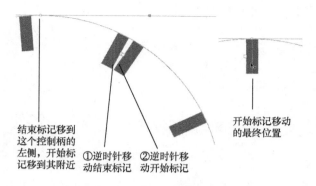

图 5-105 移动到开始和结束标记处

（9）使用工具箱中的"选择工具" <span>拖动鼠标选中作为时钟的全部对象，选择"对象"｜"编组"命令，复制一个时钟，将其移到页面的左上角，图 5-108 所示，将剩余的一个移到粘贴板中。

图 5-106 对齐的两个对象

图 5-107 绘制好的时钟

图 5-108 时钟所在位置

下面制作封底中的其他文字。

（10）创建文本框架，输入文字"把你的心灵变成最智慧的所在，做新生活的引领者。"，设置文字为方正卡通简体、7 点，文字的填色为 50%黑。

（11）输入大写英文字母"C"，设置文字为方正超粗黑简体、500 点，选择"文字"｜"创建轮廓"命令，将文字转换为路径，设置路径的填色描边均为"无"。

（12）选中步骤（10）中创建的文字，按 Ctrl+C 组合键复制，使用"文字工具" <span>单击刚创建了轮廓的字母"C"的边缘，将路径转换为文本框架，按住 Ctrl+V 组合键粘贴，直到填满整个路径，效果如图 5-109 所示。

提示

要一直粘贴到出现文本溢流标记处止，使用"选择工具" <span>单击溢流标记，在路径外面单击，使溢流文字成一个独立文本框架，然后将该框架中的文字删除，再删除框架，就可以使文字正好填满路径。

（13）创建文本框架，输入文字，如图 5-110 所示，设置文字为方正细等线体、10.5 点，选中框架，在"控制"面板中设置倾斜为 15°。

（14）置入本书配套素材中的文件"公司地址"，设置公司名称文字为黑体、10.5 点，其余内容文字为宋体、8 点。

（15）将文字构成的字母 C 移到左侧页面的中央，倾斜的文本移到 C 中间，公司地址移到版面右下角，如图 5-111 所示。

图 5-109　文字构成的字母 C　　　　图 5-110　倾斜的文本　　　　　图 5-111　封底效果

3．制作封面

（1）选中粘贴板上的时钟并右击，在弹出的快捷菜单中选择"取消编组"命令，选中中间的表盘，设置填色为 C60M11Y2K0，再选中表盘的所有对象，按 Ctrl+G 组合键组合。

（2）选中时钟，选择"对象"｜"变换"｜"缩放"命令，弹出"缩放"对话框，设置"X 缩放"和"Y 缩放"的值为 7.5%，将其移到封面上待用。

（3）创建文本框架，输入文字"世界时间"，设置文字为汉仪菱心简体、110 点，将每个字分为一个独立的框架，选中 4 个框架，选择"文字"｜"创建轮廓"命令，将它们一次性转换为复合路径。

（4）使用"直接选择工具"，拖动鼠标选中"世"最下面的 4 个锚点，向下移动，再选中移动过的 4 个点中右侧的两个，使其向右移动，如图 5-112 所示，在调整文字的同时，调整好其他文字的位置，如图 5-113 所示。

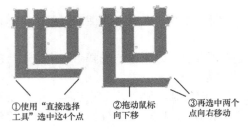

图 5-112　改变文字"世"　　　　　　　　　　　图 5-113　文字"世"变形的结果

（5）选中文字"时"，选择"对象"｜"路径"｜"释放复合路径"命令，效果如图 5-114 所示。选中"寸"上作为点的圆，将其删除，将前面缩小的时针图形复制一个并移到该位置。

图 5-114　改变文字"时"

（6）选中文字"时"的所有对象，按 Ctrl+8 组合键创建复合路径，发现出现错误，如图 5-114 所示，按 Ctrl+Z 组合键撤销操作，然后选中出错位置的小矩形路径，选择"对象"｜"路径"｜"反转路径"命令，再选中文字"时"的所有对象，按 Ctrl+8 组合键创建复合路径，完成后的效果如图 5-114 所示。

（7）用同样的方法，将文字"间"上的圆点更改为时钟图形。

（8）分别选中每个文字，设置填色为"纸色"，描边为"无"，将文字移到封面图像上，位置如图 5-115 所示。

（9）选中 4 个文字，按 Ctrl+8 组合键创建复合路径，再置入本书配套素材中的"风景.jpg"文件，将其垂直翻转，按 Ctrl+C 组合键复制，选择创建好的复合路径的文字，选择"编辑"｜"贴入内部"命令，再使用直接选择工具调整图像的位置，完成后的效果如图 5-116 所示。

图 5-115　填色后移动文字的位置　　　　图 5-116　将图像贴入内部

（10）创建文本框架，输入文字"TIME"，设置文字为 Cooper Std、16 点，调整好框架，单击"控制"面板中的"顺时针旋转 90°"按钮，使其移到合适位置。再创建文本框架，输入文字"Word"，设置文字为 Cooper Std、16 点，移到合适位置。

输入其他内容，完成后的效果如图 5-72 所示。

 思考练习

1．问答题

（1）路径文字是特定的沿曲线排版的，所以在创建路径文字之前一定要先创建什么对象？

（2）如何调整路径文字起始位置和结束位置？

（3）为文字创建轮廓的作用是什么？

（4）对文本框架进行缩放操作后，框架中的文字将如何变化？

（5）如果需要将路径文字中的文字与路径分离，并不需要删除文字，则应如何操作？

（6）如何更改路径文字的效果？

（7）如何在页面中插入注册商标标志？

2．操作题

（1）设计并制作一个期刊封面。

（2）按图 5-117 制作一个图书封面。

图 5-117　图书封面

本章回顾

　　文本框架有两种类型：框架网格和纯文本框架。框架网格是亚洲语言排版特有的文本框架类型。其中，字符的全角字框和间距都显示为网格；纯文本框架是不显示任何网格的空文本框架。两种框架可以相互转换，对两种框架属性的设置可以控制框架的显示效果。

　　在 InDesign 中，可以设置段落一般格式（包括对齐、缩进、段落间距等），还可以为文本添加上下标、调整基线、添加段落线、设置项目符号、使用首字下沉等不同格式。通过灵活应用这些格式可以使版面设计更加符合阅读要求。

　　路径文字能制作出沿曲线排版的文字，这样的文字可以增加版面的灵活性，更加吸引读者的注意力。而对文字创建轮廓可以将其转换为复合路径，然后按需求将其更改为任意形状。

第 6 章

画册与入场券——图像与效果

本章导读

在设计风格个性日益突显的视觉时代背景下，版面设计中图像使用越来越多地影响着版面设计效果，尤其是在一些印刷品上，图片的使用要超过文字的使用量，如画册、海报等。在 InDesign 中支持排入多种格式的图像，可以方便地对图像进行编辑，还可以设置多种不同的效果，本章将介绍图像的排入、编辑、效果设置等有关图像的基本操作方法。

6.1 制作"产品画册"——图像处理

案例效果

现在很多终端产品为了打开销路，一般要制作一些宣传册用于免费赠送，其中画册是一种常见的形式。本案例介绍了一种产品，即蛋糕，左侧页面是关于这种产品的介绍，右侧页面是蛋糕的图片，完成后的效果如图 6-1 所示。

看图解题

本案例的制作要点如图 6-2 所示。

重点掌握

- ➢ 置入图像的方法；
- ➢ 调整图像大小、位置、裁剪图像等图像编辑的方法；
- ➢ 图像去背的方法；

➢ 图像链接；

➢ 图文混排。

友情链接： 本案例的制作步骤见"制作过程"。

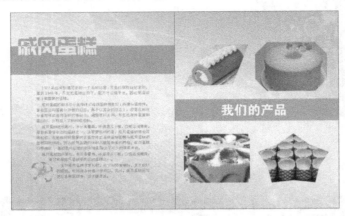

图 6-1 "产品画册"效果图

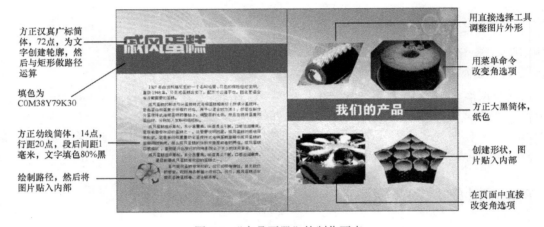

图 6-2 "产品画册"的制作要点

知识准备

在 InDesign 中可以使用多种方法将图像排入到版面中，排入的图像有时会出现比较复杂的背景，并不符合版面设计的要求，这时可以利用 InDesign 提供的方法将背景隐藏起来，而不需要到图像处理软件中处理，从而极大地提高了工作效率。

6.1.1 置入图像

在 InDesign 中可以置入多种格式的图像，如 TIFF、EPS、PSD、JPEG 及 PNG 等，这时不再一一列举。图像可直接置入到版面中，也可以直接置入到图形中。下面介绍置入图像的方法。

1．将图像置入页面

将图像置入到页面中的操作方法如下。

（1）选择"文件"｜"置入"命令，弹出"置入"对话框，如图 6-3 所示。

（2）选择需要置入的图像，单击"打开"按钮。选中"显示导入选项"复选框，可在步骤

（3）的操作中显示导入选项。

（3）弹出图像导入选项对话框，如图 6-4 所示。此对话框与导入的图像类型有关，如果在 Photoshop 中保存了"剪切路径"，则可以在"图像"选项卡中设置使用方法。在"颜色"选项卡中可设置的参数如图 6-4 所示。

图 6-3　"置入"对话框

图 6-4　图像导入选项对话框

（4）单击"确定"按钮，光标变为笔状，如图 6-5 所示，且右下角带有要置入图像的预览图，单击或拖动鼠标即可将文件排入到页面中，如图 6-6 所示。

拖动鼠标形成矩形区域

将图像置入到页面中

图 6-5　置入图像时的鼠标指针

图 6-6　将图像置入到页面中

这两种方法的区别如下：单击可按原图大小排入图像；拖动鼠标，可将图像排入鼠标拖动所形成的矩形区域中。

2．将图像置入图形

在 InDesign 中可以直接将图像排入到图形中，具体操作方法如下。

（1）选中要置入图像的图形，然后选择"文件"|"置入"命令，或按 Ctrl+D 组合键，弹出"置入"对话框，如图 6-7 所示。

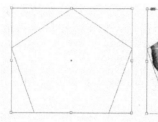
绘制并选中形状或路径

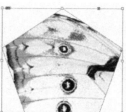
置入图像

图 6-7　将图像排入图框

145

（2）选择需要导入的文件，根据需要设置是否选中"显示导入选项"复选框。

（3）单击"打开"按钮。

这时图像会排入到图框中，如图 6-7 所示，但大小和位置不合适，在下面的内容中将介绍如何进行调整。

6.1.2 图像的基本编辑

一般来说，排入到版面中的图像基本不符合版面设计的要求，需要根据版面设计对图像的大小、使用部分、效果进行相应的调整。

1. 调整图像与框架的大小

在 InDesign 中，任何图像置入到版面中后均在一个框架中，可以将图像和框架作为一个整体一起调整，也可以单独调整框架内图像的大小。

（1）调整框架的大小：选中图像后，使用鼠标拖动控制柄或在"控制"面板中直接调整宽度和高度的值，这样都是调整框架的大小，并不是调整框架中图像的大小，如图 6-8 所示。从图中可以看到图像有被裁切的效果。

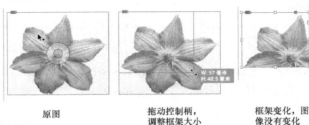

图 6-8 调整框架的大小位置

（2）只调整图像：双击图像后或使用"直接选择工具"单击置入的图像，可以选中图像而不选中框架，拖动图像或其控制点，可改变图像在框架中的大小和位置，如图 6-9 所示。

图 6-9 调整图像的大小位置

（3）图像与框架的适合：图像与框架的适合是指框架正好包围图像，图 6-9 中的原图就是图像与框架适合，但移动了图像以后就变得不适合了。如果需要图像与框架适合，则可选择"对象"｜"适合"子菜单中的命令，如图 6-10 所示；如果需要更多精细参数设置，则可选择"对象"｜"适合"｜"框架适合选项"命令，弹出"框架适合选项"对话框，如图 6-12 所示，进行设置后单击"确定"按钮即可完成操作。

"使内容适合框架"和"使框架适合内容"两个命令的作用如图 6-12 所示，更多效果请自己尝试。

（4）使用鼠标同时调整图像和框架的大小：使用"选择工具"选中图像，将光标定位到控制点，按住 Ctrl 键拖动即可调整图像的大小，在拖动的同时按住 Shift 键可等比例调整图像大小，如图 6-13 所示。

图 6-10　用于图像与框架适合的命令

图 6-11　"框架适合选项"对话框

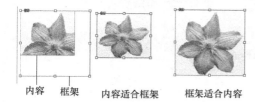

图 6-12　内容和框架之间的适合

图 6-13　调整图像的大小和位置

2．调整图像的转角

（1）使用"角选项"命令：选中对象，选择"对象"｜"角选项"命令，弹出"角选项"对话框，在该对话框中设置相关参数，使用方法与前面对图形的操作相同。

（2）使用鼠标调整转角：选中页面中的图像以后，在右侧边框线上有一个黄色的方框，单击会变为黄色菱形块，表示角成为活动转角，这时可以调整转角，如图 6-14 所示。

图 6-14　调整框架的转角

3．使用"剪刀工具"分割图像

使用"剪刀工具"可以分割图像，与使用"剪刀工具"分割路径的操作方法基本相同。

选中工具箱中的"剪刀工具"工具以后，分割图像的方法如图 6-15 所示。

图 6-15　使用"剪刀工具"分割图像

4．设置图像显示性能

用于印刷的图像精度一般要求为 150～300ppi，在排版时会占用许多系统资源，从而延长处理

147

文档所用时间，因此 InDesign 提供选择了图像显示精度分级的功能，以便在图像的显示效果和显示速度之间取舍。精度越高，显示越清晰，但显示速度较慢，设置图像显示精度的方法如下。

（1）选中一幅或多幅图像。

（2）选择"视图"｜"显示性能"命令，在其子菜单中可以选择快速显示、典型显示和高品质显示。不同显示的效果如图 6-16 所示。

快速显示

典型显示

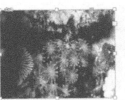
高品质显示

图 6-16　不同显示性能

6.1.3　图像的裁切

将已经置入到页面中的图像进行裁切，即可改变图像的外形，也可以使用这种方法将一部分不需要的背景去掉，而不需要在图像处理软件中去背，是一种很好的图像去背的方法。

1．编辑框架改变图像外轮廓

图像包含图像本身和存储图像的框架，而框架是一个裁切图像的工具，置入到框架中的图像将只显示框架内部的图像。使用这种方法改变图像外形的步骤如下。

（1）选择要进行裁切的图像。

（2）使用编辑路径的方法改变图像的框架，如图 6-17 所示，即先添加锚点，再移动锚点。

原图

添加锚点

调整锚点位置

图 6-17　改变图像的形状

提示

上面这种图像处理的方法是现在很多报纸用于处理图像的方法。

绘制路径

复制版面中的图像

选择"贴入内部"命令

图 6-18　将图像贴入内部

2．使用路径改变图像轮廓

使用绘制好的路径改变图像轮廓的方法如下。

（1）绘制需要的路径。

（2）将图像置入到页面中，将图像复制（或剪切）到剪贴板中。

（3）选中路径，选择"编辑"｜"贴入内部"命令，如图 6-18 所示。

提示

在绘制出路径并选中图像和路径后，如果选择"对象"｜"路径运算"｜"差集"命令，则可以将闭合路径的中间部分去除，形成镂空效果。

即时体验

用绘制路径的方法去掉图 6-19（a）中图像的背景，只保留一头牛的图像，如图 6-19（b）所示。

（a）原图　　　　　　　　　　　　（b）终图

图 6-19　用路径去背景

（1）置入图片。

（2）使用"钢笔工具"在图中要保留的牛的图像上绘制路径。

（3）选中置入的图片，按 Ctrl+X 组合键将其剪切下来。

（4）选中刚绘制好的路径，选择"编辑"｜"贴入内部"命令。

3. 剪切路径

对于背景比较单一的图像，可以使用检测路径的方法自动去掉背景，大大提高工作效率。其方法如下。

（1）选中需要去除背景的图像。

（2）选择"对象"｜"剪切路径"｜"选项"命令，弹出"剪切路径"对话框，如图 6-20 所示，调整参数，在预览满意后单击"确定"按钮，即可去掉单一的背景，如图 6-21 所示。

6.1.4　文本绕排

文本绕排是指在文字流中嵌入其他对象，包括图形、图像、文本框架等多种对象。

1. 设置文本绕排的方法

在 InDesign 中，图形图像与文字之间可以有多种不同的关系，这种关系由"文本绕排"面板进行控制，在"控制"面板中也有最常用的文本绕排命令。设置对象文本绕排的方法如下。

（1）选择要做文本绕排的对象。

（2）选择"窗口"｜"文本绕排"命令，打开"文本绕排"面板，如图 6-22 所示。

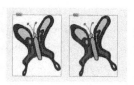

图 6-20　"剪切路径"对话框　　　　图 6-21　剪切路径后的图像　　　图 6-22　"文本绕排"面板

（3）在该面板中设置文本绕排的参数。

2．几种文本绕排的效果

在"文本绕排"面板中集中了 5 种绕排方式以及相应的绕排参数。

（1）5 种不同的绕排方式：在"文本绕排"面板中提供了 5 种绕排方式，不同绕排方式的效果如图 6-23 所示。

图文无关　　　　　沿定界框绕排　　　　　沿对象形状绕排　　　　　上下型绕排　　　　　下型绕排

图 6-23　几种不同绕排方式的效果

（2）位移设置：在"文本绕排"面板中有 4 个数值框，分别控制绕排对象与文字之间的距离，它们分别是"上位移"、"下位移"、"左位移"和"右位移"。

（3）绕排选项：设置绕排对象与文字之间排列的方式。

6.1.5　实用技能——画册的特点

在大多数画册中，文字部分整体被弱化，图片有时会充斥整个页面或大部分面积，画册是以图形为视觉主题的版式设计。对于大多数画册来说，版面设计可以完全不受版心限制，带来视觉的延伸感。

画册中的图文可分为集中、穿插和混合 3 种形式。集中是将图片集中一起编排在版面中，优点是集中反映，形象鲜明；穿插是把图片与文字进行混排，图文融合，可边读边看，意义表达直观，阅读理解效果理想；混合集中了上面两者的优点，生动，多用于内容丰富、图片较多的刊物，多见于产品宣传册。

制作过程

1．制作左侧页面

（1）选择"文件"｜"新建"｜"文档"命令，弹出"新建文档"对话框，设置"页数"为 2，"起始页码"为 2，使用"对页"，"宽度"为 210 毫米，"高度"为 260 毫米。单击"边距和分栏"按钮，弹出"新建边距和分栏"对话框，设置边距均为 0 毫米，单击"确定"按钮，完成新文件的创建，以"画册.indd"为名将其保存起来。

（2）按 Ctrl+D 组合键，弹出"置入"对话框，选择本书配套素材中的文件"底纹.jpg"，单击"打开"按钮，拖动鼠标将文件置入，调整它的大小，使其正好覆盖整个页面，包括出血。

（3）创建一个宽度为 210 毫米、高度为 37 毫米的矩形，为其填充任意颜色。

（4）创建文本框架，输入文字"戚风蛋糕"，设置文字为方正汉真广标简体、72 点。

（5）选中文本框架，选择"文字"｜"创建轮廓"命令，将文字转为复合路径。

（6）调整文本框架和矩形的位置，如图 6-24 所示。

（7）选中文字和矩形，选择"对象"｜"路径查找器"｜"排除重叠"命令，得到标题，为其填色，填色为 C0M38Y79K20，效果如图 6-25 所示。

图 6-24　调整文本框架和矩形的位置　　　　图 6-25　制作完成的标题

（8）置入"戚风蛋糕.txt"文件，将光标定位在文本框架中，按 Ctrl+A 组合键选择框架中的所有文字，设置文字为方正幼线简体、14 点，行距 20 点，段后间距 1 毫米，文字填色 80%黑，调整框架的大小和位置，完成后如图 6-26 所示。

（9）用前面的方法置入"花.jpg"，调整大小，使用"钢笔工具"在一朵花上绘制路径，如图 6-27 所示。

（10）选中刚置入的花图片，按 Ctrl+X 组合键，选中步骤（9）中绘制的路径并右击，在弹出的快捷菜单中选择"贴入内部"命令。

图 6-26　制作完成的标题和文字　　　　　　图 6-27　在花上绘制路径

（11）将小花图案移到文字的左下角，选择"窗口"｜"文本绕排"命令，打开"文本绕排"面板，如图 6-28 所示，按图进行设置，完成后的效果如图 6-29 所示。

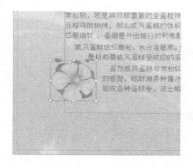

图 6-28　设置文本绕排　　　　　　　　　　图 6-29　文本绕排后的效果

2．制作右侧页面

（1）选择"文件"｜"置入"命令，弹出"置入"对话框，选择本书配套素材中的"戚风蛋糕.jpg"文件，单击"打开"按钮，在页面上单击。

（2）在"控制"面板中将图像的宽度设为 92 毫米，高度设为 64 毫米。

（3）选中上一步中置入的图片，选择"对象"｜"角选项"命令，弹出"角选项"对话框，如图 6-30 所示，按图设置，单击"确定"按钮。

（4）将"抹茶戚风蛋糕.jpg"置入到页面中，使用"控制"面板调整它的宽度为 82 毫米，高度为 55 毫米。

（5）使用"直接选择工具" ▷ 调整图片的外形，如图 6-31 所示。

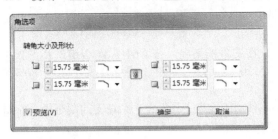

图 6-30 "角选项"对话框

图 6-31 调整图片外形

（6）置入"草莓奶油戚风蛋糕.jpg"文件，调整它的宽度为 90 毫米，高度为 50 毫米。

（7）利用右侧边框线上的黄色控制柄调整图像的转角，第一次拖动控制柄得到的是一个圆形转角，等转角大小合适时，按住 Alt 键单击黄色控制柄，可以改变转角的形状。

图 6-32 绘制多边形

（8）使用工具箱中的"多边形工具"，在页面中单击，弹出"多边形"对话框，如图 6-32 所示，按图中所示进行设置，单击"确定"按钮。

（9）置入"小戚风蛋糕.jpg"文件，调整好位置，剪切图像，选择"贴入内部"命令。

（10）绘制一个宽度为 210 毫米、高度为 27 毫米的矩形，填色为 C0M38Y79K20，调整好其位置。

（11）创建文本框架，输入文字"我们的产品"，设置文字为方正大黑简体、48 点，纸色。

至此，制作完成所有对象，调整好位置后输出，效果如图 6-1 所示。

思考练习

1．问答题

（1）如何将图像置入到页面中？

（2）在页面中如何直接将图像的转角调整为圆角？

（3）将图像的显示性能设置为快速显示、典型显示和高品质显示时有何不同？

（4）如何设置文本绕排？

2．操作题

（1）自己搜集素材，制作一个画册。

（2）以图 6-33 为参考，设计并制作一页宣传画册。

图 6-33　宣传画册

6.2　制作"新春年会"入场券——图层、效果与图像管理

现代企业都会在一年结束时召开年会，对一年来为企业辛勤工作的员工进行表彰，年会也是宣传企业文化的一个良好舞台，当企业人少时，入场券感觉用途不大，但对于大企业来说，发放入场券非常必要，本案例将制作本企业年会的入场券。考虑到新年的喜庆环境及中国人的欣赏习惯，在制作年会入场券时选择了红色作为主色调，在制作过程中使用了比较多的图片，完成后的效果如图 6-34 所示。

图 6-34　新春年会入场券效果图

本案例的制作要点如图 6-35 所示。

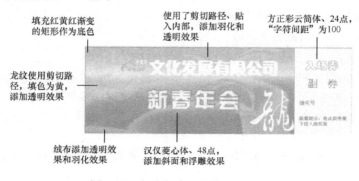

图 6-35　新春年会入场券制作要点

153

学习目标

➤ 新建层、删除层、合并层及有关层的其他操作；
➤ 使用"链接"面板进行图像管理；
➤ 使用常用的图层效果。

友情链接：本案例的制作步骤见"制作过程"。

知识准备

6.2.1 图层操作

InDesign 提供了图层的功能，可以将图层理解成一张张透明的薄片，这些薄片以一定的次序叠放在一起，不同的对象可以放在不同的图层上，对一个图层进行操作时不会影响其他图层。

适当地使用图层，可以给工作带来很大的方便。在使用 InDesign 排版时，可以把排好的、位置固定不变的对象放在一个图层中，然后把其设为不可被编辑。在图文混排时，可以把文字、图片、背景各自单独放在一个图层上，修改时可以针对某一图层进行。

1．新建图层

InDesign 中新建图层的方法如下。

（1）选择"窗口" | "图层"命令，打开"图层"面板，如图 6-36 所示。

（2）在"图层"面板菜单中选择"新建图层"命令，弹出"新建图层"对话框，如图 6-37 所示，选择各项参数后单击"确定"按钮即可创建一个新图层。

如果在面板中单击"创建新建图层"按钮 ，则直接以默认参数建立一个新图层。

增加图层时，它们依次叠放在当前图层的上面，且图层被自动命名，序号递增。

图 6-36 "图层"面板和部分面板菜单

图 6-37 "新建图层"对话框

2．选中图层和改变图层的叠放顺序

如果要对图层进行操作，则需要进行选中操作，具体方法如下。

（1）选中图层：单击"图层"面板中的图层名称即可选中图层，如果按住 Shift 键的同时单击，则可选中多个相邻图层，按住 Ctrl 键的同时单击，则可选中多个不相邻图层。

（2）改变图层叠放顺序：选中图层，按住鼠标左键不放，上下拖动到合适的位置，释放鼠标左键即可。

需要注意的是，如果图层的叠放顺序发生了变化，则页面中对象的叠放顺序也会发生一些变化，如图 6-38 所示。

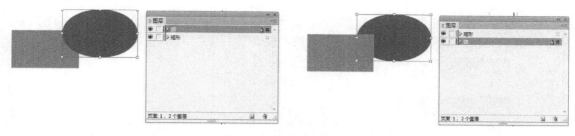

图 6-38　叠放顺序的变化

3．复制、删除与合并图层

（1）复制图层：在"图层"面板中选中要复制的图层，在"图层"面板菜单中选择"复制图层"命令，即可复制一个图层。

复制的图层将以原图层名称加复制命名，如将"图层 2"复制后的图层名称为"图层 2 复制"。复制的图层具有原图层的属性。

（2）删除图层：在"图层"面板中选中要删除的层，单击面板中的"删除图层"按钮，或选择"图层"面板菜单中的"删除图层"命令，即可删除选中的层。当文档中只有一个图层时，该图层不可删除。

（3）合并图层：选中多个图层，选择"图层"面板菜单中的"合并图层"命令，即可将所有选中的图层合并到最上层的图层中。

4．图层选项的设置

通过"图层选项"对话框可以对层中对象进行统一管理。设置层中对象是否输出、是否显示、是否锁定等。

（1）在"图层"面板中选中需要管理的层。

（2）在"图层"面板菜单中选择"图层选项"命令，弹出"图层选项"对话框，如图 6-39 所示。

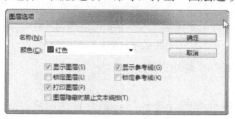

图 6-39　"图层选项"对话框

（3）按需要设置选项的参数，单击"确定"按钮，即可完成图层属性的更改。

6.2.2　效果

在 InDesign 中可以对选中的对象添加投影、内阴影、透明等 10 种效果，本节将介绍其中的几种效果。为对象添加效果的方法有以下几种。

1．添加效果的方法

选中对象后为对象添加效果的方法有以下几种。

（1）使用菜单命令：选择"对象"｜"效果"命令，在其子菜单中选择需要添加的效果，弹出"效果"对话框并显示相应的选项卡。

（2）使用"效果"面板：选择"窗口"｜"效果"命令，打开"效果"面板，如图 6-40 所示。选择该面板菜单中"效果"子菜单中的命令；或者单击面板中的"向选定的目标添加对象效果"按钮 *fx*，在弹出的下拉列表中选择相应的效果，则会弹出"效果"对话框并显示相应的选项卡。

（3）使用"控制"面板：选中对象以后，在"控制"面板中涉及效果的按钮如图 6-41 所示，从图中可以看到这组命令按钮中多了一个独立的"投影"。

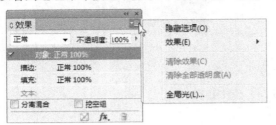

图 6-40 "效果"面板和面板菜单　　　　图 6-41 "控制"面板中涉及效果的按钮

2．移去效果的方法

选中已经添加了效果的对象后，用下面的方法可以移去效果。

（1）用上面介绍的任意一种添加效果的方法，弹出"效果"对话框，如图 6-42 所示，取消相应效果的选中状态，单击"确定"按钮，即可移去添加的效果。

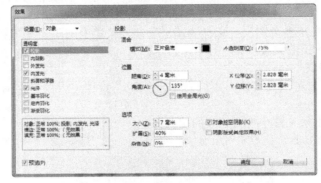

图 6-42 "效果"对话框

（2）在"效果"面板中单击"删除"按钮。

3．透明度

InDesign 可以对文字、图元和图像等各种对象设置透明度，设置了透明效果的对象可以透过该对象显示下层图案。

选中需要设置透明效果的对象，在"效果"面板中单击"效果"按钮 *fx*，从下拉列表中选择"透明度"选项，弹出"效果"对话框，选择"透明度"选项卡，如图 6-43 所示，该对话框中的几个主要参数的功能如下。

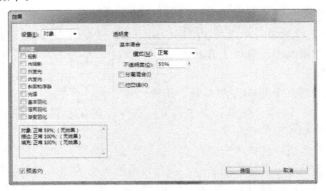

图 6-43 "透明度"选项卡

（1）不透明度：反映对象透明情况，数值越大，透明效果越差，值为 100%时表示完全不透明。

（2）模式：上层对象与下层对象混合的方式，其中"正常"和"正片叠底"的效果如图 6-44 所示。

（a）正常　　　　　　　　　　　　　　（b）正片叠底

图 6-44　不同模式的效果

除了用上面的方法设置不透明度以外，还可以在"效果"面板和"控制"面板的"不透明度"数值框中输入数值，直接修改不透明度。

4．投影

InDesign 可以为文字、图形、图像和表格等各种对象添加投影效果，使对象具有立体效果。设置对象投影效果的方法如下。

选中需要设置投影的对象，在"效果"面板中单击"效果"按钮 fx，从其下拉列表中选择"投影"选项，弹出"效果"对话框，选择"投影"选项卡，如图 6-45 所示。该对话框中几个主要参数的功能如下。

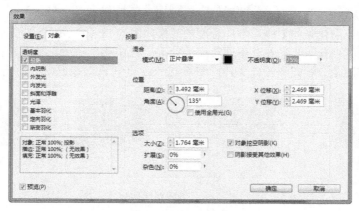

图 6-45　"投影"选项卡

（1）位置：使用两组参数控制，作用相同，分别是角度和距离、X 位移和 Y 位移（实际上是同一参数基于极坐标系和直角坐标系的两个数值），调整这两组参数中的任意一组，另一组也会随之变化。不同位置的效果如图 6-46（a）和（b）所示。

（2）大小：投影的模糊程度，不同大小的投影效果如图 6-46（a）和（c）所示。

（3）扩展：设置在原有基础上向外扩展的数值，不同扩展的效果如图 6-46（a）和（d）所示。

（a）　　　　　　　　（b）　　　　　　　　（c）　　　　　　　　（d）

图 6-46　不同投影效果

如果需要取消投影效果，则可以在"效果"对话框中取消选中"投影"复选框。

5. 羽化

羽化效果可以沿选中对象的边缘向外形成从实到虚的效果，合理使用羽化可以形成不同的效果，也可以将对象与背景进行合理融合。InDesign 可以对文字、图形和图像等各种对象添加羽化效果，也可以通过"基本羽化"、"定向羽化"和"渐变羽化" 3 种不同的效果来丰富羽化效果。

选中需要设置羽化的对象，在"效果"面板中单击"效果"按钮 fx ，从下拉列表中选择"基本羽化"选项，弹出"效果"对话框，选择"基本羽化"选项卡，如图 6-47 所示。该对话框中几个主要参数的功能如下。

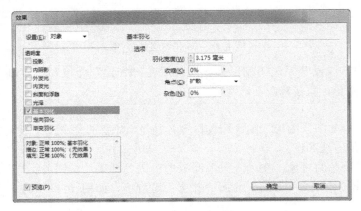

图 6-47 "基本羽化"选项卡

（1）羽化宽度：羽化量的多少，不同宽度的效果如图 6-48（a）和（b）所示。

（2）收缩：设置羽化后收缩量，不同收缩的效果如图 6-48（a）和（c）所示。

（3）角点：有圆角、扩散和锐化 3 种，图 6-48（a）为扩散效果，（d）为圆角效果。

　　（a）　　　　　　　　（b）　　　　　　　　（c）　　　　　　　　（d）

图 6-48 不同羽化效果

InDesign 中的效果还有多种，这里不再一一介绍。

6.2.3 图像的链接

InDesign 中，图像置入到页面中以后，在文件中会保存文件的所有信息，但也会保留与原有文件的链接关系，当原有文件发生变化时（例如，在图像软件或其他软件中对图像进行了编辑）会自动检测到，并发出提示信息，由使用者确定是否将这种更改应用到当前页面的图像上。

1. "链接"面板

图像的链接在"链接"面板中进行全面管理，可以使用以下方法打开"链接"面板。

（1）选择"窗口"｜"链接"命令。

（2）按 Alt 键并单击图像上的"链接"按钮，如图 6-49 所示。

打开的"链接"面板如图 6-50 所示，该面板的上半部分是当前文档中所有存在的链接，下半部分为链接图像的全部信息。

2. 更改"链接"信息

涉及"链接"的操作有更新链接、重新链接、缺失链接等，更改信息的方法如下。

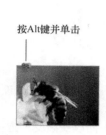

按Alt键并单击

图 6-49　"链接"按钮

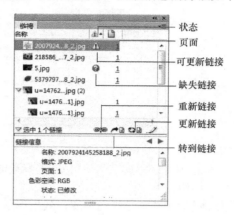

状态
页面
可更新链接
缺失链接
重新链接
更新链接
转到链接

图 6-50　"链接"面板

（1）更新链接：如果置入页面的图像文件被进行了任何修改，则图像上的"链接"按钮会变为⚠状，单击该按钮或在"链接"面板中双击⚠状的按钮即可更新对象。

（2）缺失链接：如果置入到页面中的图像原文件从保存位置消失，则图像上的链接按钮会变为❓状，单击该按钮或在"链接"面板中双击❓状的按钮可弹出"定位"对话框，重新设置链接。

（3）转到链接：在"链接"面板中选中要编辑的链接，单击"转到链接"按钮可定位该图像，再继续操作。

（4）重新链接：在"链接"面板中，单击"重新链接"按钮重新链接所有缺失的链接。

6.2.4　实用技能——门票的打码

门票印刷是日常生活及商业领域的重要组成部分，其应用部门多为公园、演唱会、剧院、歌舞厅等重要行业。由于门票大多具有一定的价值，因此对印刷质量的要求也较高，同时需要采取一定的防伪手段。各种门票的形式虽然千差万别，但都少不了各种号码，号码可以标识门票的唯一性，也具有一定的防伪作用。

号码是门票上一种简单的可变信息，随着经济的发展和商业的繁荣，各行业对门票的要求也越来越高，印制工艺也越来越复杂，采用了胶印、凸印、柔性版印刷、网印等各种印刷方式，可变信息（如条码、二维码、个性化信息、中奖信息等）也越来越普遍。而传统的门票印刷方式已经不能满足门票上可变信息的印刷，必须依靠喷码装置来解决。

制作过程

1. 制作底图

（1）选择"文件"｜"新建"｜"文档"命令，弹出"新建文档"对话框，设置"页数"为1，"宽度"为 210 毫米，"高度"为 70 毫米，单击"边距和分栏"按钮，弹出"新建边距和分栏"对话框，设置页面边距均为 0。

（2）单击"确定"按钮完成新文档的创建，以"年会入场券.indd"为名将其保存起来。

下面制作由矩形构成的背景。

（3）按 F5 键，打开"色板"面板，选择面板菜单中的"新建渐变色板"命令，弹出"新建渐变色板"对话框，如图 6-51 所示。其中，左右两侧的两个站点颜色相同，按图进行设置；中间站点的颜色为 C0M0Y63K0，设置完成后单击"确定"按钮。

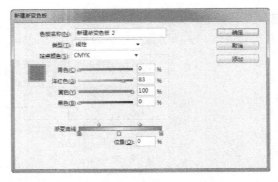

图 6-51 "新建渐变色板"对话框

（4）使用工具箱中的"矩形工具"，拖动鼠标绘制一个与出血一样大的矩形，设置它的填色为刚创建的渐变色，描边为无。

这时绘制出来的矩形横向填充为渐变，效果如图 6-52 所示，下面改变渐变的方向。

（5）使用工具箱中的"渐变工具" ，在矩形的中间部分由上向下拖动，如图 6-52 所示，完成后释放鼠标左键。这时调整了渐变填充的方向。

（6）按 F7 键，打开"图层"面板，将已经存在的图层命名为"矩形"。

下面制作由绒布构成的底图。

（7）在"图层"面板中建立一个新层，名称为"底图"，保证此层为选中状态，将本书配套素材提供的"绒布.jpg"文件排入到当前页面中，调整其大小，将其放到页面的下半部分，如图 6-53 所示。

图 6-52 改变渐变色的填充

图 6-53 调整绒布图案的大小和位置

（8）选中上一步放置到版面中的"绒布"图片，选择"对象"｜"效果"｜"透明度"命令，弹出"效果"对话框，选择"透明度"选项卡，在该对话框中的"不透明度"数值框中设置值其为 65%，在"模式"下拉列表中选择"正片叠底"选项，如图 6-54 所示。

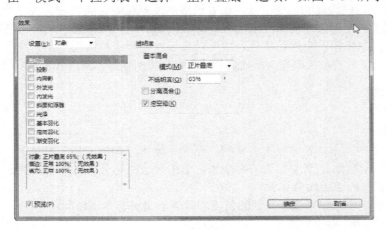

图 6-54 设置透明度

（9）在保证绒布图像选中的状态下，选择"对象"｜"效果"｜"基本羽化"命令，弹出"效果"对话框，选择"基本羽化"选项卡，如图 6-55 所示，按图进行设置，单击"确定"按钮。

下面制作龙纹图案。

（10）排入本书配套素材提供的"龙纹灰度.jpg"文件，调整好其大小，使用"直接选择工具" 选中图像，在"色板"面板中设置其填色为 C0M7Y78K0。

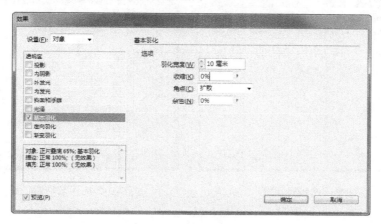

图 6-55　设置羽化效果

提示

这张图片是灰度图，才可以使用这种方法填色。

（11）选择"对象"｜"剪切路径"｜"选项"命令，弹出"剪切路径"对话框，如图 6-56 所示，按图进行设置后，单击"确定"按钮，这时的龙纹为镂空状态，如图 6-57 所示。

（12）在保证龙纹图像选中的状态下，选择"对象"｜"效果"｜"基本羽化"命令，弹出"效果"对话框，选择"基本羽化"选项卡，设置"羽化宽度"为 1 毫米，"角点"为圆角，"收缩"为 45%，单击"确定"按钮。

（13）在保证龙纹图像选中的状态下，选择"对象"｜"效果"｜"透明度"命令，弹出"效果"对话框，选择"透明度"选项卡，设置"不透明度"为 70%，"模式"为柔光。

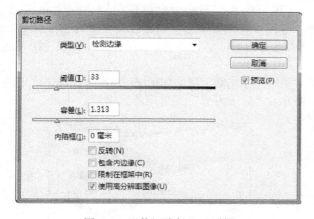

图 6-56　"剪切路径"对话框

图 6-57　镂空的龙纹

下面制作"龙"文字。

（14）从垂直标尺处拖动出一条参考线，位置为 165 毫米，按 Ctrl+D 组合键，弹出"置入"对话框，选择本书配套素材提供的"龙文字灰度图.jpg"文件，选中"显示导入选项"复选框，单击"打开"按钮，弹出图像导入选项对话框，如图 6-58 所示，在"图像"选项卡中选中"应用 Photoshop 剪切路径"复选框，这时的对话框如图 6-59 所示。

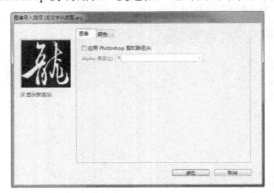
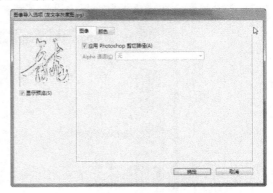

图 6-58 图像导入选项对话框   图 6-59 应用剪切路径后的对话框

提示

这张图片在 Photoshop 中建立了路径，并将路径进行了存储，所以会弹出如图 6-58 所示的对话框。

（15）单击"确定"按钮，出现导入图像的鼠标指针，在页面中拖动，将图像置入到页面中。

图 6-60 添加了"龙纹"图案的部分页面效果

调整好大小，将其移到页面 165 毫米垂直提示线的左侧页面下端，如图 6-60 所示。在"效果"面板中单击"效果"按钮 *fx*，在弹出的下拉列表中选择"基本羽化"选项，弹出"效果"对话框，并显示"基本羽化"选项卡，设置"羽化宽度"为 1 毫米，"角效果"为圆角。这时的页面效果如图 6-60 所示。

下面制作红绸。

（16）排入本书配套素材提供的"红绸.jpg"文件，选择"对象"｜"剪切路径"｜"选项"命令，弹出"剪切路径"对话框，如图 6-61 所示，按图进行设置，单击"确定"按钮，即可发现红绸已经被去背景了。将红绸图像复制一份。

（17）使用"钢笔工具"在第 3 个红绸图案周围绘制粗略范围，如图 6-62 所示，选中红绸图像，将其剪切，选中刚绘制的路径，选择"编辑"｜"贴入内部"命令。

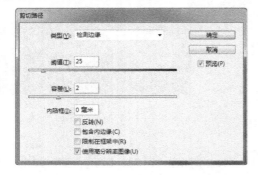

图 6-61 设置"红绸"图像的剪切路径   图 6-62 在第 3 个红绸图案上绘制路径

（18）使用工具箱中的工具对红绸图案进行大小调整并进行旋转，调整好位置。使用前面介绍的方法，给红绸添加基本羽化，羽化的宽度为 1 毫米，角效果为圆角；再添加 80%不透明度，完成后的效果如图 6-63 所示。

（19）用步骤（16）的方法，在复制的"红绸"图像上第 2 个图案周围绘制粗略范围，选中图像并剪切，选中刚绘制好的路径并右击，在弹出的快捷菜单中选择"贴入内部"命令。

（20）给刚制作的红绸添加基本羽化，羽化的宽度为 1 毫米，角效果为圆角；再添加 80%不透明度，完成后的效果如图 6-63 所示。

（21）在"图层"面板中将已经创建的两个图层锁定，再建立一个新图层，名称叫"文字"，如图 6-64 所示。

2．制作文字及副券

（1）确保当前图层是"文字"图层，打开第 4 章中制作的"报纸"文件，选中其中的报名并将其中的文字复制，再关闭文件。在本文件的空白处右击（保证不选中任何对象），再进行粘贴操作，将文本框架粘贴到页面中。

（2）选中文字"Corncob"，为文字设置填色为红，描边粗细为 0.25 点，描边颜色为C0M5Y100K0。

图 6-63　调整好两条红绸的位置　　　　图 6-64　已经建好的图层

（3）创建一个文本框架，输入文字"文化发展有限公司"，设置文字为方正粗简体、36 点，在"色板"面板中为其设置填色为 C0M5Y100K0，描边为纸色，在"描边"面板中设置描边粗细为 1 点。

（4）创建一个文本框架，输入文字"新春年会"，设置文字为汉仪菱心简体、48 点，在"色板"面板中为其设置填色为 C0M9Y80K0，描边颜色为 C53M100Y100K0，在"描边"面板中设置描边粗细为 2 点。

（5）选中内容为"新春年会"的文本框架，选择"对象"｜"效果"｜"斜面和浮雕"命令，弹出"效果"对话框，选择"斜面和浮雕"选项卡，如图 6-65 所示，按图进行设置，单击"确定"按钮。

（6）绘制一个矩形并设置它的宽度为 45 毫米、高度为 76 毫米，设置填色为 C0M0Y100K0，调整好位置，如图 6-66 所示。

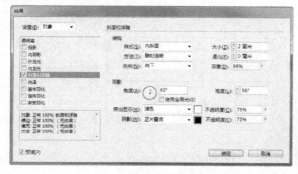

图 6-65　"斜面和浮雕"选项卡　　　　图 6-66　文字"新春年会"的效果

（7）创建文本框架，输入文字"入场券"，设置文字为方正彩云简体、24 点，字符间距为100。

（8）输入文字"副券"，设置文字为方正稚艺简体、14 点，在"色板"面板中选中"勾边"复选框，设置一重勾边的"边框粗细"为0.3毫米，颜色为白色。

（9）创建文本框架，输入文字"抽奖号"，设置文字为方正书宋、14 点。

（10）创建文本框架，输入文字"温馨提示：将此副券撕下投入抽奖箱"，设置文字为方正书宋、9点。

 思考练习

1．问答题

（1）如何新建图层？

（2）如何更改图层顺序？

（3）如何为选中对象添加效果？

（4）如何将已经添加的效果删除？

（5）如何更新链接？

2．操作题

（1）自己搜集素材，制作一个公园入场券。

（2）以图 6-67 为参考，设计并制作一页宣传页。

图 6-67　宣传页

本章回顾

在 InDesign 中可以置入多种格式的图像，图像置入到页面中后具有图像和与它相连的框架，调整图像时要注意是调整图像还是调整框架。使用"直接选择工具" 可以移动图像并调整图像的大小，而"选择工具" 直接影响着框架。置入到页面中的图像与原图像之间建立好链接，当原图像被修改时，可以通过链接直接修改。

InDesign 可以为图形、图像或者文本框架等对象建立文本绕排，多种绕排方式满足不同的排版需求。当页面中内容比较复杂时，可以使用图层将它们分开，以免互相影响，"图层"面板管理所有的图层操作。InDesign 还可以为对象添加多种效果，使制作复杂效果时也不需要在图像处理软件中进行。

企业用表——表格操作

本章导读

在平时的工作、学习和生活中，有许多信息用语言表达时很麻烦，但用表格却能清晰简明地表达，所以经常使用各种各样的表格。表格还可以将数据信息进行分类管理，给人一种直观、明了的感觉，是组织文字和数据的常用方法。表格的另一个使用方向是进行版面布局，通过表格可以很方便地设置复杂的版面。

InDesign 中的表格不是电子表格，是用于表现内容的，为排版服务，所以它并不长于计算，InDesign 中表格的操作从整体上看可以分为 3 个方面：表格结构、表格内容及表格修饰。本章将从这 3 个方面来讨论表格的制作。

7.1 制作"汽车报价表"——创建并使用表格

案例展示

本案例是为企业制作销售汽车宣传页中的一部分，主要用于介绍车型的价格，如图 7-1 所示。与一般报价表不同的是，在这个表中有汽车的图片，可以给消费者直观的印象。图 7-1 中的表制作完成后并没有进行各种格式的设置，所以看起来还有不完善的地方，我们将对表格的完善留在后面的章节进行。

	车系	指导价	商家报价	优惠
	科鲁兹	9.99-16.99 万	7.49-17.49 万	最高优惠 2.1 万
	标致 2008	9.97-13.6 万	7.48-13.67 万	最高优惠 1 万
	哈弗	9.88-11.28 万	7.48-11.28 万	最高优惠 1.5 万
	轩逸经典	9.98-16.78 万	7.49-16.78 万	最高优惠 1 万
	现代 IX25	11.98-17.98 万	8.99-18.68 万	最高优惠 1 万
	缤智	13.88-18.98 万	10.41-18.98 万	最高优惠 2.1 万
	名图	12.98-18.98 万	9.74-18.98 万	最高优惠 2.1 万

图 7-1 "汽车报价表"效果图

看图解题

完成本案例的制作要点如图 7-2 所示。

图像置入到版面中，调整到高度10.5毫米，宽度14.5毫米，然后剪切，再粘贴

A4，出血3毫米，边距均为20毫米

与版心同宽的文本框架中创建8行5列的表格

直接输入数据

图 7-2　汽车报价表制作要点

重点掌握

➢ 创建表的方法；
➢ 向表格中输入文本的方法；
➢ 在表格中添加图形图像的方法。

友情链接：本案例的制作步骤见"制作过程"。

知识准备

本案例制作中使用表格来安排众多整齐的文本。表是由成行和成列的单元格组成的。可以向单元格中添加文本、图片或其他表。

7.1.1　创建表格

InDesign 中有多种创建表格的方法：直接创建表；使用 Tab 定位字符，转换为表格；置入 Word 或 Excel 文件中的表格；置入 Word 中带 Tab 字符的文件，转换为表格；插入表格等。

1．直接创建表

（1）在新文本框架中创建表格：在 InDesign 中表格不能直接创建在页面上，但可以添加到文本框架中，所以在创建表格之前要先创建文本框架，或将表格添加到已经存在的文本框架中。创建表格的步骤如图 7-3 所示。

①使用"文字工具"　②创建文本框架后定位光标，选择"表"|"创建表"命令　③设置参数后单击"确定"按钮　新表，填满文本框架的宽度。行的默认高度等同于插入点处全角字符的高度

图 7-3　直接创建表

创建完成的表格如图 7-3 所示。从图中可以看出表格由行和列组成，行列交叉处为单元格，创建一个表时，新表会填满作为容器的文本框的宽度。行的默认高度等同于插入点处全角字符的高度。

（2）在已经存在的文本框架中创建表格：当在已经输入了文字的文本框架中插入表时，首先定位插入点，再选择“表”｜“插入表”命令创建表。

在已经存在的文本框架中插入表格时要注意插入点位置，因为表格总是填满作为容器的文本框的宽度，所以将插入点定位在原文字的任意位置都会对文字产生影响，而另起一段则不会对原文字排版产生影响，如图 7-4 所示。

原文本
插入点在行首
插入点在任意位置
插入点在行尾
插入点另段

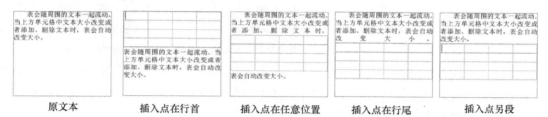

图 7-4　不同位置插入点创建的表格

表会随周围的文本一起流动。当上方单元格中文本大小改变或者添加、删除文本时，表会自动改变大小。当表的大小比文本框架小时，可以在文本框架中看到整个表；当表的大小比文本框架大时，如果表处在一个独立文本框架中，则会显示溢流标志；如果表处在串接的文本框中，则表会在文本框架之间移动。

（3）在单元格中创建表：InDesign 允许在单元格中创建表，方法是将光标定位在需要创建表的单元格中，然后用前面的方法创建表格。

（4）创建直排文字的表格：表格的横排还是直排由文本框架决定，所以如果需要创建直排文字的表格，只需要创建直排文本框架，然后用前面介绍的方法创建表。

2．将文本转换为表格

在实际工作中，经常会遇到一些文本与表格之间关系的问题，例如，有时需要将已经录入完成的文本以表格形式表现出来；而有时又需要将表格中的内容以文本的形式表现出来。

在 InDesign 中可以将文本转换成表格，不需要手工操作，但是在进行表格与文本的转换时一定要正确设置文本。下面以将图 7-5 中的文本转换为表格为例介绍文本转换为表格的操作步骤。

（1）准备需要转换的文本，在文本中插入制表符、逗号、段落回车符或其他字符以分隔列。插入制表符、逗号、段落回车符或其他字符以分隔行。

（2）使用“文字工具” T，选择要转换为表的文本。

（3）选择“表”｜“将文本转换为表”命令，弹出“将文本转换为表”对话框，如图 7-6 所示。根据前面对文本进行的设置选择合适的“列分隔符”和“行分隔符”。

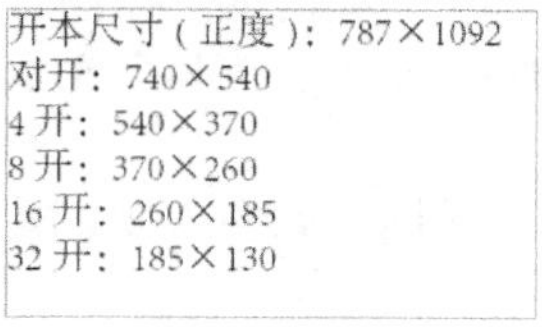

开本尺寸（正度）：787×1092
对开：740×540
4 开：540×370
8 开：370×260
16 开：260×185
32 开：185×130

图 7-5　需要转换为表格的文本

将文本转换为表
列分隔符(C)：：
行分隔符(R)：段落
列数(N)：
表样式(T)：[基本表]
确定
取消
直接输入冒号

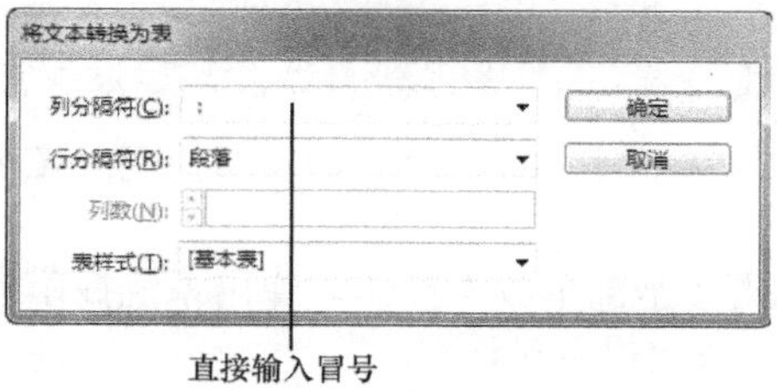

图 7-6　“将文本转换为表”对话框

在“行分隔符”下拉列表中选择“段落”选项，但是在“列分隔符”下拉列表中却没有“冒号”选项，解决方法是将光标定位在“列分隔符”右侧的下拉列表中，在其中直接输入中文全角冒号。

（4）单击“确定”按钮，得到的表如图 7-7 所示。

3．将表格转换为文本

将表格转换为文本的方法如下。

（1）使用"文字工具" T ，将插入点定位在表内，或者选择表中的单元格。

（2）选择"表"｜"将表转换为文本"命令，弹出"将表转换为文本"对话框，如图 7-8 所示。

开本尺寸（正度）	787×1092
对开	740×540
4开	540×370
8开	370×260
16开	260×185

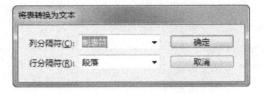

图 7-7　转换好的表　　　　　　　　　　图 7-8　"将表转换为文本"对话框

根据实际情况选择合适的列分隔符和行分隔符。为获得最佳效果，要对行和列使用不同的分隔符，如列使用制表符、行使用段落等。

（3）单击"确定"按钮。

即时体验

将图 7-9 中所示文本转换为表格，要求表格有 3 列，完成后的效果如图 7-10 所示。

从图中可以看出分隔列的符号不同，分别是顿号和圆点，所以在转换之前需要整理文本，使它们之间有相同的分隔符，方便转换。

（1）使用"文字工具" T ，选中一个小圆点，按 Ctrl+C 组合键将其复制，把插入点定位在图 7-9 所示文本的最前面。

图 7-9　需要转换的文本　　　　　　　　图 7-10　转换成功的表格

（2）选择"编辑"｜"查找/更改"命令，弹出"查找/更改"对话框，如图 7-11 所示，在"查找内容"文本框中粘贴两个小圆点（按两次 Ctrl+V 组合键），在"更改为"文本框中粘贴一个小圆点。

（3）单击"全部更改"按钮，弹出系统提示搜索完成的对话框，如图 7-12 所示，单击"确定"按钮后，关闭提示对话框。

（4）这时"查找/更改"对话框并没有关闭，再次单击"全部更改"按钮，重复步骤（3），直到系统对话框提示"搜索完成，0 处替换已进行"，调整文本框架的大小，这时的文本如图 7-13 所示。

（5）在"查找/更改"对话框中，设置"查找内容"为一个小圆点（删除一个以前的小圆点），在"更改为"文本框中输入一个全角中文顿号，单击"全部更改"按钮，这时所有的分隔符均为全角中文冒号。

图 7-11　"查找/更改"对话框

图 7-12　系统提示对话框

图 7-13　将多个圆点替换为一个

（6）使用"文字工具" T，选择框架中的所有文本。

（7）选择"表"｜"将文本转换为表"命令，弹出"将文本转换为表"对话框，在"行分隔符"下拉列表中选择"段落"选项，在"列分隔符"文本框中输入全角中文顿号，单击"确定"按钮，将文本转换为表格，如图 7-10 所示。

7.1.2　导入表格

可以将 Microsoft Excel 电子表格或 Microsoft Word 文档中的表格导入到 InDesign 中，根据不同的要求，导入的数据可以显示为 InDesign 表，以便对其进行编辑；也可以导入不带格式的文本。

1．将 Microsoft Word 文档中的表格导入

当置入 Word 文档时，如果文档中有表格，则可以通过设置保留表的格式或者将表的格式转换成所需要的其他文本格式，具体操作方法如下。

（1）创建文本框架或使用"文字工具" T，将光标定位在需要置入文档的位置，选择"文件"｜"置入"命令，弹出"置入"对话框。

提示

在置入时要将准备置入的文档关闭。

（2）在"置入"对话框中选择需要置入的文档，选中"显示导入选项"复选框，如图7-14所示。

（3）单击"打开"按钮，弹出Microsoft Word导入选项对话框，如图7-15所示。

图7-14 "置入"对话框

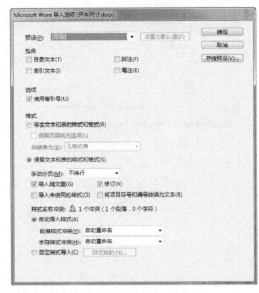

图7-15 Microsoft Word导入选项对话框

如果需要置入表格的格式，则选中"保留文本和表的样式和格式"单选按钮，单击"确定"按钮；如果不需要保留表格的格式，则选中"移去文本和表的样式和格式"单选按钮，这时该按钮下面的"转换表为"下拉列表有效，从中选择"无格式表"或"无格式定位符分隔文本"选项。

（4）单击"确定"按钮。

使用不同选项置入的表格效果如图7-16所示。

开本尺寸（正度）	787×1092
对开	740×540
4开	540×370
8开	370×260
16开	260×185
32开	185×130

保留文本和表的样式和格式

开本尺寸（正度）	787×1092
对开	740×540
4开	540×370
8开	370×260
16开	260×185
32开	185×130

无格式表

开本尺寸	787
对开	740
4	540
8	370
16	260
32	185

无格式定位符分隔义本

图7-16 使用不同选项置入的表格效果

2．将Microsoft Excel文档中的表格导入

当置入Excel文档时，默认将保留格式置入整个表中的内容，可以通过设置选择置入哪一表中的哪一部分单元格以及是否保留表的格式，具体操作方法如下所述。

（1）创建文本框架或使用"文字工具"，将光标定位在需要置入文档的位置，选择"文件"｜"置入"命令，弹出"置入"对话框。

（2）在"置入"对话框中选择需要置入的文档，选中"显示导入选项"复选框，参看图7-14。

（3）单击"打开"按钮，弹出Microsoft Excel导入选项对话框，如图7-17所示。

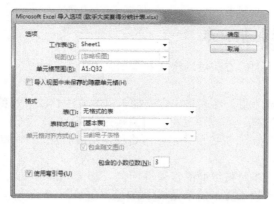

图 7-17　Microsoft Excel 导入选项对话框

在该对话框的"选项"选项组中可以选择要置入的不同工作表、单元格范围，在"格式"选项组中可以选择置入的表是否带有格式等。

（4）单击"确定"按钮。

3. 复制 Excel 文档或 Word 文档中的数据

InDesign 允许将 Excel 电子表格或 Word 文档中的数据复制并粘贴到文档中。粘贴时粘贴为表还是粘贴为文本，取决于在"首选项"对话框的"剪贴板处理"选项卡中相关参数的设置。

选择"编辑"｜"首选项"｜"剪贴板处理"命令，弹出"首选项"对话框，并显示"剪贴板处理"选项卡，如图 7-18 所示。

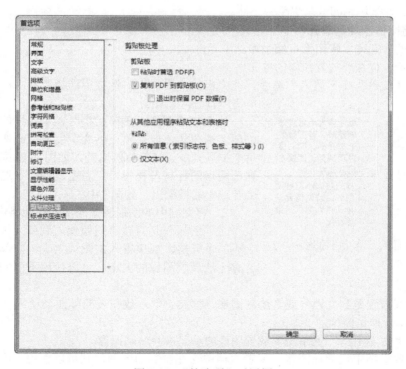

图 7-18　"首选项"对话框

在"从其他应用程序粘贴文本和表格时"选项组中，如果选中"所有信息（索引标志符、色板、样式等）"单选按钮，则粘贴为表格；如果选中"仅文本"单选按钮，则粘贴为无格式的、由制表符分隔的文本。

171

7.1.3 向单元格中添加文本

创建完表以后，使用下面的方法可以将文本添加到表中。

1．定位插入点

输入文本需要先确定插入点，在表格中定位插入点的方法有以下两种。

（1）使用"文字工具" T，单击单元格，可直接定位插入点。

（2）使用"选择工具" ，双击单元格，可将插入点放置在一个单元格中。

2．输入文本

向单元格中直接输入文本时按下面的步骤进行。

（1）将插入点定位在要输入文本的单元格中。

（2）使用任意一种输入文本的方法将文本添加到表格中，如直接输入文本、粘贴文本、置入文本等。

在一个单元格中输入文本时，按 Enter 键可以在同一单元格中新建一个段落。当输入的文本较多时，如果没有设置固定的行高，表行的高度就会增加以便容纳更多的文本行；如果设置了固定的行高，则会显示溢流标志。在一个单元格中输入完成后，按 Tab 键或 Shift + Tab 组合键，可以将插入点相应后移或前移一个单元格。

7.1.4 将图形图像添加到表中

可以直接将外部图像添加到单元格中，也可以将外部图像先置入到文档中再添加到单元格中，不同的添加方法达到的效果也略有不同。

1．直接将图像添加到单元格中

使用下面的方法可以将图像直接添加到单元格中。

（1）将光标定位在要放置图像的单元格中。

（2）选择"文件"｜"置入"命令，在弹出的"置入"对话框中选择要置入的图像文件名，单击"打开"按钮。

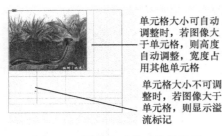

单元格大小可自动调整时，若图像大于单元格，则高度自动调整，宽度占用其他单元格

单元格大小不可调整时，若图像大于单元格，则显示溢流标记

图 7-19　图像大于单元格的效果

当添加的图像大于单元格时，单元格的高度就会扩展以便容纳图像，但是单元格的宽度不会改变，所以图形有可能扩展到单元格的右侧以外，如图 7-19 所示。如果将放置该图形的行高设置为固定高度，则高于这一行高的图形会导致单元格溢流，如图 7-19 所示。

2．将文档中的图形图像添加到单元格中

上面的操作是直接将图像置入到单元格中，对于固定大小的单元格，如果置入的图像太大，则单元格会溢流，这时无法调整图像的大小。可以使用下面的方法将图像添加到单元格中。

（1）先将图像置入到文档（或者绘制图形、框架）中，放在表的外面，使用"选择工具" 调整图像的大小，剪切图像。

（2）使用"文字工具" T 单击要放置图像的单元格并粘贴图像。

另外，如果文档中已存在图像，或者文档中存在绘制的图形，则可以使用上面的方法将其添加到单元格中。

7.1.5 实用技能——表格的结构与排版要求

表格的种类繁多，根据使用性质可以分为图书表格和零件表格。其中，图书正文中的表格是

表达数据的一种形式；零件表格以表格为主要内容，如发票、记账凭证等。表格的种类不同，其结构也不同。一般来说，表格由表题、表头、表身和表注等几部分组成，如图 7-20 所示。

图 7-20　表格结构

表题由表序和表名两部分组成（也有些表只有其中的一项），一般排在表格的上方（也有些表将表题排在表格的下方），使用不同的字体或字号以区分正文和表内文字，如正文用五号宋体，若表内文字用小五宋，则表题可以用小五黑或五号楷体。表题的一般排版方法：在"表"字与序号之间加半个字空，序号与表名之间加一个字空，整体居中排；有时也会出现表名居中排，表序部分齐左或距左墙线 2 个字排。

表头由表的各个栏头组成，字号一般比正文小一号，字体一般用醒目的黑体字。表身就是表格的内容，表内文字一般比正文小一个字号。表内文字转行时有 3 种排法：另行顶格，转行空一个字排；别行空 1 字，转行顶格排；均齐头排。

表注一般排在底线下面，注文前应排"附注："或"注："字样。注文字号应小于或等于表内文字，注号一般用圈码。

制作过程

（1）创建一个新文档，页面大小为 A4，出血 3 毫米，边距均为 20 毫米。

（2）使用"文字工具" T 创建一个与版心同宽的文本框架。

（3）选择"表"｜"插入表"命令，弹出"插入表"对话框，如图 7-21 所示，按图进行设置，单击"确定"按钮。

（4）在表格中输入数据，如图 7-22 所示。

图 7-21　"插入表"对话框

车系	指导价	商家报价	优惠
科鲁兹	9.99-16.99 万	7.49-17.49 万	最高优惠 2.1 万
标致 2008	9.97-13.6 万	7.48-13.67 万	最高优惠 1 万
哈弗	9.88-11.28 万	7.48-11.28 万	最高优惠 1.5 万
轩逸经典	9.98-16.78 万	7.49-16.78 万	最高优惠 1 万
现代 iX25	11.98-17.98 万	8.99-18.68 万	最高优惠 1 万
缤智	13.88-18.98 万	10.41-18.98 万	最高优惠 2.1 万
名图	12.98-18.98 万	9.74-18.98 万	最高优惠 2.1 万

图 7-22　输入文字数据

输入数据时使用方向箭头移动光标，注意体会移动方向箭头时光标位置的变化。

（5）使用"选择工具"，在页面空白处单击，选择"文件"｜"置入"命令，弹出"置入"对话框，选择本书配套素材中提供的文件"科鲁兹.jpg"，单击"打开"按钮，弹出"图像导入选项"对话框，使用默认设置，单击"确定"按钮。

（6）这时鼠标指针变为置入图像时的指针，在页面中拖动鼠标，将图像置入到页面中。

（7）选中图像，在"控制"面板中设置图像的宽度为 14.5 毫米，高度为 10.5 毫米，并且"使内容适合框架"。

（8）剪切图像，双击表格中第 2 行第 1 列单元格，按 Ctrl+V 组合键将图像粘贴到单元格中。

（9）重复上面的操作，将其他各车型的图像粘贴到相应单元格中，粘贴时注意将文本框架调大，否则将产生文本溢流，完成后的效果如图 7-1 所示。

思考练习

1. 问答题

（1）创建一个表时，默认的宽度和高度与什么有关？

（2）如何将文本转换为表格？

（3）表格中是否可以套用表格？

（4）如何将 Word 中的表格以"无格式定位符分隔文本"的方式导入到 InDesign 中？

（5）如何将图像以确定的大小添加到单元格中？

2. 操作题

（1）创建表格并录入文字，如图 7-23 所示。

（2）在 Excel 中制作一个养老保险到期给付表，并设置好格式，将其以表格形式导入到 InDesign 中，效果如图 7-24 所示。

利润表

年度：2004 年　　　　　　　　　　　　　　　　单位：人民币元

项　　目	本期数	本年累计数
一、主营业务收入	2,795,000.00	55,759,000.00
减：主营业务成本	850,580.32	62,569,000.00
主营业务税金及附加	79,750.00	1,034,600.00
二、主营业务利润（亏损以"－"号填列）	1,364,669.68	9,155,400.00
加：其他业务利润	19,160.00	645,000.00
减：营业费用	18,000.00	1,433,000.00
管理费用	59,500.00	2,394,000.00
财务费用	10,000.00	18,000.00
三、营业利润（亏损以"－"号填列）	5,936,329.68	5,903,400.00
加：投资收益	60,000.00	240,000.00
营业外收入	75,000.00	225,000.00
减：营业外支出	36,000.00	90,000.00
四、利润总额（亏损总额以"－"号填列）	6,035,329.68	6,278,400.00
减：所得税（33%）	1,810,598.90	1,883,520.00
五、净利润（净亏损以"－"号填列）	4,224,730.78	4,394,880.00

图 7-23　创建表格并录入文字

养老保险到期给付表

年龄	100000	200000	300000	400000	500000
55	1000	2000	3000	4000	5000
56	1050	2100	3150	4200	5250
57	1100	2200	3300	4400	5500
58	1150	2300	3450	4600	5750
59	1200	2400	3600	4800	6000
60	1250	2500	3750	5000	6250
61	1300	2600	3900	5200	6500
62	1350	2700	4050	5400	6750
63	1400	2800	4200	5600	7000
64	1450	2900	4350	5800	7250
65	1500	3000	4500	6000	7500
66	1550	3100	4650	6200	7750
67	1600	3200	4800	6400	8000
68	1650	3300	4950	6600	8250
69	1700	3400	5100	6800	8500
70	1750	3500	5250	7000	8750
71	1800	3600	5400	7200	9000
72	1850	3700	5550	7400	9250
73	1900	3800	5700	7600	9500
74	1950	3900	5850	7800	9750
75	2000	4000	6000	8000	10000
76	2050	4100	6150	8200	10250
77	2100	4200	6300	8400	10500
78	2150	4300	6450	8600	10750
79	2200	4400	6600	8800	11000

图 7-24　效果图

7.2　制作"记账凭证"——选择并调整单元格

案例展示

记账凭证是财会表中的一种，财会表主要包括簿记、账册、凭证等，大部分在题的旁边有附表。这种表格单独印刷，是零件表格中的一种。本案例制作的记账凭证是用于填写的表格，在设计单元格的大小时要考虑不同填写的用途，例如，月日前面最多填写两个数字、金额处每一栏填写一个阿拉伯数字、摘要栏中要填写多个中文字符，所以要根据需求设计不同的栏宽。本案例设计完成后的效果如图 7-25 所示。

图 7-25 "记账凭证"效果图

看图解题

完成本案例的制作要点如图 7-26 所示。

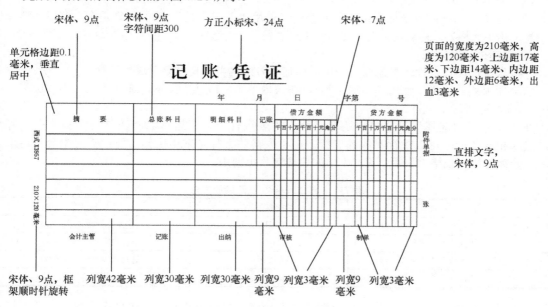

图 7-26 "记账凭证"制作要点

重点掌握

➢ 选择表格行、列、单元格的方法；
➢ 插入行、列单元格的方法；
➢ 删除行、列单元格的方法；
➢ 精确和直观调整表格行高、列宽的方法；

175

➢ 单元格的合并与拆分的方法。

友情链接：本案例的制作步骤见"制作过程"。

知识准备

本案例中制作的表格比较复杂，要在创建完表格之后对表格进行修改才可完成，在制作过程中要用到合并单元格、拆分单元格；插入行、列；调整单元格的行高与列宽等有关表格的基本操作，本节将介绍这些相关操作。

7.2.1 选择单元格、行和列

在 7.1 节中创建的表格只能满足简单的要求，如果要制作比较复杂的表，则需要对表格进行编辑，在进行任何涉及单元格、行或者列的操作时，都需要先选择相应的对象，下面介绍选择操作的方法及调整单元格的方法。

1．选择单元格和单元格中的文本

表格中的单元格有两个对象：一个是单元格本身，另一个是单元格中的内容。对单元格进行操作先需要选中单元格，下面分别介绍选中的方法。

（1）选中单元格中的文本：使用"文字工具"T，直接拖动鼠标选择文本；或者使用"选择工具"双击要选择文本的单元格。

在一个单元格中可以单独选中文本，而多个单元格中的文本不能单独选中。

（2）选中单元格：将光标定位在单元格中（使用"文字工具"T单击单元格，使用"选择工具"双击单元格），拖动鼠标选中文本或选择"表" | "选择" | "单元格"命令。

2．选择列、行或表

一般来说，选择整行或整列可以使用鼠标拖动方法也可以使用菜单进行选择。

（1）使用菜单选择：使用"文字工具"，在表内单击，或选中文本，选择"表" | "选择" | "行"命令，即可选中整行。

在"表" | "选择"子菜单中还有"列"、"表头行"、"表尾行"、"正文行"和"表"等命令，选择相应的命令可以进行不同的选择。由于表格的选择是常用操作，所以需要学会使用快捷键，将光标定位在表格中以后，表 7-1 中的快捷键才可使用。

表 7-1　选择表格中单元格的方法

命 令 操 作	快捷键操作	功　能
"表" | "选择" | "单元格"	Ctrl+/	选择光标所在单元格
"表" | "选择" | "行"	Ctrl+3	选择当前单元格所在行
"表" | "选择" | "列"	Alt+Ctrl+3	选择当前单元格所在列
"表" | "选择" | "表"	Alt+Ctrl+A	选择整个表格

（2）使用鼠标选择：将鼠标指针移至行的左边缘，变为➡状时单击可以选中整行；将鼠标指针移到列的上边缘，变为⬇状时单击可以选中整列；将鼠标指针移至表的左上角，变为↘状时单击可以选中整个表。

7.2.2 调整表的行高与列宽

使用默认设置创建的表行高为插入点处全角字符的高度，由于新表会填满作为容器的文本框的宽度，所以列宽是将作为窗口的文本框架用列数进行等分，当需要不同的单元格大小时，需要进行调整。

1. 拖动鼠标调整行高和列宽

使用"文字工具" [T.]，将鼠标指针移到行线或列线上，当鼠标指针变为↕或↔状时，拖动鼠标可以调整行或列的大小。鼠标拖动与不同功能键组合时有以下几种不同情况。

（1）使用"文字工具"，在行线或栏线上鼠标指针变为↕或↔状时，直接向左或向右拖动可以增加或减小列宽，如图 7-27 所示；向上或向下拖动以增加或减小行高，但是如果行高设置为"最小"，则通过拖动鼠标使行高不能小于此最小值。

（2）使用"文字工具"，将鼠标指针移到表内的行线或栏线上，鼠标指针变为↕或↔状时，按住 Shift 键的同时拖动，当一个行或列变大时，其他行或列会变小，但表格大小不变，如图 7-28 所示。这种调整方法不会改变表外框线的位置。

（3）使用"文字工具"，将鼠标指针移到表的右侧墙线或底线上，鼠标指针变为↕或↔状时，按住 Shift 键拖动可以按比例调整行或列的大小，如图 7-29 所示。

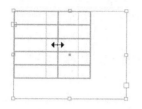 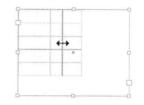 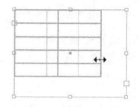

图 7-27　直接拖动栏线　　　图 7-28　按住 Shift 键拖动栏线　　图 7-29　按住 Shift 键拖动墙线

（4）使用"文字工具"，将鼠标指针定位在表的右下角（对于直排表，应定位在表的左下角），当其变为↖状时，拖动鼠标可以增加或减小表的大小。按住 Shift 键拖动可以保持表的高宽比例。

2. 精确调整行高和列宽

由于默认行高为插入点处全角字符的高度，当调整单元格中的文本大小时，行高也会发生变化，下面介绍的调整行高的方法与单元格中的字符无关。

一般可以使用以下两种方法来精确调整列宽和行高。

（1）在"表"面板中设置：在"表"面板中指定"列宽"和"行高"的方法如下。

① 将光标定位在要调整的单元格中。

② 选择"窗口"｜"文字和表"｜"表"命令（或按 Shift+F9 组合键），打开"表"面板，如图 7-30 所示。

③ 设置合适的行高与列宽。

（2）在"控制"面板中设置：在"控制"面板中指定"列宽"和"行高"的方法如下。

① 将光标定位在要调整的单元格中。

② 在"控制"面板的"行高"与"列宽"数值框中输入合适的数值。

（3）使用菜单命令：使用菜单命令调整行高与列宽的方法如下。

① 将光标定位在要调整的单元格中。

② 选择"表"｜"单元格选项"｜"行和列"命令，弹出"单元格选项"对话框，如图 7-31 所示。

③ 指定"行高"和"列宽"，单击"确定"按钮。

（4）"精确"与"最少"：在"表"面板、"控制"面板和"单元格选项"对话框中，在"行高"和"列宽"数值框中有一个下拉列表，中间有"最小"和"精确"两个选项，这两个选项只能同时对行列进行设置，不能单独进行设置。

如果选择"最小"选项，在后面数值框中设置最小的行高，当添加文本或加大文字时，会增加行高；如果选择"精确"选项，在后面数值框中设置固定的行高，当添加或移去文本时，行高不会改变，文本过多或者过大时经常会导致单元格中出现溢流的情况。

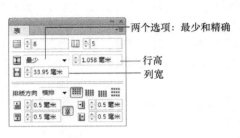

图 7-30 "表"面板　　　　图 7-31 "单元格选项"对话框（行和列）

3．均匀分布列和行

如果需要各行和各列的高宽均匀，则应在表格中根据需要调整列或行，选择"表"｜"均匀分布行"（"均匀分布列"）命令。

7.2.3　合并拆分单元格

合并、拆分单元格都可以用于制作复杂的表格。

1．合并单元格

在实际应用中经常遇到需要将几个单元格合并成一个单元格使用的情况，如表的最上一行作为表标题使用时，需要将这一行中所有单元格合并成一个。InDesign 中允许将同一行或列中的两个或多个单元格合并为一个单元格，合并的单元格也可以取消合并。

（1）合并单元格：使用"文字工具"，选择要合并的单元格后，执行以下操作之一。

选择"表"｜"合并单元格"命令；或右击，在弹出的快捷菜单中选择"合并单元格"命令；或在"控制"面板中单击"合并单元格"按钮 。

（2）取消合并单元格：选择单元格（所选中的单元格中包含要取消合并的单元格），执行以下操作之一。

选择"表"｜"取消合并单元格"命令；或右击，在弹出的快捷菜单中选择"取消合并单元格"命令；或在"控制"面板中单击"取消合并单元格"按钮 。

2．拆分单元格

在创建比较复杂的表时，经常需要将一个单元格拆分成几个不同的单元格，InDesign 中允许选择多个单元格，然后垂直或水平拆分它们。拆分单元格的方法如下。

（1）将插入点定位在要拆分的单元格中，或者选中行、列或单元格。

（2）选择"表"｜"垂直拆分单元格"（或"水平拆分单元格"）命令。

3．在单元格中添加对角线

（1）使用"文字工具"，将插入点定位在要添加对角线的单元格中，或选中该单元格。

（2）选择"表"｜"单元格选项"｜"对角线"命令，弹出"单元格选项"对话框，如图 7-32 所示。

（3）单击要添加的对角线类型的按钮。

（4）在"线条描边"选项组中，指定对角线的粗细、类型、颜色和间隙设置等。

（5）在"绘制"下拉列表中进行选择。

在该下拉列表中有两个选项，其中，"对角线置于最前"将对角线放置在单元格内容的前面；

“内容置于最前”将对角线放置在单元格内容的后面。

（6）单元“确定”按钮，设置完成的表格如图 7-33 所示。

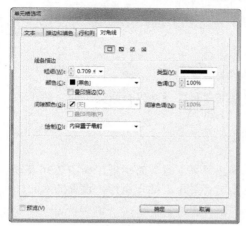

图 7-32　“单元格选项”对话框（对角线）

项目＼处理	基肥 90
	追肥 1 次
每亩数（株）	1,778

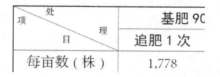

图 7-33　添加了对角线的单元格

即时体验

制作如图 7-34 所示的滑雪价格表。

（1）新建文档，在页面中创建一个宽度为 130 毫米、高度为 90 毫米的文本框架。

（2）选择“表”|“插入表”命令，弹出“插入表”对话框，设置“正文行”为 6 行，“列”为 4 列，单击“确定”按钮。

（3）选中第 1 行，在“控制”面板中将行高设置为 16 毫米。

时间＼价格		特惠报价	自驾代售票
周一至周五	日场全天	118 元 / 人	同行 90 元 / 张 周一至周五可滑全天；周末、节假日需补差价可使用
周六、周日	4 小时	128 元 / 人	
	日场全天	168 元 / 人	
夜场 18:00 至 21:00	周日 - 周四	88 元 / 人	
	周五、周六	98 元 / 人	

图 7-34　滑雪价格表

（4）将鼠标指针移到表格的底线上，按住 Shift 键的同时向下拖动，同时均匀放大各行的行高至合适高度。

（5）按图 7-35 合并一些单元格。

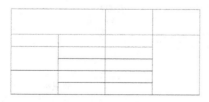

图 7-35　合并单元格

专业排版技术（InDesign CS6）

（6）将光标定位在第 1 行第 1 个单元格中，选择"表"｜"单元格选项"｜"对角线"命令，弹出"单元格选项"对话框，如图 7-32 所示，单击"从左上角到右下角的对角线"按钮，单击"确定"按钮。

（7）输入文字，完成效果如图 7-34 所示。

7.2.4　插入行和列

在已经创建好的表格中插入新的行和列的方法有多种，下面仅介绍其中的 3 种。

1．使用菜单命令插入行和列

在表格中插入一行或几个整行的操作方法如下。

（1）将插入点定位在希望新行出现的位置。

（2）选择"表"｜"插入"｜"行"命令，弹出"插入行"对话框，如图 7-36 所示。

（3）在"插入行"对话框中选择在当前行的上方还是下方插入新行，设置插入的行数。

（4）单击"确定"按钮。

插入新行后，如图 7-37 所示。

图 7-36　"插入行"操作

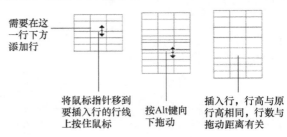

图 7-37　完成插入行的效果

使用同样的方法，如使用"表"｜"插入"｜"列"命令，可以插入新的列。

2．使用"表"面板插入行和列

使用"表"面板插入行和列的方法如下。

（1）使用"文字工具"在表中任意单元格中单击，确定插入点。

（2）选择"窗口"｜"文字和表"｜"表"命令，打开"表"面板，如图 7-38 所示。

（3）在"行数"数值框中增加行的数量或在"列数"数值框中增加列的数量。

随着数值的调整，在表中行的最后一行后面添加新的行，最右侧一列的右侧添加新的列。使用这种方法添加行列时，不能对表头行和表尾行进行操作。

3．拖动鼠标插入行和列

将鼠标指针移到列或行线上，通过拖动的方法可以创建新的行或列。

（1）创建新行：将鼠标指针移到需要插入行的下方行线，变为状时，按住鼠标左键，再按住 Alt 键，向下拖动，在原来行的下方创建一个新行，如图 7-39 所示。

图 7-38　在"表"面板中修改参数

图 7-39　拖动鼠标插入新行

（2）创建新列：将鼠标指针移到需要插入列的右侧栏线，变为↔状时，按住鼠标左键，再按住 Alt 键，向右拖动，在原来列的右侧创建一个新列，列宽与原列宽相同。

 提示

如果在按住鼠标左键之前按 Alt 键，则会显示"抓手"工具，因此，一定要先按住鼠标左键再按 Alt 键。

用这种方法添加行列时，新添加的行列数与鼠标拖动的距离有关，请读者在操作的过程中仔细体会。

7.2.5 删除行、列或表

有多种方法删除行、列或表，下面介绍其中的几种。

（1）用菜单命令删除行、列或表：将插入点定位在表内，或者选择表中的文本，选择"表"|"删除"|"行"（"列"或"表"）命令。

（2）拖动鼠标删除行或列：将鼠标指针定位在表的底部或右侧的边框上，鼠标指针变为↕或↔状时，按住鼠标左键，然后按住 Alt 键，向上拖动超过一行时，删除表中最下面的行；向左拖动可以删除表格中最右面的列。

（3）用"表"面板删除行列：将插入点定位在表中，在"表"面板中修改行或列的数值，将弹出提示对话框，单击"确定"按钮将从最后删除行或者列。

如果需要在不删除单元格的情况下删除单元格中的内容，则需要选择包含要删除文本的单元格；或者只选择单元格内的文本，按 Backspace 键或 Delete 键；或者选择"编辑"|"清除"命令。

7.2.6 实用技能——零件表格的设计

零件表格一般供手工填写，有印刷和手写两种类型。印刷稿只要按原样制作即可，手写稿需要根据表内要填写的数字多少、各栏实际用途来设计。

在排版前要先知道纸张的大小及装订方式，然后计算天头、地脚的大小。版心应左右居中，天头应大于其他 3 边。表身各栏的宽度应从最小的栏开始计算，然后逐个计算大些的栏。计算时要根据每栏填写的不同内容来确定，例如，"月、日"前面要填写 2 个数字，"金额"栏应大于"数量"栏和"单价"栏。

表的高度首先应确定表题和表头的高度，再计算各行的高度，排完后要在预览的情况下查看表的题、头、身 3 部分是否匀称，有无头重体轻的现象。

制作过程

（1）建立一个新文档，页面的宽度为 210 毫米，高度为 120 毫米，上边距 17 毫米、下边距 14 毫米、内边距 12 毫米、外边距 6 毫米，出血 3 毫米。

（2）创建 3 条水平参考线，位置在 27 毫米、37 毫米和 99 毫米处；创建 2 条垂直参考线，位置在 18 毫米和 198 毫米处。

（3）使用"文字工具" T 创建一个文本框架，左上角位于 37 毫米水平参考线和 18 毫米垂直参考线交叉处，右下角位于 99 毫米水平参考线和 198 毫米垂直参考线交叉处。

（4）选择"表"|"创建表"命令，在弹出的"创建表"对话框中设置"正文行"为 8 行，"列"为 25 列，单击"确定"按钮，完成表的创建，这时的页面如图 7-40 所示。

（5）将光标定位在表中，将鼠标指针移到底线上，当鼠标指针变为↕状时按住 Shift 键向下拖动鼠标指针到 99 毫米水平参考线处，这时各行的行高被均匀放大，如图 7-41 所示。

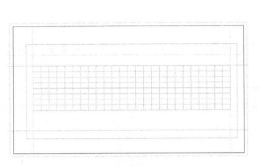

图 7-40　辅助线和创建好的表　　　　　　　　　图 7-41　调整行高

（6）使用"文字工具" T.选择右侧的 10 列单元格，在"控制"面板中设置列宽为"精确"、"3 毫米"，如图 7-42 所示。

（7）用同样的方法设置其他各列的列宽，如图 7-43 所示。

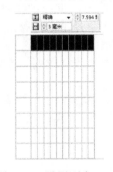

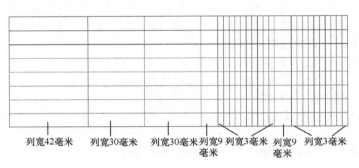

图 7-42　设置列宽　　　　　　　　　　　图 7-43　各列的列宽

（8）选中第 1 行第 1 列和第 2 行第 1 列的单元格并右击，在弹出的快捷菜单中选择"合并单元格"命令，将其合并为一个单元格。用同样的方法，按图 7-44 合并其他单元格。

（9）使用"文字工具" T.选中所有单元格，选择"表"｜"单元格选项"｜"文本"命令，弹出"单元格选项"对话框，并显示"文本"选项卡，如图 7-45 所示，设置单元格的边距均为"0.1 毫米"，垂直对齐为"居中对齐"，单击"确定"按钮，在"控制"面板中单击段落的"居中对齐"按钮 。

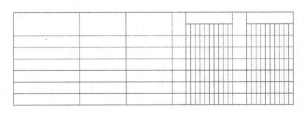

图 7-44　合并单元格　　　　　　　　　图 7-45　设置单元格的边距和对齐

（10）在单元格中输入文字，如图 7-46 所示，其中"金额"下面的文字为宋体、7 点，其余均为宋体、9 点。

图 7-46　输入文字

（11）创建一个文本框架，输入文字"记账凭证"，设置文字为方正小标宋简体、24 点，"字符间距"为 800，将其移到版心上边线并居中。

（12）在"记账凭证"文本下面创建一条水平直线，比文字略宽，描边粗细为 1 点。

（13）再次创建文本框架，分别输入"年月日"和"字第　号"，设置文字为宋体、9 点，注意文字之间的空格。

（14）创建一个直排文本框架，输入文字"附件单据 张"，设置文字为宋体、9 点，注意文字之间的空格。

（15）创建文本框架，输入文字"西式 X3957　210 毫米×120 毫米"，设置文字为宋体、9点，在"控制"面板中单击"顺时针旋转 90°"按钮 。

将以上文本框架移到相应位置，如图 7-47 所示。

图 7-47　输入其他文字

（16）创建文本框架，分别输入"主管会计"、"记账"、"出纳"、"审核"和"制单"，设置文字为宋体、9 点，将它们移到相应的位置，如图 7-47 所示。

经过上面的制作，输出后的效果如图 7-25 所示。

思考练习

1．问答题

（1）如何使用鼠标拖动的方法在表格的右侧增加一个新列？

专业排版技术（InDesign CS6）

（2）要合并两个已经选中的单元格，应使用什么命令？

（3）选中一个表格后使用"文字工具"，将鼠标指针移到第二行的下边线上，鼠标指针变为$\updownarrow$状，按住鼠标左键，再按住 Alt 键，同时向下拖动将完成什么操作？

（4）如何添加对角线？

（5）要想使选中的一列单元格拆分成两列，应使用什么命令？

2．操作题

（1）设计并制作团体比赛记分表，如图 7-48 所示。

A　　组	1	2	3	4	5	胜次	净胜	名次
1 北京朝阳				3:0	3:0			
2 成都			3:1		3:2			
3 无锡		1:3		3:0	3:0			
4 珠海	0:3		0:3					
5 南宁	0:3	2:3	0:3					

图 7-48　团体比赛记分表

（2）设计并制作保险清单，如图 7-49 所示。

图 7-49　保险清单

7.3　制作"液晶电视宣传页"——格式化表格

案例展示

这是一个液晶电视的宣传页，如图 7-50 所示。为了能使消费者更好地了解产品，在宣传页上列出了不同型号产品的图片、性能及参数等。在这个案例中，版面整体布局整齐，使用了表格进行布局。

图 7-50 "液晶电视宣传页"效果图

看图解题

制作该宣传页的制作要点如图 7-51 所示。

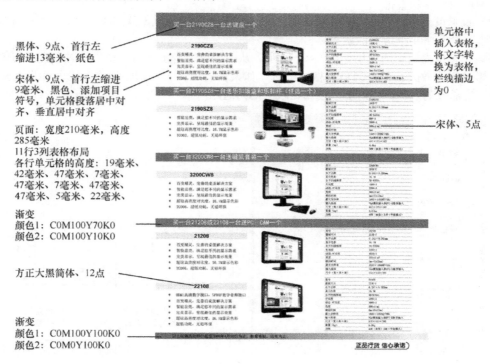

黑体、9点、首行左缩进13毫米、纸色

宋体、9点、首行左缩进9毫米、黑色、添加项目符号、单元格段落居中对齐、垂直居中对齐

页面：宽度210毫米，高度285毫米
11行3列表格布局
各行单元格的高度：19毫米、42毫米、47毫米、7毫米、47毫米、7毫米、47毫米、47毫米、5毫米、22毫米、

渐变
颜色1：C0M100Y70K0
颜色2：C0M100Y10K0

方正大黑简体、12点

渐变
颜色1：C0M100Y100K0
颜色2：C0M0Y100K0

单元格中插入表格，将文字转换为表格，栏线描边为0

宋体、5点

图 7-51 "液晶电视"宣传页制作要点

重点掌握

➢ 单元格中文本格式的设置；
➢ 单元格和表的描边与填色；
➢ 表样式和单元格样式的设置与使用。

友情链接： 本案例的制作步骤见"制作过程"。

知识准备

在本案例中要修改表格中文本的格式和对齐方式，还需要通过对表格填色的描边设置来隐藏表格的框线。本节中将介绍有关表格中文本格式的设置和单元格格式的设置。

7.3.1 设置表中文本的格式

表中文本格式除了一般的字体、字号以外，还有一些特殊的格式需要设置，如与单元格之间的距离、在单元格中的位置等。这里讨论的文本格式指的是文本与单元格之间的关系设置。

1. 使用菜单命令设置文本格式

单元格中文本格式包括排版方向、与单元格的距离、垂直对齐方式等。

使用菜单命令设置文本格式的方法：将插入点定位在要设置格式的单元格中，或选中该单元格，选择"表"｜"单元格选项"｜"文本"命令，弹出"单元格选项"对话框，如图 7-52 所示，在该对话框中可进行的设置如下。

（1）设置排版方向：在"排版方向"下拉列表中进行选择，有"水平"和"垂直"两个选项，分别对应横排和直排。

（2）设置单元格内边距：有 4 个参数控制内边距，分别为"上"、"下"、"左"和"右"，用于设置文本与单元格 4 个边线的距离。

不同单元格内边距的效果如图 7-53 所示。从图中可以看出，内边距太小时，文字与单元贴得太近，影响阅读效果。但是当单元格很小时，如果内边距太大，则会造成无论怎样设置文字的大小都会产生溢流的现象，这时必须使用比较小的内边距。

图 7-52　"单元格选项"对话框

(a) 内边距数值　　　(b) 内边距数值
均为0.1毫米　　　均为1毫米

图 7-53　不同单元格内边距的效果

（3）设置单元格中文本的垂直对齐方式：在"垂直对齐"下拉列表中有 4 个选项，分别是"上对齐"、"居中对齐"、"下对齐"和"撑满"。如果选择"撑满"，则"段落间距限制"数值框有

效，用于设置要在段落间添加的最大空白量，不同垂直对齐的效果如图 7-54 所示。

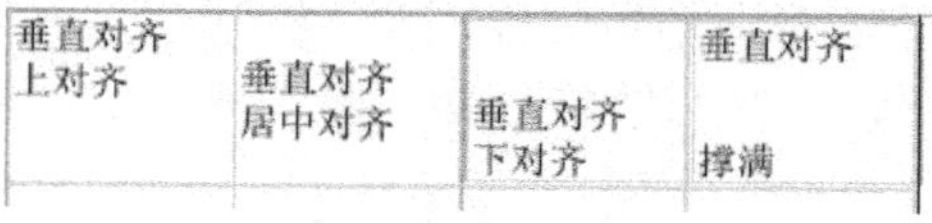

垂直对齐 上对齐	垂直对齐 居中对齐	垂直对齐 下对齐	垂直对齐 撑满

图 7-54 4 种垂直对齐的效果

单元格内文本的水平对齐方式，就是"段落"面板中的对齐方式。

（4）首行基线：在"位移"下拉列表中选择一个选项来决定文本将如何偏离单元格顶部，后面的"最小"数值框决定了偏离多少。

（5）在单元格中旋转文本：单元格中的文本共有 4 个角度，由"文本旋转"选项组中的"旋转"下拉列表中的选项进行控制，分别是"0°"、"90°"、"180°"和"270°" 4 个选项，不同旋转的效果如图 7-55 所示。

2. 使用"控制"面板和"表"面板设置文本格式

在"单元格选项"对话框中可以设置的文本格式比较全，常用的功能在"控制"面板和"表"面板中也可以设置，在这两个面板中没有的命令按钮还可以在面板菜单中找到。

"控制"面板在窗口的上方，选择"窗口"|"文字和表"|"表"命令，可打开"表"面板。其中，"表"面板中可以设置的文本格式如图 7-56 所示，相应的按钮在"控制"面板中也可以找到，其功能与"单元格选项"对话框中参数相同。

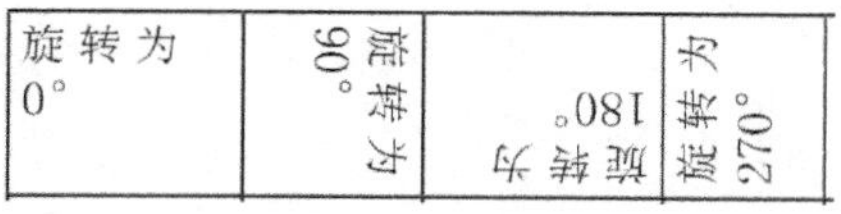

旋转为 0°	旋转为 90°	旋转为 180°	旋转为 270°

图 7-55 4 种旋转文本的效果

图 7-56 "表"面板中可设置的文本格式

即时体验

为 7.1 节制作的"汽车报价表"设置格式，完成的效果如图 7-57 所示。

	车系	指导价	商家报价	优惠
	科鲁兹	9.99-16.99 万	7.49-17.49 万	最高优惠 2.1 万
	标致 2008	9.97-13.6 万	7.48-13.67 万	最高优惠 1 万
	哈弗	9.88-11.28 万	7.48-11.28 万	最高优惠 1.5 万
	轩逸经典	9.98-16.78 万	7.49-16.78 万	最高优惠 1 万
	现代 iX25	11.98-17.98 万	8.99-18.68 万	最高优惠 1 万
	缤智	13.88-18.98 万	10.41-18.98 万	最高优惠 2.1 万
	名图	12.98-18.98 万	9.74-18.98 万	最高优惠 2.1 万

图 7-57 设置了文本格式的"汽车报价表"

（1）使用"文字工具" T，将鼠标指针移到第 1 列右侧栏线上，向左拖动鼠标，调整单元格的宽度。

（2）选中第一行，设置文字为黑体、16 点，单击"段落格式控制"面板中的"居中对齐"按钮 。

（3）按 Shift+F9 组合键，打开"表"面板，将"上单元格内边距"数值框 2毫米 设置为 2 毫米，"下单元格内边距"数值框 ⊟ 2毫米 设置为 2 毫米，单击"居中对齐"按钮▦。

（4）选中除标题和图像所在的其他单元格，在"控制"面板中单击段落的"左对齐"按钮▤，再单击"居中对齐"按钮▦；将"左单元格内边距"数值框 3毫米 设置为 3 毫米，完成后的效果如图 7-57 所示。

7.3.2 设置表格的描边和填色

表格的描边指构成表中各种边线的描边和单元格中填充的颜色。要更改表格的描边和填色可以使用"单元格选项"对话框、"色板"面板、"描边"面板和"颜色"面板等，使用"表选项"对话框更可以改表外框的描边。由于设置方法繁多，因此下面只介绍常用的方法，其他设置方法请读者依据以上观点自行尝试。

1．设置表外框

设置表外框线的方法如下。

（1）在插入点位于表中的情况下，选择"表"|"表选项"|"表设置"命令，弹出"表选项"对话框，如图 7-58 所示。

（2）在"表外框"选项组中，指定表格外边框的粗细、类型、颜色、色调和间隙。

（3）在"表格线绘制顺序"选项组中设置外边框的行线与列线交叉的方法。

（4）单击"确定"按钮。

经过以上操作，设置了新的表外边框的表效果如图 7-59 所示。

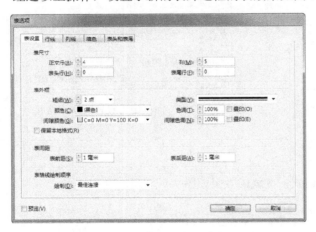

歌手编号	1 号评委	2 号评委	3 号评委	4 号评委
1	9.00	8.80	8.90	8.40
2	5.80	6.80	5.90	6.00
3	8.00	7.50	7.30	7.40

图 7-58 "表选项"对话框　　　　　　　　图 7-59 设置了外边框线的表

2．为单元格描边

单元格周围的边线可以设置为不同的描边效果，在"单元格选项"对话框和"描边"面板中都可以完成此工作。下面通过为图 7-59 所示表格中的第一行添加双粗线，来介绍为单元格描边的方法。

（1）使用"单元格选项"对话框设置单元格描边：具体操作方法如下。

① 使用"文字工具"Ⅲ，选择该单元格。在本例中拖动鼠标选中第一行单元格。

② 选择"表"|"单元格选项"|"描边和填色"命令，弹出"单元格选项"对话框，同时显示"描边和填色"选项卡，如图 7-60 所示。

③ 在"单元格描边"选项组中有一个矩形区域，称为代理预览区，在该区域中指定哪些线将受到描边更改的影响。

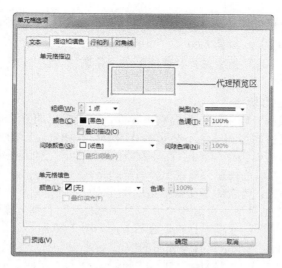

图 7-60 "单元格选项"对话框

本例中只为下边线描边，所以应只选择下边线，这时需要单击除下边线以外的线，使其变为灰色（选择的线条为蓝色；取消选择的线条为灰色）。

提示

在代理预览区中，双击任意外部线条均可以选中整个外矩形选区；双击任何内部线条可选中内部线条；在代理中的任意位置单击 3 次可以在选中所有线条和取消选中所有线条之间切换。

④ 在代理预览区下面，设置"单元格描边"所需的"粗细"、"类型"、"颜色"、"色调"和间隙设置。

⑤ 单击"确定"按钮，完成设置，完成后的效果如图 7-61 所示。

（2）使用"描边"面板为单元格添加描边：具体操作方法如下。

① 选择要影响的单元格。这时的"描边"面板如图 7-62 所示。

② 在代理预览区中，指定哪些线将受到描边更改的影响。

③ 指定"粗细"值和描边的"类型"。

④ 如果要修改描边的颜色，则应在"色板"面板中选择合适的颜色。

3．在单元格中填充颜色

为单元格填色可以使用"色板"面板或使用"单元格选项"对话框，其中，使用"色板"填色的方法与一般对象的相同。下面介绍使用"单元格选项"对话框填色的具体操作方法。

图 7-61 设置了第一行的下边线

图 7-62 "描边"面板

（1）使用"文字工具" T，选择要填充颜色的单元格。

（2）选择"表"｜"单元格选项"｜"描边和填色"命令，弹出"单元格选项"对话框，同时显示"描边和填色"选项卡，参看 7-60。

（3）在"单元格填色"选项组中选择合适的颜色和色调。

（4）单击"确定"按钮。

4．为表添加交替描边和填色

当一个表中的行（或列）较多时，为提高可读性，比较常用的方法是使用两种颜色交替描边和填色。向表行中添加交替描边和填色不会影响表的表头行和表尾行的外观。但是，向列中添加交替描边和填色确实会影响表头行和表尾行。除非在"表选项"对话框中选中"保留本地格式"复选框，否则，交替描边和填色设置会覆盖单元格描边格式。

（1）为表添加交替描边：为表添加交替描边的操作方法如下。

① 在插入点位于表中的情况下，选择"表"｜"表选项"｜"交替行线"（或"交替列线"）命令，弹出"表选项"对话框，显示"行线"选项卡，如图 7-63 所示。

② 在"交替模式"下拉列表中选择要使用的模式类型。

在该下拉列表中共有"无"、"每隔一行"、"每隔二行"、"每隔三行"和"自定行"几个选项，这里选择的是"每隔一行"，如果需要指定特殊形式，则可以选择"自定行"选项，再在下面的"交替"选项组中进行设置。

③ 在"交替"选项组中，左侧区域为第一种模式设置线参数，右侧区域为第二种模式指定描边或填色选项。

在图 7-63 中设定了第一行单元格行线描边的效果为黑色实线，第二行单元格行线描边的效果为黄色虚线。

④ 如果希望在表的前几行和最后几行中不使用交替描边，则可以在"跳过前"和"跳过最后"中进行设置。

⑤ 单击"确定"按钮。

经过以上设置，完成后的交替描边效果如图 7-64 所示。

如果需要关闭表中的交替描边，则可以将插入点定位在表中，选择"表"｜"表选项"｜"交替行线"（或"交替列线"）命令，弹出"表选项"对话框，在"交替模式"下拉列表中选择"无"选项，单击"确定"按钮。

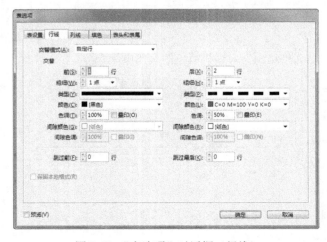

年龄	100000	200000	300000	400000	500000
55	1000	2000	3000	4000	5000
56	1050	2100	3150	4200	5250
57	1100	2200	3300	4400	5500
58	1150	2300	3450	4600	5750
59	1200	2400	3600	4800	6000
60	1250	2500	3750	5000	6250
61	1300	2600	3900	5200	6500
62	1350	2700	4050	5400	6750
63	1400	2800	4200	5600	7000
64	1450	2900	4350	5800	7250
65	1500	3000	4500	6000	7500
66	1550	3100	4650	6200	7750
67	1600	3200	4800	6400	8000
68	1650	3300	4950	6600	8250
69	1700	3400	5100	6800	8500
70	1750	3500	5250	7000	8750
71	1800	3600	5400	7200	9000
72	1850	3700	5550	7400	9250

图 7-63 "表选项"对话框（行线）　　　　　　图 7-64 设置了交替描边的表

（2）为表添加交替填色：为表添加交替填色与添加交替描边的操作方法基本相同，操作步骤如下。

① 在插入点位于表中的情况下，选择"表" | "表选项" | "交替填色"命令，弹出"表选项"对话框，显示"填色"选项卡，如图 7-65 所示。

② 在"交替模式"下拉列表中选择要使用的模式类型。

在该下拉列表中除了有"无"、"每隔一行"、"每隔二行"、"每隔三行"和"自定行"外，还有"每隔一列"、"每隔二列"、"每隔三列"和"自定列"几个选项，具体含义与交替描边基本相同。

③ 在"交替"选项组中，指定交替需要用的不同颜色。

④ 如果希望在表的最前几行和最后几行中不使用交替填色，则可以在"跳过前"和"跳过最后"中进行设置。

⑤ 单击"确定"按钮，完成填色的表效果如图 7-66 所示。

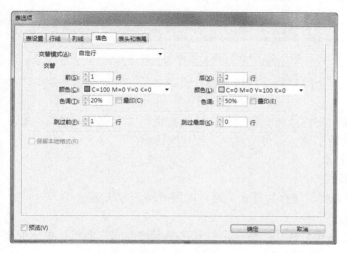

图 7-65　"表选项"对话框（填色）

年龄	100000	200000	300000	400000	500000
55	1000	2000	3000	4000	5000
56	1050	2100	3150	4200	5250
57	1100	2200	3300	4400	5500
58	1150	2300	3450	4600	5750
59	1200	2400	3600	4800	6000
60	1250	2500	3750	5000	6250
61	1300	2600	3900	5200	6500
62	1350	2700	4050	5400	6750
63	1400	2800	4200	5600	7000
64	1450	2900	4350	5800	7250
65	1500	3000	4500	6000	7500
66	1550	3100	4650	6200	7750
67	1600	3200	4800	6400	8000
68	1650	3300	4950	6600	8250
69	1700	3400	5100	6800	8500
70	1750	3500	5250	7000	8750
71	1800	3600	5400	7200	9000
72	1850	3700	5550	7400	9250

图 7-66　设置了交替填色的表

7.3.3　设置表样式和单元格样式

表格由单元格组成，它们都具有很多属性，如大小、描边、填色等，如果需要为某些单元格设置比较复杂的属性值，则制作起来比较麻烦。在 InDesign 中，可以像使用段落样式和字符样式一样，设置和使用表样式和单元格样式。

1．创建单元格样式

在"单元格样式"面板中可以创建和命名单元格样式，并将其应用于单元格中。定义单元格样式的方法如下。

（1）选择"窗口" | "样式" | "单元格样式"命令，打开"单元格样式"面板，如图 7-67 所示。

（2）单击面板菜单按钮 ，在弹出的下拉列表中选择"新建单元格样式"选项，弹出"新建单元格样式"对话框，如图 7-68 所示。

如果单击面板下方的"新建单元格样式"按钮，则不弹出该对话框，直接以默认名称建立新样式。

（3）在"新建单元格样式"对话框中左侧有"常规"、"文本"、"描边和填色"与"对角线"4个选项中，可以进入某选项卡的设置状态。

在该对话框中"常规"选项卡用于对样式的基本参数进行设置，其他 3 个选项卡与"单元格选项"对话框中相应的选项卡中的内容基本相同，请读者仔细观察各参数。

图 7-67 "单元格样式"面板

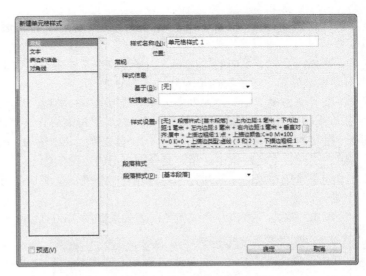

图 7-68 "新建单元格样式"对话框

在对"文本"、"描边和填色"与"对角线"3 个选项卡进行设置以后，在"常规"进项卡中的"样式设置"中将显示进行的设置。

（4）如果需要对该样式创建快捷键，则将应将光标定位在"快捷键"文本框中，按住 Ctrl、Alt、Shift 键的任意组合再按小键盘上的数字键，即可为该样式创建快捷键。

（5）设置完成后单击"确定"按钮。

2．将单元格的格式保存为单元格样式

已经设置好格式的单元格，如果需要将其保存为样式，则可以用下面的方法实现。

（1）选中已经设置好样式的单元格。

（2）选择"窗口" | "样式" | "单元格样式"命令，打开"单元格样式"面板，单击面板下方的"新建样式"按钮，直接建立"单元格样式 1"。

这时双击该样式，在弹出的"单元格样式"对话框中可以看到该样式继承了所有选中单元格的格式。

3．应用和编辑单元格样式

创建完成样式后，该样式的名称会添加到"单元格样式"面板中，使用和编辑方法如下。

（1）使用单元格样式：选中要应用样式的单元格，在"单元格样式"面板中单击要使用的样式即可。

（2）编辑单元格样式：如果创建的样式不符要求，则可以在"单元格样式"面板中选中该样式，然后执行下面任意一个操作。

① 双击，在弹出的"单元格样式选项"对话框中进行设置。

② 在右键快捷菜单中选择"编辑[样式名称]"命令，弹出"单元格样式选项"对话框，再进行设置。

（3）删除单元格样式：对于不再需要的单元格样式，可以打开"单元格样式"面板，在面板中选中该样式，然后执行下面的任意一个操作。

① 单击面板中的"删除选定样式/组"按钮 ，可直接删除样式。

② 在右键快捷菜单中选择"删除样式"命令，弹出"删除单元格样式"对话框，如图 7-69 所示，进行适当选择后单击"确定"按钮。

③ 在面板菜单中选择"删除样式"命令，弹出"删除单元格样式"对话框，进行适当选择后单击"确定"按钮。

4．创建表样式

在"表样式"面板中可以创建和命名表样式并将其应用于表中。创建新的表样式的方法与创建新单元格样式的方法基本相同。

（1）选择"窗口"｜"样式"｜"表样式"命令，打开"表样式"面板，如图 7-70 所示。

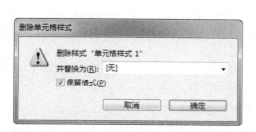

图 7-69　"删除单元格样式"对话框

图 7-70　"表样式"面板

（2）单击面板菜单按钮，在弹出的下拉列表中选择"新建表样式"命令，弹出"新建表样式"对话框，如图 7-71 所示。

（3）在该对话框中按需求对"表设置"、"行线"、"列线"和"填色"等内容进行设置后，单击"确定"按钮，可完成表样式的设置。

5．应用和编辑表样式

创建完成表样式后，该样式的名称就会添加到"表样式"面板中，使用和编辑方法如下。

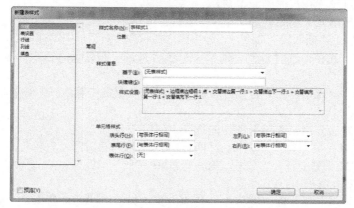

图 7-71　"新建表样式"对话框

（1）使用表样式：在要应用样式的表格中定位光标，在"表样式"面板中单击要使用的样式即可。

（2）编辑和删除表样式：编辑和删除表样式的方法与编辑和删除单元格样式的方法基本相同。

7.3.4　实用技能——图书表格的版面格式

一般图书的表格的外形都是四边形的，表格中由各种线分隔单元格。表格的各种线有可能全部都存在，也可以省略一些线，因此表格可以分为全线式、省线式和无线式等。

（1）全线式表格：这种表格内需要用线条的地方全部排上线条，这种表格的顶线、底线及左右墙线（即平时所说的外框线）用粗线，栏线、行线用细线。当表格宽小于版心时，使用全线式表格。

（2）省线式表格：在不影响表格阅读效果的前提下，省去表格中某些部位的线条，这种表格称为省线表。当然，省线表不是随便省略一些线，而是按一定规则进行省略，根据所省略线的种类，省线表可以分为无行线式、无墙线式、无行线墙线式、三线式和四边无线式。其中，三线式表格的样式如图 7-72 所示，其他表格省略的线与其名称相同。在不同场合使用不同的省线式表格，例如，在科技论文中一般使用三线式表格，表格与图书版心同宽时使用无行线式、无墙线式居多。

型号	190CW8
面板尺寸	19英寸
水平点距	0.285×0.285mm
显示色彩	16.7M
水平扫描频率	30~83KHz
对比度	1000:1
动态对比度	3500:1
亮度	300cd/m2
响应时间	5ms(GtG2ms)
最大分辨率	1440×900@75Hz
输入连接	VGA模拟输入和DVI-D数字输入
尺寸（宽×高×深）	452×375×183

图 7-72　三线表

（3）无线式表格：表中各种栏均不出现。无线表的表格一般比较简单，由文字和数字、外文左右对照组成，不用线条分隔也能看得清楚。但一定注意表中各栏间距要大一些，各栏对齐、行与行对齐、层次段落清楚。

制作过程

1．创建新文档并利用表格布局

（1）创建新文档，宽度为 210 毫米，高度为 285 毫米，出血 3 毫米，设置边距值均为 0。

（2）将标尺零点设置在页面的左上角。

（3）创建一个与出血大小相同的文本框架。

（4）选择"表"｜"插入表"命令，在弹出的"插入表"对话框中进行设置，如图 7-73 所示。

（5）选择所有单元格，在"控制"面板中单击"行高"按钮，在其下拉列表框中选择"精确"选项。

（6）选中第一行单元格，在"行高"按钮右侧的数值框中输入 19 毫米，按 Enter 键可以将行高设置为 19 毫米。

（7）用上面的方法分别设置以下各行的行高。

第二行：42 毫米。第三行：7 毫米。第四行：47 毫米。第五行：7 毫米。

第六行：47 毫米。第七行：7 毫米。第八行：40 毫米。第九行：47 毫米。

第十行：5 毫米。第十一行：22 毫米。

（8）选中第一列单元格，在"控制"面板中设置"列宽"的数值为 73 毫米，第二列的"列宽"为 58 毫米，第三列的"列宽"为 85 毫米。

此时的版面如图 7-74 所示。

图 7-73　表格设置　　　　　　图 7-74　创建好布局时的表格

2．合并单元格并填充颜色

（1）按 F5 键，打开"色板"面板，在面板菜单中选择"新建渐变色板"命令，弹出"新建渐变色板"对话框，命名为"红红渐变"，设置左侧站点的颜色为 C0M100Y70K0，右侧站点的颜色为 C0M100Y10K0；再创建一个"红黄渐变"，左侧站点的颜色为 C0M100Y100K0，右侧站点的颜色为 C0M0Y100K0。

（2）将第一行的单元格全部选中并右击，在弹出的快捷菜单中选择"合并单元格"命令，在"色板"面板中设置填色为"红红渐变"，描边为"无"。

（3）分别将"行高"为 7 毫米的第 3、5、7 行单元格合并，填充"红红渐变"。

（4）将"行高"为 5 毫米的第 10 行单元格合并，填充"红黄渐变"，描边"无"。

（5）将"行高"为 22 毫米的第 11 行单元格合并，不填充任何颜色。

这时的页面效果如图 7-75 所示。

3. 设置单元格格式和文字格式

（1）选中第二列单元格，选择"表"｜"单元格选项"｜"文本"命令（或按 Ctrl+ Alt+B 组合键），弹出"单元格选项"对话框，在"单元格内边距"选项组中设置各边距值，如图 7-76 所示。

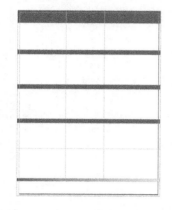

图 7-75　设置了渐变填充的页面　　　　　图 7-76　设置第一列的单元格内边距

（2）选中第三列单元格，选择"表"｜"单元格选项"｜"文本"命令（或按 Ctrl+Alt+B 组合键），弹出"单元格选项"对话框，设置"单元格内边距"，其中"上"、"下"各 1 毫米，"左"3 毫米，"右"13 毫米。

（3）选中整个表格，在"描边"面板中设置所有框线描边的粗细为 0 毫米。

（4）打开名为"文字素材"的 Word 文档，复制文字"买一台 2190CZ8 送键盘一个"到第一行的单元格中，设置文字格式为黑体、14 点、首行左缩进 13 毫米、纸色、单元格居中。

（5）复制"文字素材"中第一个表格上面的红色文字，粘贴到第二行的第一个单元格中，设置文字格式为宋体、9 点、首行左缩进 9 毫米、黑色、添加项目符号，设置单元格段落为居中对齐、垂直居中对齐。

（6）复制其他几段文字，使用"吸管工具"复制格式，设置单元格垂直居中对齐。

（7）选中单元格中的"2190CZ8"文字，设置字体为"方正大黑简体"、12 点，首行左缩进 0 毫米，段后间距 3 毫米，单元格居中对齐。选择"表"｜"将文本转换为表"命令，将其转换为表。

（8）这一个单行表的填充为黄色，描边粗细为 0 毫米

（9）使用"吸管工具"复制文字格式和该单元格的格式。

4. 在单元格中添加图片

（1）在空白处置入名称为"2190CZ8 加赠品"的图片，设置宽度为 52 毫米，高度为 38 毫米，使内容适合框架。

（2）剪切图片，使用"文字工具"选中第二列第二个单元格，粘贴图片。

（3）用同样的方法处理另外几幅图片，各图片的大小如下。

第二幅图片：宽度（W）为 52 毫米，高度（H）为 42 毫米。
第三幅图片：宽度（W）为 52 毫米，高度（H）为 42 毫米。
第四幅图片：宽度（W）为 50 毫米，高度（H）为 36 毫米。
第五幅图片：宽度（W）为 52 毫米，高度（H）为 42 毫米。

5．制作最右侧一列的表格

（1）复制“素材文字”中的第一个表格，在第二行第三列单元格中粘贴，按 Ctrl+A 组合全选所有文字，设置文字为 5 点。

（2）在“色板”面板中建立一个新颜色“小表描边”，颜色值为 C0M100Y75K0。

（3）选中所有文字，选择“表”｜“将文本转换为表”命令，将其转换为表。

（4）在“控制”面板中设置表格描边颜色为“小表描边”，竖直方向描边粗细为 0。

（5）用同样方法制作第三列其他表格。

（6）复制“以上促销活动即日起至 2008 年 4 月 30 日为止，数量有限，送完为止。”，在第十行的单元格中粘贴，设置首行左缩进为 10 毫米。

（7）在最后一行单元格中置入图片“信心承诺”，居右。

至此，宣传页制作完成，如图 7-50 所示。

思考练习

1．问答题

（1）表格中的垂直对齐有哪几种？

（2）如果要为表的外框设置描边，则应选择哪个菜单命令？

（3）为单元格描边时如果只需要为下边线描边，则应如何操作？

（4）在为表格设置交替填色时，如果不需要给标题行填色，则应在哪里设置？

（5）如何将已经设置好格式的单元格中的格式保存为单元格样式？

2．操作题

（1）建立一个表样式，要求外框线粗细为 2 点，类型为双线，填色时第一行不改变原来的颜色，每隔两行填充一次，颜色为 C30M0Y0K0。

（2）为本章制作的“汽车报价单”设置格式。

（3）制作如图 7-77 所示的表格。

<table>
<tr><th colspan="4">“嫦娥飞天”手机版（1部固话+捆绑的ADSL宽带）</th><th>套餐均享受以下优惠</th></tr>
<tr><td>套餐</td><td>金额（元）</td><td>套餐内本地通话时长（分钟）</td><td>套餐内ADSL宽带（超出部分0.05元/分钟）</td><td rowspan="7">● 超出套餐后本地通话费单价0.11元／分钟
● IP国内长途0.10元／分钟（本地通话费另行收取）
● 套餐内包含的增值包：固话悦铃、固话来显、宽带宝典的一个频道</td></tr>
<tr><td rowspan="6">基本套餐（宽带产品接入速率为512Kb）</td><td>45</td><td>200</td><td rowspan="2">宽带20小时限时包月</td></tr>
<tr><td>85</td><td>700</td></tr>
<tr><td>69</td><td>200</td><td rowspan="2">宽带40小时限时包月</td></tr>
<tr><td>109</td><td>700</td></tr>
<tr><td>139</td><td>200</td><td rowspan="2">宽带不限时包月</td></tr>
<tr><td>179</td><td>700</td></tr>
<tr><td>可选包</td><td colspan="4">● 1+生活：
a)不限时包月ADSL速率由512Kb上升到1Mb，每月多交纳18元
b)不限时包月ADSL速率由512Kb上升到2Mb，每月多交纳48元
c)不限时包月ADSL速率由512Kb上升到4Mb，每月多交纳118元
d)不限时包月ADSL速率由512Kb上升到8Mb，每月多交纳358元
e)限时包月ADSL速率由512Kb上升到1Mb，每月多交纳5元
f)限时包月ADSL速率由512Kb上升到2Mb，每月多交纳10元
● 家庭亲情号码：最多4部手机（联通世界风或小灵通）、1部固话内部通话包月10元。加入家庭亲情号码的手机赠送“炫生活”
● IP国内长途套餐包（不含台港澳）：100分钟/9元，560分钟/39元</td></tr>
</table>

图 7-77　表格效果图

本章回顾

　　在本章中主要学习了表的创建和编辑方法。在文本框架中可以创建表，表也可以添加到表格中。选择"表"｜"创建表"命令后，可以在弹出的"创建表"对话框中设置表的表头行、表尾行及行列的数量。创建的表以文本框架的宽度为表的宽度，以插入点字符的大小为行高，在"控制"面板和"表"面板中可以精确设置新的行高和列宽，也可以使用拖动鼠标的方法调整行高和列宽，在使用鼠标调整时注意功能键的使用。选择一个单元格中的文本可以设置文本字体、对齐等属性，以及文本的填色和描边，选择单元格则可以设置单元格的属性。在InDesign 中可以定义表样式和单元格样式，它们的使用方法与使用文字样式和段落样式一样，可以使工作效率得到极大的提高。在 InDesign 中可以很好地将 Microsoft Word 和 Microsoft Excel 文档中的表格导入。

排版《三维动画教程》——
主页与书籍

本章导读

    InDesign 可以处理多个页面，具有强大的页面管理功能，非常适合书籍的制作。书籍在排版中有其特定的要求，本章将以排版《三维动画教程》一书为例，介绍书籍排版的方法。同时，读者能体会到 InDesign 在书籍排版中的强大功能，如样式、多主页、页码的设置及书籍的创建等。

8.1　制作《三维动画教程》的主页——页面和主页

案例展示

    本案例排版了一本书，这本书有多章，这里只排了其中的两章，书中还有目录页及内容简介。一本书一般有统一的页面设置，包括页眉页脚及页码，一本书中的这些相同内容可以在主页中制作。对于有多个章节的书籍，因章名不同，每一章的书眉会略有不同，这就需要有多个主页。本节将介绍主页的设计，排版书籍制作好后的主页效果如图 8-1 所示。

看图解题

    本案例的制作要点如图 8-2 所示。

图 8-1　《三维动画教程》一个主页的效果

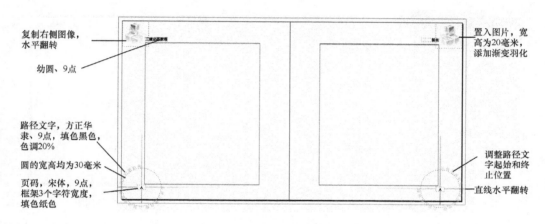

复制右侧图像，
水平翻转

幼圆、9点

置入图片，宽
高为20毫米，
添加渐变羽化

路径文字，方正华
隶、9点，填色黑色，
色调20%

圆的宽高均为30毫米

页码，宋体，9点，
框架3个字符宽度，
填色纸色

调整路径文
字起始和终
止位置

直线水平翻转

图 8-2　主页制作要点

重点掌握

➢ 页面和跨页的概念；
➢ 创建、应用与编辑主页的方法；
➢ 创建页眉、页脚和添加页码的操作方法。
友情链接：本案例的制作步骤见"制作过程"。

知识准备

在 InDesign 中，页面用于承载文档中的内容，是出版物的基本组成部分。对于多页出版物，有很多相同的元素（如页眉、页码等），为了使这些元素具有统一的外观、修改方便，可以其放置在主页上。

8.1.1　使用"页面"面板

在一个文档中有多个页面存在时，可能会遇到移到页面、插入页面、从一个页面向另一个页面复制内容等操作，这些都可以在"页面"面板中很方便地完成。

1．"页面"面板

在"页面"面板中可以插入或移动页面在文档中的位置，可以对页面、主页进行管理，以及对于它们进行控制。

（1）打开"页面"面板：选择"窗口"｜"页面"命令，或按 F12 键，打开"页面"面板，如图 8-3 所示。在该页面中上半部分显示了主页的信息，下半部分为页面的图标。在这个面板中，如果单击主页图标，则进入主页编辑状态；如果单击页面图标，则处于对页面的编辑状态。

在创建新文档时如果选中了"对页"复选框，则在有多页的文档中会见到一组一同显示的页面，这种页面称为跨页。在图 8-3 中的"页面"面板中显示的第 2 页和第 3 页就是跨页。

（2）更改"页面"面板的显示：在图 8-3 所示的"页面"面板中，图标垂直显示，而且图标比较大，如果要更改它的显示方式，可以选择"页面"面板菜单中的"面板选项"命令，弹出"面板选项"对话框，如图 8-4 所示。按图 8-4 进行设置后单击"确定"按钮，则"页面"面板的显示发生了变化，如图 8-5 所示。

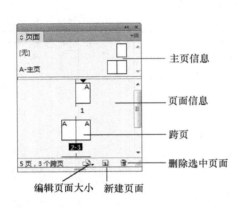

图 8-3 "页面"面板

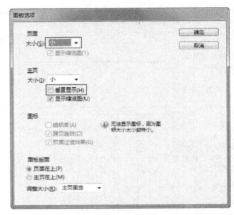

图 8-4 "面板选项"对话框

由图 8-5 可以看到主页被显示在下方，而且横向显示，但页面部分却是垂直显示的，如果需要更改为水平显示，则可以在面板菜单中选择"查看页面"｜"水平"命令。

2．在"页面"面板中添加和删除页面

添加删除页面的方法很多，如使用菜单命令、使用快捷键，在"页面"面板中也可以完成。在"页面"面板中可以方便地实现添加、删除、移动页面的操作，而且"页面"面板具有可视性，对于长文档来说完成起来更方便。

（1）选中页面：在"页面"面板中，有多种方法选中页面，下面介绍以下几种方法。

① 单击某一页面图标可以选中该页面，这时的图标为蓝色，如图 8-6 所示。

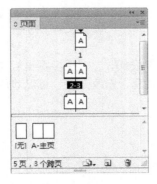

图 8-5 更改了显示的"页面"面板

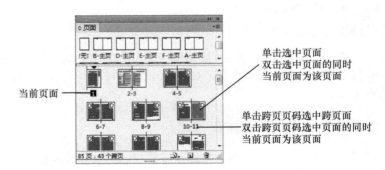

图 8-6 选择页面

② 双击某一页面选中了页面，同时文档窗口显示该页面，表示该页面为编辑状态。

③ 在跨页的页码上单击可以选中跨页。

④ 在跨页的页码上双击可以选中跨页的同时显示选中的跨页。

⑤ 选择第一个页面后，按住 Shift 键单击其他页面，可以选择两个页面之间的所有页面。

⑥ 按住 Ctrl 键单击其他页面，可以选择不相邻的页面。

（2）添加页面：如果要在某一页面或跨页之后添加页面，则应先在"页面"面板中选中该页面的图标，然后单击面板中的"新建页面"按钮 。

这时新页面将与现有的活动页面使用相同的主页，有关主页的知识将在以后进行介绍。

（3）删除页面：在"页面"面板中选中要删除的页面，选择面板菜单中的"删除页面"命令，或单击页面下端的"删除页面"按钮 。

3. 在"页面"面板中移动页面

用以下两种方法可以移动页面。

（1）在"页面"面板中拖动页面：在"页面"面板中选中要移动的页面图标，直接拖动到目标位置释放鼠标左键，即可完成页面的移动。

（2）使用面板菜单移动页面：在"页面"的面板菜单中选择"移动页面"命令，弹出"移动页面"对话框，如图 8-7 所示，在该对话框中进行相关设置后，单击"确定"按钮。

这种方法适用于很长的文档，在"页面"面板中直接拖动不好完成的情况。

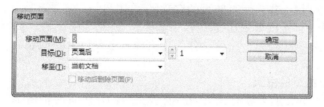

图 8-7 "移动页面"对话框

4. 在"页面"面板中复制页面和跨页

在"页面"面板中用下面几种方法可以直接复制页面。

（1）将跨页下的页面范围号码拖动到"新建页面"按钮。新的跨页将显示在文档的末尾。

（2）选择一个页面或跨页，在"页面"面板菜单中选择"直接复制页面"或"直接复制跨页"命令（在面板菜单中显示哪个命令与选中的是页面还是跨页有关）。新的页面或跨页将显示在文档的末尾。

（3）按住 Alt 键并将页面图标或位于跨页下的页面范围号码拖动到新位置。

复制页面或跨页将复制页面或跨页上的所有对象。从复制的跨页到其他跨页的文本串接将被打断。

8.1.2 主页

当一个页面应用主页后，主页上所有对象都将显示在该页面中，可以说主页类似于一个可以快速应用到许多页面的背景。主页上的对象只在主页上进行修改，对主页进行的更改将自动应用到关联的页面上。一般情况下，将文档中重复出现的徽标、页码、页眉和页脚放在主页上。

1．创建主页

InDesign 允许从头开始创建主页，也可以基于一个已经存在的主页创建主页。下面将介绍从头开始创建主页的操作方法。

（1）在"页面"面板菜单中选择"新建主页"命令，弹出"新建主页"对话框，如图 8-8 所示。

（2）在该对话框中指定下列选项。

① 在"前缀"文本框中，输入一个前缀，以标识"页面"面板中的各个页面应用的主页。最多可以输入 4 个字符，如图 8-9 所示。

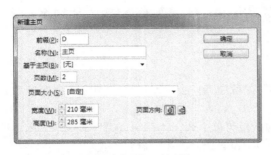

图 8-8 "新建主页"对话框

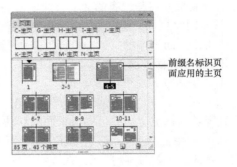

图 8-9 标识应用的主页

② 在"名称"文件框中输入主页跨页的名称。

③ 在"基于主页"下拉列表中选择"无"选项。

④ 在"页数"文本框中输入一个值，作为主页跨页中要包含的页数。

（3）单击"确定"按钮。

2．创建基于其他主页的主页

基于其他主页的主页会继承原有主页的所有设置，创建时有两种情况：一种是直接创建，另一种是将已经创建的主页设置为基于其他主页的主页。

（1）直接创建：创建方法与前面介绍的创建主页的方法相同，只是在选择"基于主页"时选择了相关的主页。

（2）使用面板菜单设置已经存在的主页是基于哪个主页的：选中要更改"基于主页"的主页，在面板菜单中选择"'XXX（主页名称）'主页选项"命令，弹出"主页选项"对话框，如图 8-10 所示，在该对话框的"基于主页"下拉列表中选择要基于哪个主页。

（3）选择要用做基础的主页跨页的名称，将其拖动到要应用该主页的另一个主页的名称上，如图 8-11 所示。

图 8-10 "主页选项"对话框

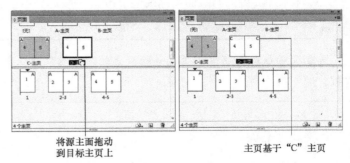

图 8-11 将基础主页拖动到主页上

3．从现有页面或跨页创建主页

利用已经创建好的页面可以创建新主页，有以下两种操作方法。

（1）将整个跨页从"页面"面板的"页面"部分拖动到"主页"部分，如图 8-12 所示。

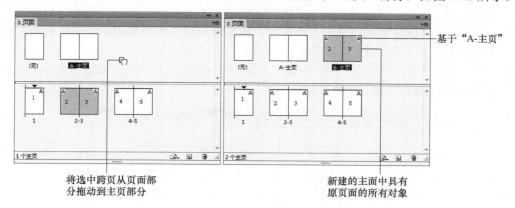

图 8-12　利用已经存在页面创建主页

（2）在"页面"面板中选择某一跨页，在"页面"面板菜单中选择"主页"｜"存储为主页"命令。

经过以上操作，原页面或跨页上的任何对象都将成为新主页的一部分，主页的名称自动命名。如果原页面使用了主页，则新主页将基于原页面的主页。

4．复制主页

在 InDesign 中复制主页的方法主要有以下两种。

（1）在"页面"面板中，将主页跨页的页面名称拖动到面板底部的"新建页面"按钮，如图 8-13 所示。

（2）在"页面"面板中，选择主页跨页的页面名称，在"页面"面板菜单中选择"直接复制主页跨页"命令。

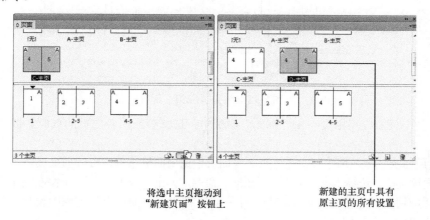

图 8-13　复制主页

以上两种方法复制的主页，其中的对象与原主页相同。

5．载入主页

可以从另一个 InDesign 文档中将主页导入到现用文档中。如果目标文档包含主页的名称与源文档中的任何主页名称不相同，则这些页面和它们的文档页面覆盖将保持不变。

（1）在"页面"面板菜单中选择"主页"｜"载入主页"命令，弹出"打开文件"对话框。

（2）在该对话框中找到并双击包含要导入的主页的 InDesign 文档。

如果被载入主页具有与当前文档中的主页相同的名称，则弹出系统提示对话框，根据提示进行设置。

6．应用主页

在一个文档中可以将主页应用于一个页面，也可以应用于多个页面，应用主页的方法有在"页面"面板中拖动主页到页面上和使用命令等方法。

（1）将主页应用于一个页面：在"页面"面板中将主页图标拖动到页面图标上。当黑色矩形围绕所需页面时释放鼠标左键，如图 8-14 所示。

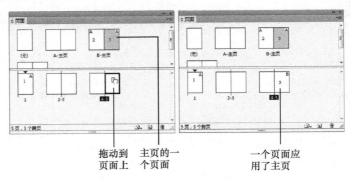

图 8-14　将主页应用于一个页面

（2）将主页应用于跨页：在"页面"面板中将主页图标拖动到跨页的边上。当黑色矩形围绕所需跨页中的所有页面时释放鼠标左键，如图 8-15 所示。

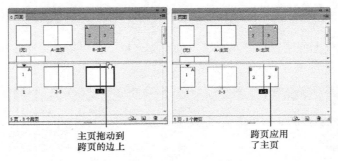

图 8-15　将主页应用于跨页

（3）为多个页面应用主页：在"页面"面板中，选择要应用新主页的页面。按住 Alt 键并单击某一主页。

（4）使用面板菜单应用主页：在"页面"面板中使用面板菜单也可应用主页。

① 在面板菜单中选择"将主页应用于页面"命令，弹出"应用主页"对话框，如图 8-16 所示。

② 为"应用主页"下拉列表中选择一个主页，在"于页面"下拉列表中设置页面范围。

③ 单击"确定"按钮。

（5）添加基于不同主页的页面：在添加新的页面时可以选择要使用的主页。

① 在"页面"面板菜单中选择"插入页面"命令，弹出"插入页面"对话框，如图 8-17 所示。

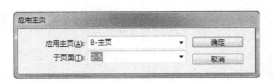

图 8-16　"应用主页"对话框

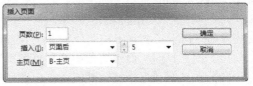

图 8-17　"插入页面"对话框

② 在"页数"文本框中输入要插入的页数；在"插入"选项组中选择新页面要插入的位置；在"主页"下拉列表中选择要使用的主页。

③ 单击"确定"按钮。

7．删除主页

不再使用的主页可以删除，删除主页的操作方法如下。

（1）在"页面"面板中，选中一个或多个主页图标。

（2）执行以下操作之一。

① 将选中的主页或跨页图标拖动到面板底部的"删除"图标上。

② 单击面板底部的"删除"图标。

③ 选择面板菜单中的"删除主页跨页[跨页名称]"命令。

8.1.3　编排页码和章节

多页的文档一般需要添加页码，默认情况下，InDesign 编排的第一页是页码为 1 的页面。页码为奇数的页面始终显示在右侧。对于多页面的文档，编排合适的页码对于阅读和编辑都有很重要的作用。

1．添加自动更新的页码

自动页码可以按文档的顺序自动编号，在主页上添加自动页码，它将显示该主页前缀。在文档页面上添加自动页码，将显示页码。在一本书中需要页码的位置、样式统一，所以一般将其添加到主页上。添加自动更新页码的操作步骤如下。

（1）创建一个新的文本框架，该框架应足够大以容纳最长的页码，以及要在页码旁边显示的任何文本（如第 X 页）。将文本框架置于要显示页码的位置。

 提示

如果要将页码显示在基于某个主页的所有页面上，则应在主页上创建文本框架，文本框架要足够大，以便数字长时能全部显示。

（2）将插入点定位在需要显示页码的位置（如第和页之间的位置），选择"文字"|"插入特殊字符"|"标志符"|"当前页码"命令。

在主页中插入的自动页码如图 8-18（a）所示，完成插入自动页码的操作后在页面上显示的页码如图 8-18（b）所示。如果是对页文档，则在主页的左页和右页都要添加自动页码。

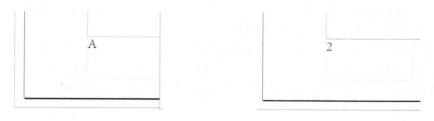

<table>
<tr><td>（a）主页中添加的页码</td><td>（b）第 2 页显示的页码</td></tr>
</table>

图 8-18　插入自动页码

2．更改页码格式

在 InDesign 中，可以设置不同样式的页码，具体操作方法如下。

（1）没有选择页面或者选择开始页时，选择"版面"|"页码和章节选项"命令，弹出"新

建章节"对话框，如图 8-19 所示。

（2）在该对话框中设置"章节前缀"、"样式"等参数，单击"确定"按钮，完成后的效果如图 8-20 所示。

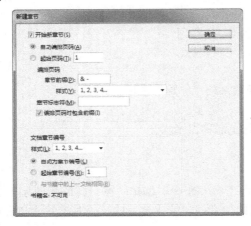

图 8-19 "新建章节"对话框   图 8-20 修改了参数的页码

在上面的操作中如果选择了某个页面再进行操作，则会从选择的页面开始改变页码样式。使用汉字或全角数字作为页码时，必须使用中文字体，否则页码不能显示。

3．添加自动更新的章节标志符

添加自动更新的章节标志符的方法如下。

（1）在章节中使用的页面或主页上创建一个文本框架，该框架应足够大以容纳章节标志符文本，或者在现有框架中单击。

（2）选择"文字"｜"插入特殊字符"｜"标志符"｜"章节标志符"命令。

8.1.4　实用技能——书眉和页码

页码表示图书版面的顺序，图书的页码格式必须全书统一。页码的编排顺序一般有两种：一种是从书名页起全书顺序编码，另一种是前言、目录、正文和附录各自独立编码。有时根据设计需要，凡另页、另面起排的篇名页、章名页空白页和没有文字的插图页不排页码，不排页码的页若不计页码，则称为空码；计页码数时称为暗码。

在天头位置排的页码、篇章名、检索词等内容称为书眉，书眉的作用不仅是便于读者查阅，也有一定的装饰作用。书眉格式必须全书统一，书眉可用与正文相同或不同的字体，字号通常比正文要小，目前很多出版物的书眉还添加了底纹和装饰符号，新颖又有特色。

制作过程

1．制作"A-前言"主页的页眉

（1）建立新的文档，22 页，宽度为 203 毫米、高度为 260 毫米，对页，边距设置如下：内为 23 毫米、外为 20 毫米、上为 23 毫米、下为 15 毫米，出血为 3 毫米。

（2）按 F12 键，打开"页面"面板，双击"A-主页"的主页图标，进入该主页的编辑状态。

下面先编辑页眉。

（3）在左侧页面绘制一条与版心同宽的直线，描边粗细为 0.5 点，颜色为黑色，利用"控制"面板将它移到距页面上边线 18 毫米处，左右与版心对齐，再复制一次，移到右侧页面相对应的位置。

（4）置入名为"立方体.jpg"的文件，选择"对象"｜"效果"｜"渐变羽化"命令，弹出"效果"对话框，同时显示"渐变羽化"选项卡，设置角度为 90º，渐变色标上的菱形块位置约为 45%，如图 8-21 所示。

（5）将图片的宽度和高度都调整为 20 毫米，将它移到页面的右上角，如图 8-22 所示。

此时右上角编辑完成。

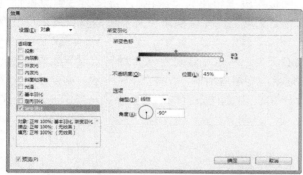 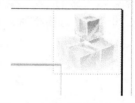

图 8-21　"效果"对话框　　　　　　　　图 8-22　"A-主页"主页的右上角

（6）复制立方体图片，单击"控制"面板中的"水平翻转"按钮，再将它移到左侧页面的左上角。

（7）按住 Ctrl 键从水平标尺上拖动出一条跨页参考线，"Y"值为 16.5 毫米，在左上角创建文本框架，输入文字"三维动画教程"，设置文字为幼圆、8 点，左对齐，将它移到左侧页面，与版心左边线对齐，文字下边线与 16.5 毫米参考线对齐。

完成后页眉的效果如图 8-23 所示。

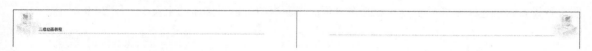

图 8-23　"A-主页"主页的页眉

2．制作"A-前言"主页的页脚

（1）绘制一个高度和宽度均为 25 毫米的圆，右击"文字工具" T，切换到"路径文字工具" ，将鼠标指针移到圆上并单击，输入文字"三维动画教程　三维动画教程　三维动画教程"，设置文字为方正华隶简体、8 点，使用"选择工具" 调整文字的起始点和终止点，如图 8-24 所示。

（2）设置圆的描边为"无"，将其移到页面左下角，如图 8-24 所示，完成后在"色板"面板中设置文字填色的色调为 20%。

（3）绘制一条长 100 毫米的水平直线，设置描边的"粗细"为 2 点，"类型"为空心菱形，并选中直线，选择"窗口"｜"颜色"｜"渐变"命令，打开"渐变"面板，双击渐变图标，如图 8-25 所示。

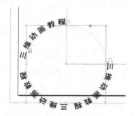 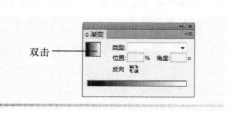

图 8-24　设置路径文字　　　　　　　　图 8-25　设置水平直线的描边

（4）复制直线，单击"控制"面板中的"逆时针旋转 90°"按钮 ，调整线条长度为 140 毫米，将以上两条直线移到版心左下角，垂直线的"X"值为 15 毫米，水平线的"Y"值为 250 毫米，均覆盖出血，如图 8-26 所示。

（5）创建一个文本框架，选择"文字"｜"插入特殊字符"｜"标志符"｜"当前页码"命令，插入当前页码，这时显示的为"A"，选中文字，设置文字为宋体、9 点，居中对齐，复制两个 A，调整框架大小，使框架正好贴合在文字上，删除两个 A，只保留一个。

这样做的目的是使框架能排 3 个字符，满足页码要求。

（6）使用"选择工具" 选择页码的框架，单击"控制"面板中的"居中对齐"按钮 ，使文字在框架中垂直居中，在"色板"面板中设置填色为"纸色"，将框架移到两条直线的交叉点，再将路径文字的中心移到两条直线的交叉点上，并调整路径文字起始点和终止点的位置，如图 8-26 所示。

（7）复制左下角的所有对象，移到右下角，将水平线进行水平翻转，设置垂直线的"X"值为 390 毫米，水平线的"Y"值为 250 毫米，均覆盖出血，如图 8-26 所示。调整路径文字的起始点和结束点的位置，再将路径文字和页码的中心移到两条直线的交叉点上，如图 8-27 所示。

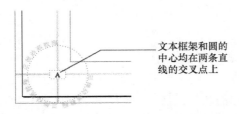
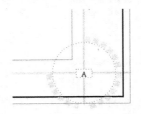

图 8-26　左下角页脚的设置　　　　　　　图 8-27　右下角页脚的设置

3．制作其他主页

（1）在"页面"面板中单击"新建主页"按钮，弹出"新建主页"对话框，如图 8-28 所示，按图进行设置，创建一个新的主页，此时在"页面"面板中可以看到新的主页，如图 8-29 所示。

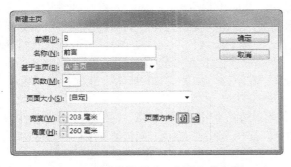
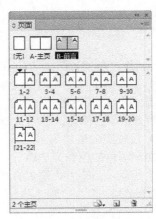

图 8-28　新建基于"A-主页"的主页　　　　图 8-29　新的主页"B-前言"

此时"B-前言"主页处于编辑状态，它继承了"A-主页"主页的所有对象，但这些对象不能在本主页中编辑，只有进入"A-主页"才能修改。如果修改了"A-主页"中的内容，则同时也修改了现在已经建立成功的"B-前言"主页。

（2）创建一个文本框架，输入文字"前言"，设置文字为幼圆、8 点，右对齐，将它移到版心上边线的上方，与版心右边线对齐，文字下边线与 16.5 毫米参考线对齐，如图 8-30 所示。

（3）重复前两步的操作，再创建一个新主页，名称为"目录"，基于"A-主页"，完成后在"页面"面板中显示为"C-目录"图标。进入它的编辑状态，在图 8-30 中"前言"的位置处创建文本框架，输入文字"目录"，文字为幼圆、8 点，右对齐。

（4）再创建一个基于"A-主页"的新主页"D-第 1 章"，进入它的编辑状态，在右上角创建文本框架，内容为"第 1 章"，文字为幼圆、8 点，右对齐，在它的前面再创建一个文本框架，输入文字"打开并调整视口"，文字设置与"第 1 章"文字设置相同，在两个框架之间加一条垂直线，描边为 0.5 点，80%黑色，如图 8-30 所示，选中两个文本框架和竖线，按 Ctrl+C 组合键复制。

（5）再创建一个基于"A-主页"的新主页"E-第 2 章"，进入它的编辑状态，选择"编辑" ｜ "原位粘贴"命令，将内容修改为"第 2 章"、"制作听瀑亭场景"，如图 8-30 所示。

至此，主页建立完成，此时的"页面"面板如图 8-31 所示。

图 8-30 "B-前言"等 3 个主页的右上角　　　　　图 8-31 创建完成的主页

思考练习

1．问答题

（1）有几种方法可打开"页面"面板？

（2）在"页面"面板中怎样移动页面？至少说出两种方法。

（3）载入主页时，当目标文档中主页名称与现有名称相同时，有几种处理方法？它们的作用是什么？

（4）如何更改"页面"面板的显示方式？

（5）怎样添加页码？

2．操作题

为"手机使用说明书"设计主页，要求如下。

（1）建立新的文档，22 页，高度为 148 毫米、宽度为 105 毫米，边距设置如下：内为 11 毫米、外为 8 毫米，上为 9 毫米，下为 8 毫米。

（2）将"A-主页"改名为"A-入门"。

（3）进入主页的编辑状态，在左侧页面设置页眉"使用说明书"，右侧设置页眉"使用入门"，同时设计页眉的装饰。

（4）插入页码，要求页码最多显示两个字符。

（5）复制前面的主页，命名为"B-帮助"，将"使用入门"修改为"查找帮助"。

8.2 制作《三维动画教程》的正文——使用样式

案例展示

本案例制作的"三维动画教程"一书的正文如图 8-32 所示，这里只展示了一本书中的 3 个页面。书籍的篇幅一般比较长，大多数图书用篇、章、节划分，在排版时需要使用不同的标题来区分它们。排版正文时为了格式的统一及为后期工作做准备，对标题使用了样式。

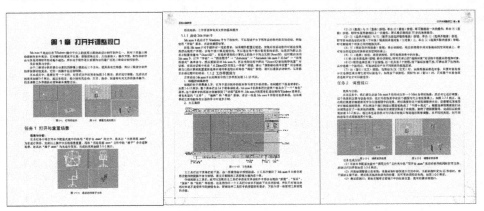

图 8-32 《三维动画教程》正文效果

看图解题

本案例制作要点如图 8-33 所示。

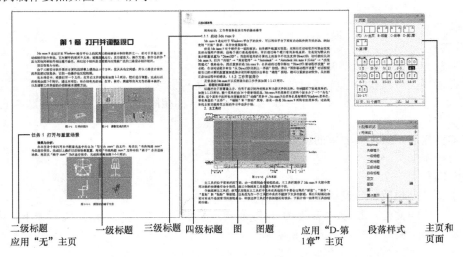

图 8-33 《三维动画教程》正文的制作要点

重点掌握

➢ 创建新样式的方法；

210

➤ 修改样式的方法；

➤ 使用样式的方法。

友情链接：本案例的制作步骤见"制作过程"。

知识准备

一本书中有多级标题，同级文字应具有相同的格式，正文也应有相同的格式。如果每一个标题全部手工设置就会非常麻烦，而且一旦更改标题的格式，就需要对每个标题进行修改，而使用样式可以解决这个问题。本节将介绍有关字符样式和段落样式的创建、编辑和应用。

8.2.1 创建并使用字符样式

字符样式是通过一个步骤即可为文本应用上一系列字符格式属性的集合。

1. 创建字符样式

创建字符样式的具体操作如下。

（1）选择"文字"｜"字符样式"命令（或按 Shift+F11 组合键，或选择"窗口"｜"样式"｜"字符样式"命令），打开"字符样式"面板，如图 8-34 所示。

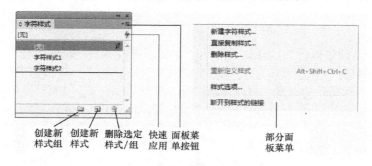

图 8-34 "字符样式"面板

（2）在"字符样式"面板菜单中选择"新建字符样式"命令，弹出"新建字符样式"对话框，如图 8-35 所示，这个对话框中的默认参数与当前选择的样式有关。

 提示

如果单击"字符样式"面板下方的"创建新样式"按钮 ，则会以以当前字符样式为样本直接创建一个新的字符样式。

（3）在"样式名称"文本框中键入新样式的名称。

（4）在"基于"下拉列表中选择当前样式基于的样式。

（5）如果需要添加快捷键，则应将插入点定位在"快捷键"文本框中（要确保 Num Lock 键已打开），按住 Shift、Alt 或 Ctrl 键的任意组合，并按数字小键盘上的数字。

（6）选择左侧列表框中的某个选项卡（如"基本字符格式"），可显示相应的参数，根据需要进行设置即可。

（7）单击"确定"按钮。

2. 应用字符样式

创建好样式后，如果将样式应用于选择的文本，则选中的文本格式与样式定义的文本格式相同，当样式修改后，文本相应进行修改。应用字符样式的具体操作如下。

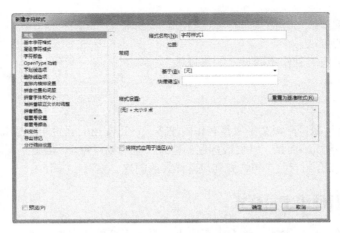

图 8-35　"新建字符样式"对话框

（1）选中需要使用样式的文本。

（2）在"字符样式"面板中单击字符样式的名称（如果设置了快捷键，则可按快捷键）。

即时体验

按下述要求操作。

（1）创建一个新的段落样式，样式名称为"正文段落样式"，基于"无"，在"基本字符格式"中设置"字体系列"为"宋体"、"大小"为 10.5 点。在"字符颜色"中设置字符颜色为60%灰。在"缩进和间距"中设置"对齐方式"为"双齐末行居左"，"首行左缩进"7.4 毫米。

（2）创建一个新的段落样式，样式名称为"小标题段落样式"，基于"无"，在"基本字符格式"中设置"字体系列"为"方正大黑简体"，"大小"为 14 点，"行距"为 24 点。在"字符颜色"中设置字符颜色为 60%青，描边颜色为青。在"着重号设置"中设置"位置"为-2、"下左"，"大小"为 6 点，"对齐"为"居中"，"字符"为"实心圆点"。在"着重号颜色"中设置颜色为黄色，描边为黑色。

（3）创建一个新的字符样式，样式名称为"强调样式"，基于"无"，在"基本字符格式"中设置字体为"黑体"，"大小"为 12 点，字符颜色为黑。

完成后将样式应用于文字，观察效果。

3．编辑字符样式

更改字符样式的具体操作如下。

（1）在"字符样式"面板中选中需要更改的样式。

（2）直接双击该样式（或右击，在弹出的快捷菜单中选择"编辑[样式名称]"命令），弹出"字符样式选项"对话框，如图 8-36 所示。

（3）根据需要修改样式。

（4）单击"确定"按钮。

4．删除字符样式

不再需要的样式，可以将其删除，删除字符样式的具体操作如下。

（1）在"字符样式"面板中选中不再需要的样式。

（2）单击面板中的"删除选定样式/组"按钮 （或选择面板菜单中的"删除样式"命令，或右击，在弹出的快捷菜单中选择"删除样式"命令）。

（3）如果是已经应用过的样式，则弹出"删除字符样式"对话框，如图 8-37 所示，根据需要在"并替换为"下拉列表中选择删除了该样式以后使用什么样式去替代。

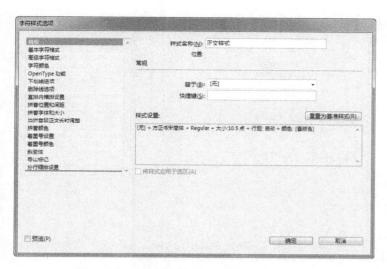

图 8-36 "字符样式选项"对话框

图 8-37 "删除字符样式"对话框

（4）单击"确定"按钮。

提示

　　如果不需要删除样式，只希望将应用了样式的文本更换状态，则可以选中需要更换样式的文本，在"字符样式"面板中选择"无"样式。

8.2.2 创建并使用段落样式

　　段落样式包括字符和段落格式属性，并且可以应用于选定的一个段落或一系列段落。当更改一种样式的格式时，以前应用这种样式的文本全都会更新为新的格式。

1．创建段落样式

创建段落样式的具体操作如下。

（1）选择"文字"｜"段落样式"命令（或按 F11 键，或选择"窗口"｜"样式"｜"段落样式"命令），打开"段落样式"面板，如图 8-38 所示。

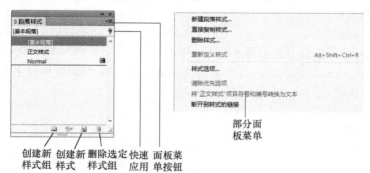

图 8-38 "段落样式"对话框

　　（2）在"段落样式"面板菜单中选择"新建段落样式"命令，弹出"新建段落样式"对话框，如图 8-39 所示。

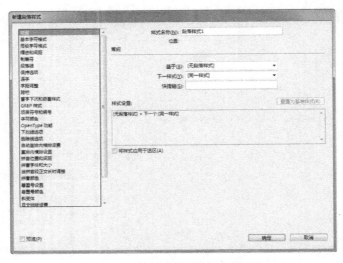

图 8-39 "新建段落样式"对话框

注意：该对话框中默认参数与在页面中选中的样式有关。

（3）在"样式名称"文本框中输入新样式的名称。

（4）在"基于"下拉列表中选择当前样式基于的样式。

（5）在"下一样式"下拉列表中选择相应的样式，用于指定当按 Enter 键时在当前样式之后应用的样式。

（6）如果需要添加快捷键，则将插入点定位在"快捷键"文本框中（确保 Num Lock 键已打开），按住 Shift、Alt 或 Ctrl 键的任意组合，并按数字小键盘上的数字。

（7）选择左侧列表框中的某个选项卡（如"缩进和间距"），显示相应的参数，根据需要进行设置即可。

（8）单击"确定"按钮。

默认情况下，每个新文档中都包含一个"基本段落"样式，即使没有建立任何样式，系统也会将该样式应用于输入的文本。此样式可以编辑，但不能重命名或删除。

2．应用段落样式

在文本中使用段落样式的具体操作如下。

（1）在段落中单击，或者选择要应用该样式的全部或部分段落。

（2）在"段落样式"面板中单击段落样式的名称（如果设置了快捷键，则可按快捷键）。

3．编辑段落样式

修改样式的具体操作如下。

（1）在"段落样式"面板中选中需要更改的样式。

（2）直接双击该样式（或右击，在弹出的快捷菜单中选择"编辑[样式名称]"命令），弹出"段落样式选项"对话框。

（3）根据需要修改样式。

（4）单击"确定"按钮。

即时体验

按下述要求操作。

（1）创建一个复合字体，名称为"标题复合字体"，基于字体为默认，要求汉字为黑体，标点为黑体，符号为黑体，罗马字为 Monotype Corsiva，数字为 Arial Italic。

（2）创建一个新的段落样式，样式名称为"小标题段落样式"，具体参数如下。

基于"无"；"字体系列"为"标题复合字体"，"大小"为 14 点，"行距"为 24 点；字符颜色为 60%青，描边颜色为青；着重号"位置"为-2、"下左"、"大小"为 6 点、"对齐"为"居中"、"字符"为"实心圆点"；着重号颜色为黄色，描边为黑色。

8.2.3　样式使用技巧

在 InDesign 中，除了字符样式、段落样式以外，还有表样式、对象样式等，有关样式的操作有一些技巧，例如：可以从其他文档导入样式，使用 Word 中的样式等。

1．从其他文档导入样式

将另一个 InDesign 文档中的段落和字符样式导入到当前文档中的操作方法如下。

（1）在"字符样式"面板菜单中选择"载入字符样式"命令。

（2）在弹出的"打开"对话框中，双击包含要导入样式的 InDesign 文档，弹出"载入样式"对话框，如图 8-40 所示。

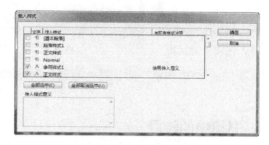

图 8-40　"载入样式"对话框

（3）选择需要导入的样式，单击"确定"按钮。

在图 8-40 中的"与现有样式冲突"列中出现了"使用传入定义"选项，如果单击此列，则会弹出下拉列表，其中有两个选项，它们的作用如下。

① 使用传入样式定义：用载入的样式覆盖现有样式，并将它的新属性应用于当前文档中使用旧样式的所有文本。传入样式和现有样式的定义都显示在"载入样式"对话框的下方，以便查看它们的区别。

② 自动重命名：重命名载入的样式。例如，如果两个文档都具有"标题 1"样式，则载入的样式在当前文档中会重命名为"标题 1 副本"。

除了前面介绍的方法外，在"段落样式"面板中单击"载入所有文本样式"按钮（或在"段落样式"面板菜单选择"载入段落样式"或"载入所有样式"命令），都会弹出与图 8-40 类似的"载入样式"对话框，用法相同。

2．将 Word 样式转换为 InDesign 样式

将 Word 文档导入 InDesign 前，可以将 Word 中使用的每一种样式映射到 InDesign 中。这样可以指定 InDesign 使用哪些样式来设置导入文本的格式。每个导入的 Word 样式的旁边都会显示磁盘图标。

（1）选择"文件"｜"置入"命令，弹出"置入"对话框，在该对话框中选中"显示导入选项"复选框，单击"打开"按钮或双击需要置入的 Word 文档。

（2）在弹出的 Microsoft Word 导入选项对话框中，选中"保留文本和表的样式和格式"单选按钮，再选中"自定样式导入"单选按钮，如图 8-41 所示，这时"样式映射"按钮可用。

（3）单击"样式映射"按钮，弹出"样式映射"对话框，如图 8-42 所示。在该对话框中，选择 Word 样式，从"InDesign 样式"列中选择一个选项。

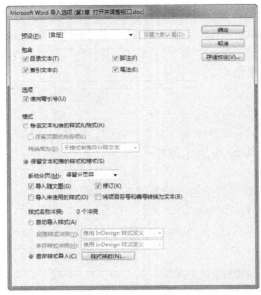

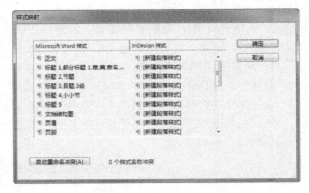

图 8-41　"Microsoft Word 导入选项"对话框　　　　图 8-42　"样式映射"对话框

（4）单击"确定"按钮，关闭"样式映射"对话框，回到 Microsoft Word 导入选项对话框，单击"确定"按钮完成导入。

8.2.4　实用技能——书籍中的标题

在图书中标题占有很重要的地位，随着计算机排版软件的发展、字体的开发，标题的形式更加多变、灵活。

任何一种出版物都有不同级别、不同形式的标题。当读者拿到一本书或一张报纸时，首先会注意到标题，因此标题不仅是读者的向导，也是出版物的窗口。

图书标题一般变化较小，但层级详细、层次鲜明、格式统一、字体字号前后一致。在字体、字号的选用上与正文的对比不宜过于强烈。标题中一般除书名号、引号外，不应出现标点符号，标题中的停顿可以用空格表示，如果确实要使用某种标点符号，则应使用同号的半角标点，标题的末尾除问号与感叹号以外，一般不使用标点。

图书中一般按不同级别来划分不同的标题。一般把一本书中最大的标题称为一级标题，依次排列为二级标题、三级标题，以此类推。标题分级的多少，要根据正文结构的层次不同而决定。结构简单的只有篇名，或章名或序号；结构复杂的，则有部、篇、章、节、目等不同次级的标题。同一级别的标题不仅要用相同的字体字号，在排版格式上也应相同。在同一级别中，所用符号及序号也应相同。

制作过程

1．创建字符样式和段落样式

（1）选择"窗口"｜"样式"｜"段落样式"命令，打开"段落样式"面板，在面板菜单中选择"新建段落样式"命令，弹出"新建段落样式"对话框，在其"常规"选项卡中设置样式名称为"一级标题"，基于"无段落样式"；在"基本字符格式"选项卡中设置"字体系列"为"方正综艺体简体"，"大小"为 24 点，"行距"为 48 点；在"字符颜色"选项卡中设置字符填色为黑，描边为无，如图 8-43 所示，单击"确定"按钮，完成段落样式的创建。

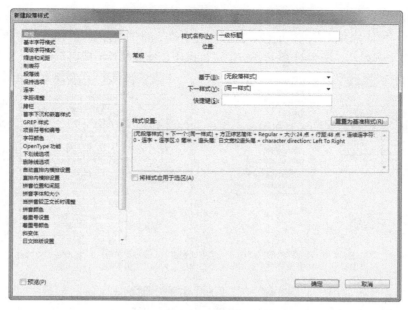

图 8-43　"新建段落样式"对话框

（2）创建一个段落样式，名称为"内容简介"，基于"无段落样式"；在"基本字符格式"选项卡中设置"字体系列"为"黑体"，"大小"为 9 点；在"字符颜色"选项卡中设置字符填色为黑，描边为无；在"缩进和间距"选项卡中设置"段后间距"为 4 毫米，"对齐方式"为居中。

（3）创建一个新的段落样式，名称为"二级标题"，基于"无段落样式"，"字体系列"为黑体，"大小"为 16 点，"行距"为自动；在"字符颜色"选项卡中设置字符填色为黑，描边为无；在"缩进和间距"选项卡中设置"段前间距"为 5 毫米，"段后间距"为 2 毫米。

（4）创建一个新的段落样式，名称为"三级标题"，基于"无段落样式"，"字体系列"为黑体，"大小"为 12 点，"行距"为 16 点；在"字符颜色"选项卡中设置字符填色为黑，描边为无；在"缩进和间距"选项卡中设置"首行缩进"为 5 毫米，"段前间距"为 2 毫米，"段后间距"为 1 毫米。

（5）创建一个新的段落样式，名称为"四级标题"，基于"无段落样式"，"字体系列"为黑体，"大小"为 10.5 点，"行距"为 14 点；在"字符颜色"选项卡中设置字符填色为黑，描边为无；在"缩进和间距"选项卡中设置"首行缩进"为 7.4 毫米，"段前间距"为 2 毫米，"段后间距"为 1 毫米。

（6）创建一个新的段落样式，名称为"正文"，基于"无段落样式"，"字体系列"为"宋体"，"大小"为 10.5 点，"行距"为 14 点；在"字符颜色"选项卡中设置字符填色为黑，描边为无；在"缩进和间距"选项卡中设置"首行左缩进"为 7.4 毫米。

（7）创建一个新的段落样式，名称为"图题"，基于"无段落样式"，"字体系列"为"宋体"，"大小"为 9 点；在"字符颜色"选项卡中设置字符填色为黑，描边为无；在"缩进和间距"选项卡中设置"对齐方式"为居中，"段前间距"为 1 毫米，"段后间距"为 2 毫米。

（8）创建一个新的段落样式，名称为"图"，基于"基本段落样式"，在"缩进和间距"选项卡中设置"对齐方式"为居中，"段前间距"为 2 毫米，"段后间距"为 1 毫米。

（9）创建一个新的段落样式，名称为"重点提示"，基于"无段落样式"，"字体系列"为"宋体"，"大小"为 10.5 点，"行距"为 14 点；在"字符颜色"选项卡中设置字符填色为黑，描边为黑，描边粗细为 0.5 点；在"缩进和间距"选项卡中设置"首行左缩进"为 7.4 毫米，"段前间距"为 2 毫米，"段后间距"为 1 毫米。

2．排版内容简介及前言

对于从左到右装订的图书，起始页都在右手页，此页一般排扉页，它的背面排版权页，内容简介一般排在版权页上，这里只排版内容简介，其他内容各出版社格式固定。由于内容简介实际上是第 2 页，所以这里需要先对页面进行调整，再排版。

（1）按 F12 键，打开"页面"面板，选择面板菜单中的"查看页面"｜"水平"命令，将页面图标在面板中水平排列，如图 8-44 所示，按图进行操作，使前两页形成跨页。

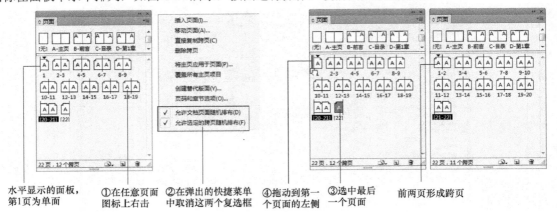

图 8-44　在"页面"面板中调整页面

在"页面"面板中双击第 1 页，这时屏幕上显示第 1 页，可以看到左右两页都有页眉页脚，而且使用的是"A-主页"主页，一般情况下内容简介在版权页，这页不显示主页中的内容，右侧页面中是前言，在这本书的设计中前言是要使用主页的。

（2）在"页面"面板中将"无"主页拖动到第 1 页上，如图 8-45 所示，用同样的方法将"B-前言"主页拖动到第 2 页上。

（3）在页面图标上右击，在弹出的快捷菜单中选择"章节和页面选项"命令，弹出"新建章节"对话框，如图 8-46 所示，选择"样式"为大写罗马数字，单击"确定"按钮。

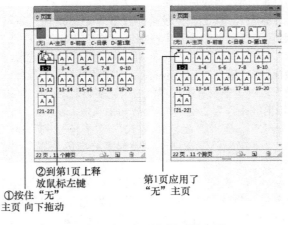
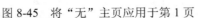

图 8-45　将"无"主页应用于第 1 页

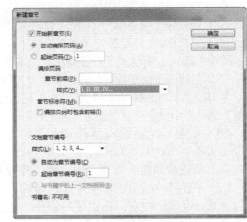

图 8-46　"新建章节"对话框

（4）按 Ctrl+D 组合键，弹出"置入"对话框，按图 8-47 进行设置，单击"确定"按钮，在对话框中选中"移去文本和表的样式和格式"单选按钮，单击"确定"按钮，显示置入的鼠标指针，将鼠标指针移到版心的左边线处单击，形成与版心同宽的文本框架。

（5）选中文字"内容简介"，在"段落样式"面板中选择"内容简介"样式。

（6）选中内容简介中的正文，设置文字为宋体、9 点，"行距"为 12 点，"首行左缩进"为 6.3 毫米。

（7）进入第 2 页的页面，用前面的方法将"前言"文件置入到第 2 页并形成与版心同宽的文本框架。选中文本框架，在"控制"面板中设置参考点为右上角，将文本框架的"Y"值设置为 45 毫米。

（8）创建一个与版心同宽的文本框架，输入文字"前　言"，设置文字为方正小标宋，36点，居中对齐。选择框架，将它移到版心上边线与正文中间的位置，如图 8-48 所示。

图 8-47　"置入"对话框　　　　　　　　图 8-48　内容简介和前言的排版效果

3．排版第 1 章的文字内容

在本文档中前两页用于排版"内容简介"和"前言"，第 3、4 页放置目录，在本节不介绍如何排目录，但将这两页空出来，从第 5 页开始排第 1 章。从"页面"面板中可以看到现在所有页面都应用了罗马数字作为页码，实际上只希望文前用罗马数字，从第 1 章开始使用数字页码，而且从第 1 页开始编排页码，所以在排版之前先设置页码。

（1）在"页面"面板中选择第 5 页，按住 Shift 键再选择最后一页，将这些页全部选中并右击，在弹出的快捷菜单中选择"将主页应用于页面"命令，弹出"应用主页"对话框，如图 8-49所示，按图中所示进行设置，单击"确定"按钮，将"D-第 1 章"主页应用于选择的对象。

（2）选择"版面"｜"章节和页码选项"命令，弹出"新建章节"对话框，参看图 8-46，在"样式"下拉列表中选择"1，2，3，4…"选项，选中"起始页码"单选按钮，在后面的数值框中输入"1"，单击"确定"按钮，弹出"警告"对话框，单击"确定"按钮，完成主页码的设置，这时的"页面"面板如图 8-50 所示。

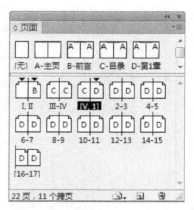

图 8-49　"应用主页"对话框　　　　　　　图 8-50　"主页"面板

（3）在"页面"面板中双击页码为"1"的页面，在窗口中显示该页面，选择"文件"｜"置入"命令，弹出"置入"对话框，选中"显示导入选项"复选框，不使用网格，选择本书配套素材中的文件"第 1 章 打开并调整视口"，单击"确定"按钮。

（4）在弹出的 Microsoft Word 导入选项对话框中选择合适的参数，如图 8-51 所示，仔细核对对话框下半部分参数的设置，单击"确定"按钮。

如果文件中字体在本机中没有安装，则会出现缺失字体的情况，本案例正好出现了缺失字体的情况。

（5）由于缺失字体，会弹出"缺失字体"对话框，单击"查找字体"按钮，弹出"查找字体"对话框，如图 8-52 所示，按图进行设置，单击"完成"按钮。

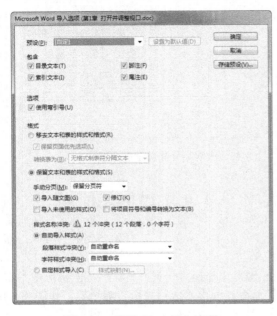

图 8-51　设置 Word 导入选项　　　　　图 8-52　"查找字体"对话框

（6）这时鼠标指针会变为置入文本的形状，将鼠标指针移到版心的左上角，按住 Shift 键单击，形成自动排文，这时所有的内容自动排入页面，其中的一页如图 8-53 所示。

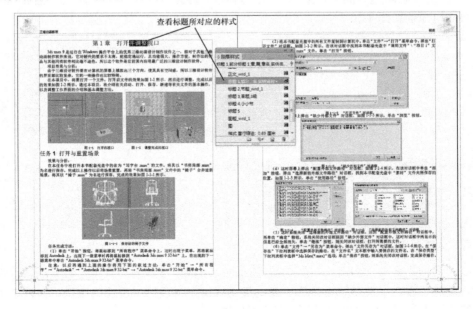

图 8-53　查看标题对应的样式

　　由于导入时 Word 中的样式比较多而且乱，需要删除不使用的标题，并用 InDesign 中的样式替换原样式。

　　（7）使用"文字工具"　，将光标定位在不同级别的标题上，查看正在使用的样式，并将其记录下来，如图 8-53 所示。

　　（8）不选中任何对象，在"段落样式"面板中选中除本案例建立的样式以外的所有样式，单击面板下部的"删除选定样式/组"按钮，弹出"删除段落样式"对话框，如图 8-54 所示。

图 8-54　"删除段落样式"对话框

　　（9）根据前面的记录，选择正在使用的样式，则在"并替换为"下拉列表中选择相应的标题，单击"确定"按钮。

　　如果不是要使用的样式，则可以在"并替换为"下拉列表中选择"正文"选项。

　　（10）在弹出的"删除段落样式"对话框中继续设置，直到所选中的样式都被删除。

　　（11）使用"选择工具"　选中本章的第 1 页，调整文本框架上边线中间的控制点，向下拖动鼠标调整框架的大小，如图 8-55 所示。

图 8-55　调整框架的位置和大小

　　（12）将光标定位在文字"第 1 章　打开并调整视口"上，在"段落样式"面板中选择"一级标题"样式；用同样的方法，为正文应用各种样式，完成后的部分页面如图 8-32 所示。

　　（13）在"页面"面板中将"无"主页拖动到页码为"1"的页面上。

　　这一章排完后为"11"页，可以将多余的页面删除。

　　如果本书还有多章，则可按上面的方法继续操作，直到完成。

提示

　　在图书的排版过程中，虽然有样式可用，但每一页必须人工检查、调整，没有任何可以取巧的方法。

 思考练习

1. 问答题

（1）如何打开"页面"面板？

（2）如果没有创建任何样式，则文档中是否有段落样式？

（3）使用"段落样式"面板菜单中的"新建样式"命令和使用面板下部的"新建样式"按钮创建的新样式有何不同？

（4）导入 Word 文件时，如果不希望导入样式，则应如何操作？

2．操作题

按下面的要求操作。

（1）创建"正文"段落样式，字体为宋体，字号为 12 点，行距为 16 点，首行缩进 7.44 毫米。

（2）创建"一级标题"段落样式，字体为微软雅黑，字号为 36 点，行距为 72 点，字体颜色为深蓝，居中对齐，段前间距为 4 毫米。

（3）创建"二级标题"段落样式，字体为隶书，字号为 30 点，颜色为浅蓝，居中对齐，段前间距为 2 毫米。

（4）创建"作者样式"段落样式，字体为宋体，字号为 14 点，右对齐，右缩进为 10 毫米，段前段后分别为 3 毫米，倾斜角度为 30°。

（5）创建"注释样式"段落样式，字体为楷体，字号为 14 点，颜色为 80%深蓝，悬挂缩进 10 毫米。

（6）置入本书第 4 章中的《中学生早餐问题》一文，为其应用样式。

8.3　制作《三维动画教程》目录——创建书籍文件

案例展示

在排版一本书时，很重要的一件事情是制作目录。当文档比较长时，目录多，手工制作目录很可能会出现一些错误，这就需要排版软件能够自动生成目录。另外，一本书一般有多个章节，排版时经常将每一章存放为一个文档，如何从多个文档中一次提取出目录，是对排版软件的一个考验，而 InDesign 能很好地完成这个任务。本章前面已经排版完成《三维动画教程》一书的 3 章，在本节中将介绍如何生成目录，完成的效果如图 8-56 所示。

图 8-56　书籍目录

看图解题

本案例的制作要点如图 8-57 所示。

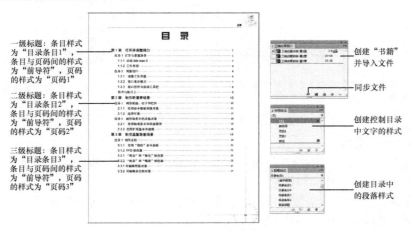

图 8-57　书籍目录的制作要点

重点掌握

➢ 书籍文件的创建方法；
➢ 在书籍文件中添加和移动文档的方法；
➢ 页码的编排；
➢ 创建和使用目录的方法。
➢ **友情链接**：本案例的制作步骤见"制作过程"。

知识准备

在 8.2 节中，制作主页时，已经制作了目录的主页，并保存了存放目录的页面，下面介绍如何自动提取目录。

8.3.1　书籍文件的相关操作

书籍文件是 InDesign 中的一个概念，它是一个可以共享样式、色板、主页及其他项目的文档集。添加到书籍文件中的其中一个文档就是样式源。在对书籍中的文档进行同步时，样式源中指定的样式和色板会替换其他添加到书籍的文档中的样式和色板。

1．创建书籍文件

在 InDesign 中，书籍可以把多个单独的文档合并成一个书籍文档，书籍文档用于创建目录、索引等工作，书籍中的各文档单独存在并可以进行单独修改，有关书籍的操作主要在"书籍"面板中完成，该面板只有在新建或打开了书籍文件后才会打开。创建书籍的操作方法如下。

（1）选择"文件"｜"新建"｜"书籍"命令，弹出"新建书籍"对话框。

（2）在"文件名"文本框中输入名称，指定保存位置，单击"保存"按钮。

这时打开"书籍"面板，如图 8-58 所示。如果打开保存的书籍文件的文件夹，则可以看到一个扩展名为.indb 的文件。

专业排版技术（InDesign CS6）

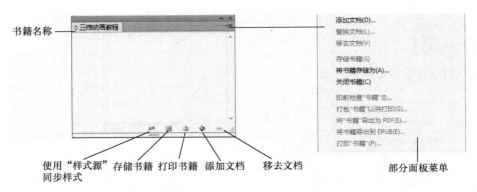

书籍名称

使用"样式源" 存储书籍 打印书籍 添加文档 移去文档 部分面板菜单
同步样式

图 8-58 "书籍"面板

2. 向书籍中添加文档

创建完书籍后，就打开"书籍"面板，该面板是书籍文件的工作区域，如果要用书籍管理文档，则要在此添加文档，具体操作如下。

（1）在"书籍"面板菜单中选择"添加文档"命令，或单击"书籍"面板底部的加号按钮，弹出"添加文档"对话框，如图 8-59 所示。

图 8-59 "添加文档"对话框

 提示

如果"书籍"面板被关闭，可以使用"文件"｜"打开"命令将其打开。

（2）在该对话框中选择存放文档的位置，选择要添加的 InDesign 文档。

（3）单击"打开"按钮。

添加文档后的"书籍"面板如图 8-60 所示。如果添加文档的位置不合适，可以在"书籍"面板中拖动文档，调整文档的位置。例如，图 8-60 中第 3 章文档的位置不对，可以在"书籍"面板直接拖动此文档到合适的位置，如图 8-61 所示。

从图中可以看到，文档位置移动了，页码也随之发生了调整，这与使用了编排页码的功能有关。

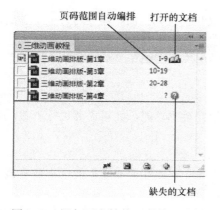

图 8-60　添加了文档的"书籍"面板　　　　　　　图 8-61　移动文档的位置

另外，如果某一个文档的页面发生了变化，则书籍也会更新页码；如果书籍更新后，页码不正确，则可能是因为"常规"首选项中显示的是绝对页码而不是章节页码。

3．移去书籍中的文档

如果需要从书籍中删除文档，操作步骤如下。

（1）选中"书籍"面板中的文档。

（2）选择"书籍"面板菜单中的"移去文档"命令或单击"书籍"面板下面的减号按钮。

删除书籍文件中的文档时，不会删除磁盘上的文件，只会将该文档从书籍文件中删除。

4．替换书籍中的文档

替换书籍中文档的操作步骤如下。

（1）选择"书籍"面板中要替换的文档。

（2）选中"书籍"面板菜单中的"替换文档"命令，弹出"替换文档"对话框，如图 8-62 所示，从中找到要用来替换的文档，单击"打开"按钮。

图 8-62　"替换文档"对话框

8.3.2　在书籍中编排页码、章节和段落

从图 8-61 可以看出，现在每一章都是从"1"开始编排页码的，而实际上需要连续编排页

码。在 InDesign 中可以在"书籍"面板中直接修改各文档的页码，而不需要对每一个文档进行单独修改，这样既可提高效率又减小了错误率。

在书籍文件中，页面和章节的编号样式和起始编号由各个文档在"页码和章节选项"对话框或"文档编号选项"对话框中的参数设置决定。

1．更改各文档的页码和章节编号选项

默认情况下，添加到书籍中的文档页码使用自动编辑页码功能，如果需要进行更改，则可用如下方法。

（1）在"书籍"面板中选中要更改页码的文档。

（2）在"书籍"面板菜单中选择"文档编号选项"命令，或在"书籍"面板中双击该文档的页码，弹出"文档编号选项"对话框，如图 8-63 所示。

（3）指定页码和章节编号选项。

（4）单击"确定"按钮。

注意：如果指定书籍中某文档的起始页码，而不选择"自动页码"，则该文档将从指定页面处开始，相应的，书籍中的所有后续文档页码会重新编排。

2．设置按奇数页或偶数页开始编号

有些图书可能会要求一个新章节开始在奇数页（或偶数页），在 InDesign 中，可以通过书籍中的设置直接确定按奇数页或是偶数页开始编号。如果在"书籍"面板中选中某一文档，则设置对选中文档有效；若不选中任何文档，则下面的设置对整个书籍有效。设置按奇数页或偶数页开始编号的操作如下。

（1）在"书籍"面板菜单中选择"书籍页码选项"命令，弹出"书籍页码选项"对话框，如图 8-64 所示。

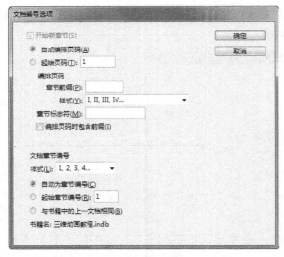

图 8-63 "文档编号选项"对话框

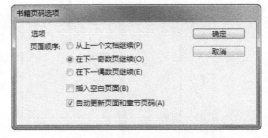

图 8-64 "书籍页码选项"对话框

（2）在对话框中选中"在下一奇数页继续"或"在下一偶数页继续"单选按钮。

（3）选中"插入空白页面"复选框，以便将空白页面添加到任一文档的结尾处，单击"确定"按钮。

8.3.3　创建和使用目录

每一本书或杂志都有自己的目录，虽然目录排版时可以进行各种各样的设计，但为了准确起见，一般自动提取目录，再进行其他设计。

1．创建目录的准备工作

目录中可以列出书籍、杂志或其他出版物的内容，包含有助于读者在文档或书籍文件中查找信息的其他信息。每个目录都是一篇由标题和条目列表（按页码或字母顺序排序）组成的独立文章。创建目录的过程需要以下 3 个主要步骤。

（1）创建并应用要用做目录基础的段落样式。

（2）指定要在目录中使用哪些样式及如何设置目录的格式。

（3）将目录排入文档。

创建目录前，要检查书籍列表是否完整、所有文档是否按正确顺序排列、所有标题是否以正确的段落样式统一了格式。

要确保在书籍中使用一致的段落样式。避免使用名称相同但定义不同的样式创建文档。如果有多个名称相同但样式定义不同的样式，InDesign 会使用当前文档中的样式定义，或使用书籍中的第一个样式实例。

2．创建目录样式

一般需要单独为目录设置样式，设置目录样式的方法如下。

（1）选择"版面"｜"目录样式"命令，弹出"目录样式"对话框，如图 8-65 所示。

（2）单击"新建"按钮，弹出"新建目录样式"对话框，如图 8-66 所示。

图 8-65　"目录样式"对话框　　　　　　　图 8-66　"新建目录样式"对话框

（3）在该对话框中为要创建的目录样式输入一个名称，在"标题"文本框中输入目录标题（如目录或插图列表），在"样式"下拉列表中选择一个样式，指定标题的样式。

（4）在"其他样式"列表框中选择与目录中所含内容相符的段落样式，单击"添加"按钮，将其添加到"包含段落样式"列表框中。

（5）指定该级标题的参数，以确定如何设置各个段落样式的格式。

（6）单击"确定"按钮。

3．同步文档

当书籍中包含多个文档时，创建目录前应先对文档进行同步，指定的项目（如样式、变量、主页、陷印预设、编号列表及色板）将从样式源复制到书籍中指定的文档中，从而替换具有相同名称的任何项目。同步文档的操作步骤如下。

（1）在"书籍"面板菜单中选择"同步选项"命令，弹出"同步选项"对话框，如图 8-67 所示。

（2）在"同步选项"对话框中选择要从样式源复制的项目，单击"确定"按钮。

（3）在"书籍"面板中，选择要与样式源文档同步的文档，如图 8-68 所示。如果未选中任何文档，则将同步整个书籍。

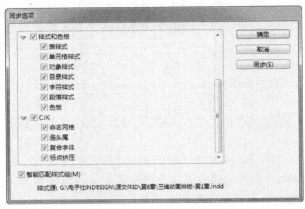

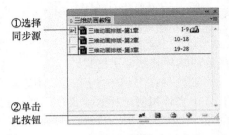

图 8-67 "同步选项"对话框　　　　　　　图 8-68　在"书籍"面板中选择样式源

（4）选择"书籍"面板菜单中的"同步已选中的文档"或"同步书籍"命令或单击"书籍"面板底部的 按钮，同步选择的文档。

4．生成目录

在生成目录之前要先确定目录放在什么地方。如果要为单篇文档创建目录，则应在文档开头添加新页面用于存放目录；如果要为书籍中的多篇文档创建目录，则应创建或打开用于目录的文档，将其添加到书籍文件中。完成这些准备工作后，可以创建目录。

（1）选择"版面"｜"目录"命令，弹出"目录"对话框，如图 8-69 所示。

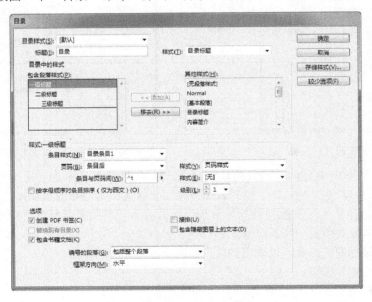

图 8-69　"目录"对话框

如果已经为目录定义了具有适当设置的目录样式，则可以从"目录中的样式"选项组中选择该样式。

（2）在"标题"文本框中键入目录标题（如目录或插图列表）。此标题将显示在目录顶部。设置标题的格式时，可从"样式"下拉列表中选择一个样式。

（3）选中"包含书籍文档"复选框，为书籍列表中的所有文档创建一个目录，然后重编该书的页码。如果只想为当前文档生成目录，则取消选中此复选框（如果当前文档不是书籍文件的组成部分，则此复选框将不可用）。

（4）确定要在目录中包括哪些内容，这可通过双击"其他样式"列表框中的段落样式，以将其添加到"包含段落样式"列表框中来实现。

（5）选中"替换现有目录"复选框，替换文档中所有现有的目录文章。如果想生成新的目录（如插图列表），则取消选中此复选框。

（6）指定选项，以确定如何设置目录中各个段落样式的格式。

（7）单击"确定"按钮。

这时将出现载入的文本光标。单击之前，可以移动到其他页面或创建新的页面，这样不会丢失载入的文本。

单击或拖动页面上的载入文本光标可以放置新的目录文章。

5．更新目录

目录相当于文档内容的缩影。假设文档中的页码发生了变化、标题内容或样式进行了变化，这些变化如果要反映到目录中，就需要对目录进行更新。更新目录的方法如下。

（1）打开包含目录的文档。

（2）选择"版面"｜"更新目录"命令。

8.3.4　实用技能——书籍目录的排版要点

目录页的版心大小应等于或小于正文，因此篇目用的字号一般比正文同级标题小，第一层次大一些，以下各层逐次减小。

目录的排法如下："目录"两字居中排，字间加 2 个字空，篇目第一层次顶左版口，以下逐级缩一个字排。如果图书开本较大，目录页内容较多，而各级标题字数不太多，则可以考虑双栏或多栏排。目录字体应与正文标题有所区别，但目录上各级标题的文字及符号必须与正文相应级别标题完全一致。

目录序码为各级标题所在的页码，有的外加括号（如果在页码上加括号，则应注意前后括号的距离以数字最多的序码为标准，所有括号大小一致）。篇目与序码连接用三连点，以便于查阅。有作者署名的篇目，作者名一般用楷体排在页码前，与页码及三连点分别空半个字。目录的页码应单独编序，因而目录与正文的页码字体最好有所区别。

制作过程

1．创建目录样式

因本案例排版的图书将目录与正文放在一个文件中，所以创建目录样式是在准备放目录的文档中进行，如果准备将目录单独保存在一个文档中，则应建立新文档，并在新文档中建立目录样式。

（1）打开"三维动画教程-第 1 章.indd"文件，在该文档中的"段落样式"面板中建立名为"目录条目 1"的段落样式，设置基本字符格式为黑体、12 点；在"缩进和间距"选项卡中，设置"左缩进"为 5 毫米，"段后间距"为 3 毫米；在"制表符"选项卡中设置一个右对齐制表符，位置为 130 毫米，在"前导符"文本框中输入一个圆点，如图 8-70 所示。

（2）创建一个新段落样式"目录条目 2"，基于"目录条目 1"，基本字符格式为 10.5 点、宋体，在"缩进和间距"选项卡中，设置"左缩进"为 14 毫米，"段后间距"为 1 毫米。

（3）创建一个新段落样式"目录条目 3"，基于"目录条目 2"，在"缩进和间距"选项卡中，设置"左缩进"为 20 毫米，"段后间距"为 1 毫米。

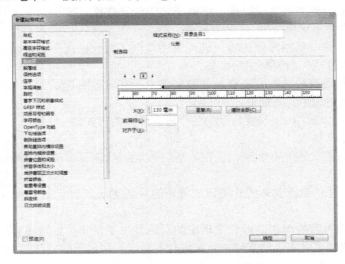

图 8-70　设置"目录条目 1"样式

（4）创建一个新段落样式"目录标题"，设置基本字符格式为方正综艺简体、30 点，在"缩进和间距"选项卡中，设置对齐方式为"居中对齐"，"段后间距"为 6 毫米。

（5）在"字符样式"面板中新建一个字符样式"页码 1"，设置基本字符格式为黑体、12 点。

（6）创建一个字符样式"页码 2"，设置基本字符格式为宋体、10.5 点。

（7）创建一个字符样式"前导符"，在"基本字符格式"选项卡中设置基本字符格式为宋体、9 点，字符对齐方式为"全角,顶"；在"高级字符格式"选项卡中设置基线偏移为 2 点。

2．创建书籍中的目录

如果一本书的所有章节都在一个文件中，又不单独使用文件存放目录，则只要直接进入提取目录的阶段即可，可直接进入下面步骤（5）的操作；如果每一章单独存在一个文件，则可以使用"书籍"将多个文件中的目录一次提取成功，方法如下。

（1）选择"文件"｜"新建"｜"书籍"命令，打开"书籍"窗口，选择保存位置，再输入新的名称"三维动画教程"，选择合适的路径后，单击"保存"按钮，完成书籍的创建。

这时"书籍"面板中名称是该书籍的名称"三维动画教程"，但后面我们仍然称之为"书籍"面板。

（2）在"书籍"面板中单击下面的加号按钮，弹出"添加文档"对话框，选择前面制作的"三维动画排版-第 1 章.indd"、"三维动画排版-第 2 章.indd"和"三维动画排版-第 3 章.indd"文件，单击"打开"按钮，将它们添加到书籍中。

（3）在"书籍"面板中将标识样式源设置为"三维动画排版-第 1 章"，在"书籍"面板中不选择任何文档，在面板菜单中选择"同步书籍"命令，同步完成后会弹出提示对话框。这时的"书籍"面板如图 8-71 所示。

（4）在"书籍"面板中双击"三维动画排版-第 1 章.indd"文档将其打开，在"页面"面板中双击用于排目录的第 3 页，进入它的编辑状态。

（5）选择"版面"｜"目录"命令，弹出"目录"对话框，在"其他样式"列表框中选择"一级标题"选项，单击"添加"按钮，将其添加到"包含段落样式"列表框中，其他参数按图 8-72 进行设置。

（6）用同样的方法将"二级标题"添加到"包含段落样式"列表框中，设置它的条目样式为

"目录条目 2"，条目与页码间的样式为"前导符"，页码的样式为"页码 2"；将"三级标题"添加到"包含段落样式"列表框中，设置它的条目样式为"目录条目 3"，页码的样式为"页码 2"，条目与页码间的样式为"前导符"。

图 8-71　同步完成后的"书籍"面板　　　　　图 8-72　"目录"对话框

（7）选中"包含书籍文件"复选框，单击"确定"按钮，这时系统会关闭"目录"对话框，出现载入的文本光标，按住 Shift 键在版心左上角单击，生成目录。

如果所有章节都在一章中，没有打开书籍文件，则"包含书籍文件"复选框不可用。

完成的效果如图 8-56 所示。

思考练习

1．问答题

（1）创建完书籍后，如果要将文档添加到书籍中，则应如何操作？

（2）在"书籍"面板中选中一个文档后，选择面板菜单中的"移去文档"命令，保存的原文件是否被删除？

（3）怎样生成目录？

（4）在对书籍中的文档进行同步时，样式和色板会发生什么样的变化？

（5）如何更新目录？

2．操作题

按下述要求操作。

（1）下载一篇论文。

（2）论文格式要求如下。

① 题目为黑体、2 号；作者为仿宋、4 号；单位为宋体、小 5；摘要为楷体、小 5；摘要

正文为宋体、小 5；关键词为楷体、小 5；关键词正文为宋体、小 5；论文的正文部分为宋体、5 号。

 ② 一级标题文字为宋体、3 号，样式为 1.、2.、3.。

 ③ 二级标题文字为黑体、5 号，样式为 1.1、1.2…。

 ④ 三级标题文字为宋体、5 号，样式为 1.1.1、1.1.2…。

 ⑤ 表格形式为三线表，表题文字为黑体、小 5 号，表内容为宋体、小 5 号。

 ⑥ 图题文字为黑体、小 5 号。

 ⑦ 参考文献文字为黑体、小 5 号，参考文献内容为宋体、小 5 号。

（3）按要求设置各种样式，提取目录。

本章回顾

  InDesign 的一个重要功能是可以很轻松地处理长文档。长文档中一般有一些相同的元素，如页眉、页码等，为了制作方便，相同的元素在一个长文档中整齐地排列，可以将它们放在主页上。在"页面"面板中可以方便地进入主页并对主页进行一系列的操作，包括创建主页、复制主页、载入主页等。

  长文档中的一个重要分支是书籍。书籍中的文档很长，所以一般放在多个文档中，如果要统一各文档的样式、色板等内容，则需要创建书籍。书籍创建成功以后，会将需要处理的文档添加到书籍中，书籍中的文档要添加到目录中的标题一定要使用段落样式，选择"版面"｜"目录"命令即可自动生成目录。

第 9 章

"美容"杂志的输出——文档输出

本章导读

　　InDesign 具有强大的输出打印与导出 PDF 文件的功能，可以方便地进行打印管理；设置打印或印刷高级功能，包括创建 PostScript 文件等，可以方便地在激光打印机、喷墨打印机、胶片或 CTP 直接制版机中打印或输出高分辨率彩色文档及 PS 版，可以将出版物、书籍、报纸、期刊等页面导出为 PDF 文件。InDesign 还可以输出交互式电子文档，有关内容将在第 10 章中进行介绍。

9.1　输出"美容"杂志的 PDF 文档——输出 PDF 文件

案例展示

　　"美容"杂志的 PDF 文档如图 9-1 所示。

图 9-1　"美容"杂志的 PDF 文档

重点掌握

➤ 什么是 PDF 文件；
➤ 什么是 PS 文件；
➤ PDF 文件在印刷行业中的影响；
➤ 输出 PDF 文件时的常规设置。
友情链接：本案例的制作步骤见"制作过程"。

知识准备

PDF/x 是图形内容交换的 ISO 标准，可以消除导致出现打印问题的许多颜色、字体和陷印变量。InDesign 支持 CMYK 工作流 PDF/X-la:2001、PDF/X-3：2002、PDF/X-4:2008，支持颜色管理工作流程。

9.1.1　PDF 文件与 PS 文件

1．PDF 文件

便携文档格式（Portable Document Format，PDF）由 Adobe 发明，已成为全世界各种标准组织用来进行更加安全可靠的电子文档分发和交换的出版规范。从 2009 年 9 月 1 日起，PDF 文档格式已经成为国家标准的电子文档长期保存格式。PDF 已经在各企业、政府机构和教育工作领域中广为使用，以期简化文档交换、提高生产率、节省纸张流程。如今，PDF 已经得到印刷领域的广泛认可，但要成为一种真正意义的工业标准，还需要不断地完善和发展。

PDF 文件对报业印刷、发行业的影响：从技术上讲，它是充分应用先进技术替代手工劳动的一种改革；从受众需求上讲，它正经历一种读者被动地接收信息向主动要求信息服务的改革；从具体印刷上讲，它正在经历以更短、更迅速的手段将数字信息从报社转向报纸的改革；从发行角度讲，它正在经历应用科技手段大大缩短发行时间，提高时效的一种改革。现在，中国很多报业集团都在进行电子版报刊的制作，有相当一部分实际上是制作了与报刊内容相同的网页，而不是真正意义上的电子报刊。而也有一些报业企业已经将视线转向了 PDF 文件版的电子报刊。它与只制作网页电子报刊版的区别在于，PDF 版保存了实际见报的报刊形式，无论从何地、何时、用何种打印，输出设备输出都保存了原有版面的风格，而且可以实现分页输出。

这样，未来的依赖交通工具的报刊发行可能会被虚拟的 Internet 电子传输代替，集中的印刷企业可能会被分散到各个城区，从计算机到印刷机的印刷设备已经研制成功并投入市场，人们订阅报刊可以针对个人爱好，随意要求加减版面内容，可能从一个地方发行出来的报纸有很多版本，而 PDF 文件的规范特点符合这种"个性化印刷"的变化需求。

PDF 是 Adobe 公司在其 PostScript 语言的基础上开发的一种规范的文件系统。

PDF 文件格式的优点在于它可以将文件中文字的字体、字号、格式以及使用的色彩、图形、图像等信息包含在一个文件中，并且该格式文件还可以包含超文本链接、声音和动态影像等信息特长的文件，集成度和安全可靠性都较高。

PDF 格式文件的另外一个显著的特点是，文件本身可以不依赖生成它的操作系统的语言和字体及显示设备。也就是说，PDF 文件不管是在 Windows、UNIX 还是在 Mac OS 操作系统中都是通用的，能够保存任何源文件的所有字体、格式、颜色和图形，而不管创建该文档使用的应用程序和平台。它的这一功能为我们在电子网络（包括印前局域网络）中构筑了一个信息交流的桥梁，因此越来越多的电子图书、产品说明、公司文件、网络资料、电子邮件等开始使用 PDF 格式的文件。在不久的将来，PDF 格式很有希望成为未来印前数码工作流程的关键技术。

2. PS 文件

当前在印前技术中，已经认可并作为业界标准在广泛使用的文件格式是由 PostScript 页面描述语言生成的 PS 文件。PostScript 是一种页面描述语言，由 Adobe 公司在 1985 年首先提出并应用在苹果的 LaserWriter 打印机上。与 PDF 一样，PS 文档也独立于打印设备和使用的操作系统。PS 文件以文本方式记录了要打印的文字和图形。文档本身只记录了显示文字和图形的必要参数和数据，在进行打印时，需要 PostScript 解释器进行解释，并从相应的地址找到需要的数据（图像和补字信息等）。

9.1.2 PDF 文件与 PS 文件的对比

PDF 文件与 PS 文件相比有以下优势。

1. PDF 文件提高了输出和机动性，缩短了输出时间

Adobe 公司推出的 PDF 文档是构建在 PostScript 技术基础上的。PostScript 语言中的工作信息定义放置在一个文件之中，PostScript 解释器工作处理时必须把整个 PS 文档包括的页面信息给予解释，若要处理文档中的一个页面，也要全部解释整个工作信息。

而 PDF 与 PS 不同的一个显著特点是"页面独立性"。在一个包含多个页面的大型文件中，能够单独处理其中的任何一个页面。按照这个特点设计出来的基于单个页面的 RIP 系统，可以通过解释器来处理一个 PDF 文件中多个页面中的某几个页面。而现在的 RIP 系统的工作方式是即使要解释 PS 文件中一个页面，也要使整个文件通过 RIP 处理。

2. PDF 文件结构稳定，利于后端处理

PDF 是一种稳定的文件格式，而 PostScript 是一种程序语言，许多不同的应用程序能够编辑 PostScript 文件，所以 PostScript 语言的特点之一是动态的、可变化的，有时候这种情况会导致 RIP 工作时产生紊乱。与之相比，PDF 生成方式单一、文件较小、处理速度快、RIP 过程较为通畅。

PostScript 页面格式语言在印前占据垄断地位，很多报业印刷企业都使用 PS 文件在 PDF 版操作和印前制版之间传递版面信息。然而 PostScript 并非一种文件格式，而是一种可以自由解释的程序语言。虽然 Adobe 公司的 RIP 严格坚持了 PostScript 的功能要求，其他开发商家也能够提供与 PostScript 相容的衔接性软件，如中国报业印刷企业普遍采用的北大方正 NTRIP 等，但总的来说，还缺乏一种有效的办法去控制输出 PostScript 文件，其他 RIP 软件很可能不能十分准确地解释处理另外一家公司的软件生成的 PS 文件。因此可能会造成工作流程的混乱，最终堵塞印前工作流程的主渠道。PDF 之所以成为人们关注的焦点，其原因在于 PDF 格式能够轻而易举地实现版面信息的准确传送、浏览、打印和输出等，而它的可靠性要比 PostScript 强很多。另外，还可以对 PDF 文件进行有限度的编辑工作，而 PostScript 文件一旦生成 PS 代码，就不能够对 PS 文件进行进一步的处理。

9.1.3 PDF 文件格式特点

1. 更加安全可靠的电子文档分发和交换且自由共享

可以对 PDF 文件进行密码保护，以防其他人在未经授权的情况下查看和更改文件，还可使经授权的审阅者使用直观的批注和编辑工具；任何人，何种系统，都可以使用免费的 PDF 阅读器打开 PDF 文档，丝毫不受操作系统、原始应用程序或字体的限制。

2. 保留原始文档的外观和完整性

PDF 文件的外观同原始文档无异，保留了原始文件的字体、图像、图形和布局——无论创建它时使用的是何种应用程序或平台。

3．方便易用、自由搜索

PDF 文件紧凑，易于交换。创建 PDF 文件就像在 Microsoft Word、Excel 和 PowerPoint 等应用程序中单击一个按钮那么简单；PDF 文件具有全文搜索功能，可对文档中的字词、书签和数据域进行定位。

4．采用 Adobe 公司专业杂志排版软件制作

对普通读者而言，用 PDF 制作的网络杂志具有纸质杂志的质感和阅读效果，可以"逼真"地展现书籍的原貌，显示大小可任意调节，为读者提供了个性化的阅读方式。PDF 文件可以不依赖操作系统的语言和字体及显示设备，在 Windows 和 Mac 系统中可达到一致效果。

9.1.4　将出版物输出为 PDF 格式

在 InDesign 中，可以将任何出版物导出为 PDF 格式，如导出默认的高品质打印。也可根据需要对其进行自定预设，并快速应用到 Adobe PDF 文件中。在生成 Adobe PDF 文件时可以保留链接、目录、索引、书签等元素，也可以包含互动功能，如链接书签、媒体剪贴、按钮。交互式 PDF 适合制作电子网络出版物，包括网页等。交互式文档将在第 10 章中介绍，本章只介绍印刷文档的输出。

1．Adobe PDF 预设

在 InDesign 中，输出 PDF 文件时需要对输出参数进行一些设置，初始状态为使用默认设置，但如果进行设置的修改以后，再次输出时会使用最后一次定义或所选的一组 PDF 设置，不会自动恢复到默认设置，所以输出前应检查 PDF 预设。可以使用以下两种方法设置 Adobe PDF 预设。

（1）使用菜单设置：选择"文件"|"Adobe PDF 预设"命令，可以看到其子菜单，如图 9-2 所示。从中可以看到一组预设，这些设置旨在平衡文件大小和品质，具体取决于如何使用 PDF 文件。它提供了几组默认的设置，如印刷质量、最小文件大小、高质量打印、PDF/x-la:2001 等系列设置。

（2）自定 Adobe PDF 预设：选择"文件"|"Adobe PDF 预设"|"定义"命令，弹出"Adobe PDF 预设"对话框，如图 9-3 所示，如果"预设"列表框中提供的参数设置还不能满足要求，则可以单击"新建"按钮来创建新的输出参数或单击"载入"按钮，导入其他 InDesign 文件中保存的预设。

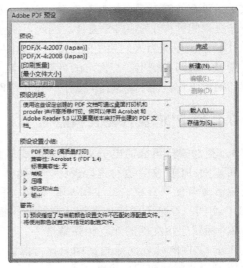

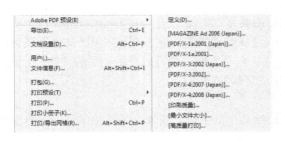

图 9-2　"Adobe PDF 预设"子菜单　　　　　　图 9-3　"Adobe PDF 预设"对话框

2. 将出版物导出为 PDF 文件

将当前编辑出版物导出为 PDF 交互式文件的操作方法如下。

（1）选择"文件"｜"导出"命令，弹出"导出"对话框，如图 9-4 所示，在"文件名"文本框中输入名称，单击"保存"按钮。

（2）弹出"导出 Adobe PDF"对话框，如图 9-5 所示。在"Adobe PDF 预设"下拉列表中选择"印刷质量"，在"标准"下拉列表中可以选择一种标准，如 PDF/x-4:2008，在"兼容性"下拉列表中可选择匹配"Acrobat 5（PDF 14）"选项。

图 9-4 "导出"对话框

图 9-5 "导出 Adobe PDF"对话框（常规）

（3）单击"确定"按钮。

生成的 PDF 文件可在 Adobe Acrobat 中浏览。

9.1.5 PDF 主要参数

在图 9-5 中，如果不使用原来的预设，也可以自行设定导出时的参数，其主要参数如下。

1. PDF "常规"设置

在"常规"选项卡中可以对输出哪些页面、包含的对象等进行选择。其中，用于打印的常用参数分布在以下几个选项组中，其主要参数如下。

① "页面"选项组：选中"跨页"单选按钮将打印跨页，否则将打印单个页面；选中"全部"单选按钮，将打印全部页面；若选中"范围"单选按钮，则需设置打印的页面。

② "包含"选项组：在其中选中相应的复选框，可进行相关的打印。

2. PDF "压缩"设置

当将文件导出为 Adobe PDF 时，可以压缩文本或线状图，并对位图图像进行压缩或缩减像素采样，可以根据设置压缩和缩减像素采样明显地减小 PDF 文件的大小，而不影响细节和精度。

在"导出 Adobe PDF"对话框中选择"压缩"选项卡，如图 9-6 所示，其中主要参数含义如下。

"彩色图像"、"灰度图像"或"单色图像"选项组中能设置参数的含义基本相同，其中比较难理解的是"插值方法"中的选项，其含义如下。

① "不缩减像素采样"：将不缩减像素采样。

② "平均缩减像素采样"选项：将计算样例区域中的像素平均数，并使用指定分辨率的平均像素颜色替换整个区域。

③ "次像素采样"选项：将选择样本区域中心的像素，并使用该像素颜色替换整个区域。

④ "双立方缩减像素采样" 选项：将使用加权平均数确定像素颜色，双立方缩减像素采样是最慢、但最精确的方法，并可产生最平滑的色调渐变。

3．PDF "标记和出血" 设置

在 "导出 Adobe PDF" 对话框中选择 "标记和出血" 选项卡，如图 9-7 所示，在这个对话框中主要设置 PDF 中包含的印刷标记有哪些及出血的设置等。PDF 文档上标记的对应关系如图 9-8 所示。

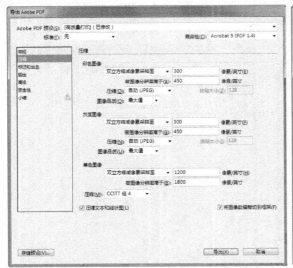

图 9-6 "导出 Adobe PDF" 对话框（压缩）　　图 9-7 "导出 Adobe PDF" 对话框（标记和出血）

图 9-8　PDF 中的各种标记

4．PDF "输出" 设置

在 "导出 Adobe PDF" 对话框中选择 "输出" 选项卡，显示 PDF 输出设置，如图 9-9 所示。

在该对话框中可以根据颜色管理的开关状态，来确定是否使用颜色配置文件为文档添加标签及选择 PDF 标准。其主要参数含义如下。

① "颜色转换" 下拉列表：若选择 "无颜色转换" 选项，则将按原样保留颜色数据。

② "目标" 下拉列表：选取目标的配置文件，用于说明最终 RGB 或 CMYK 输出设备的色域。

③ "油墨管理器" 按钮：单击该按钮，弹出 "油墨管理器" 对话框，如图 9-10 所示，在该对话框中设置油墨的类型，如透明度、中性密度、陷印序列等。

图 9-9 "导出 Adobe PDF"对话框（输出）

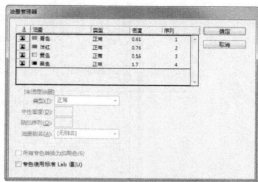

图 9-10 "油墨管理器"对话框

④ "包含配置文件方案"下拉列表：可以选择不包含配置文件、包含所有配置文件；包含带标签的源配置文件。

⑤ "模拟叠印"复选框：可通过保持复合输出中的叠印外观，模拟打印到分色的外观。

⑥ "标准"下拉列表：在其中选择选 PDF/X 兼容文件，可以在"PDF/X"选项组中做进一步设置，在"输出方法配置文件名称"下拉列表中，选取一种创建 PDF/X 需要的输出方法配置文件，在"输出条件名称"文本框中键入描述所用的打印条件，在"输出条件标识符"文本框中将显示为 ICC 注册表中包括的打印条件自动输入标识符，在"注册表名称"文本框中显示注册表更多信息的 Web 地址。

5．PDF "高级"设置

在"导出 Adobe PDF"对话框中选择"高级"选项卡，将显示如图 9-11 所示的对话框，在该对话框中可以对字体及作业进行定义格式的设置。

图 9-11 "导出 Adobe PDF"对话框（高级）

6. PDF"安全性"设置

在"导出 Adobe PDF"对话框中选择"安全性"选项卡，将显示如图 9-12 所示的对话框，完成相应的设置操作。

图 9-12 "导出 Adobe PDF"对话框（安全性）

7. PDF"小结"

在"导出 Adobe PDF"对话框中选择"小结"选项卡，将显示如图 9-13 所示的对话框，在列表框中将显示 PDF 设置小结，可以检查前面进行的设置，并存储小结。

图 9-13 "导出 Adobe PDF"对话框（小结）

9.1.6　实用技能——PDF 文件在印刷行业中的重要作用

采用 PDF 格式，在输出胶片之前可以对文件进行修改，可以修改组版标记，以及用新的组版标记取代先前的标记。随着情况的不断变化，Adobe 公司对 PDF 文档格式进行了拓宽，把 Level2 PostScript 中的一些色彩处理和印刷控制功能移植到 PDF 文件中。

我们可以定义专色和色彩空间类型，扩展的功能还包括底色去除、黑版生成、网目加网和叠印等，这些功能以设备相关的方式输出到合适的打印机、照排机或数码印刷机上。

每一个 PDF 文件携带着页面的字体和页面内容信息，它支持 CMYK 颜色，支持印刷工作的一些必要设置，如出血、印刷标记；支持各种颜色体系，包括黑白印刷和彩色印刷。它还内置了字体，方便使用字体。此外，利用 PDF 工作方案将减轻工作流程中对 RIP 的依赖性。在数码印刷中，让数据信息从设计者桌面传送到印刷机的过程中，RIP 是一个关键性的技术，在印刷工业走向计算机直接制版的渐变时期，这种技术的最大问题是缺乏可靠的手段把版面设计和印前的彩色数据信息传输到制版机上，所以 PDF 在文件传送中扮演了重要角色。

制作过程

（1）打开"美容.indd"文件，单击状态栏中的"印前检查菜单"按钮，弹出的菜单如图 9-14 所示，选择"印前检查面板"命令。

（2）打开"印前检查"面板，如图 9-15 所示，在该面板中将错误展开，单击错误后面的页码，可以直接选择产生错误的对象，解决错误问题。例如，图 9-14 中的问题是文本框架产生溢流，解决问题后，面板中的错误消失。逐个解决错误问题，直到"印前检查"面板中没有任何错误为止。

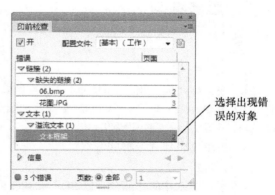

图 9-14　印前检查菜单　　　　　　　　　　　　图 9-15　"印前检查"面板

（3）选择"文件"｜"导出"命令，弹出"导出"对话框，在该对话框中选择保存文件的路径、保存的文件名，选择保存类型为"Adobe PDF"，单击"保存"按钮。

（4）弹出"导出 Adobe PDF"对话框，在"常规"选项卡中选中"跨页"单选按钮，在"标记和出血"选项卡中选中"所有印刷标记"复选框和"使用文档出血设置"复选框，如图 9-16 所示，其他使用默认设置。

（5）单击"导出"按钮。在步骤（3）选择的文件夹中找到导出的 PDF 文件，将其打开，效果如图 9-1 所示。

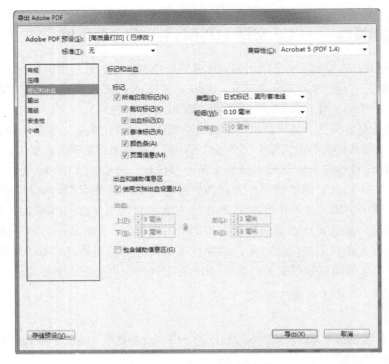

图 9-16　标记和出血的设置

1．问答题

（1）在打印之前，预览 InDesign 文件打印效果的方法是什么？

（2）用 Acrobat 打开一个 PDF 文件并试图编辑、修改或打印时，如果发现无法完成任务，则最好检查一下文档的哪些设置？

（3）PDF 文件格式有哪些特点？

2．操作题

将本书前面制作的作品分别以 PDF 和 JPG 格式输出。

9.2 "美容"杂志文件输出——打印与出片打样

案例展示

InDesign 的成品可以使用打印机直接输出，如果用于印刷，则可以输出 CTP 版直接用于印刷。图 9-17 所示为在打印机上打印出的结果。

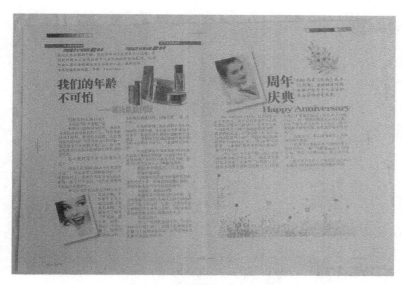

图 9-17　"美容"杂志打印效果

重点掌握

> 打印文件的方法；
> 打印参数的设置；
> 打印时的标记和出血设置。

友情链接：本案例的制作步骤见"制作过程"。

知识准备

在打印文件时如果不进行任何设置，则会以默认设置打印文件，否则需要先进行打印设置。

9.2.1　打印

在 InDesign 中，可以使用打印机驱动程序支持 PostScript 或非 PostScript 语言打印机，当打印到 PostScript 打印机时，可以使用 PostScript 打印机描述文件中的信息来确定"打印"对话框中的设置。

1．PostScript 语言

PostScript 不是打印机类型，而是高级的激光打印机语言，PostScript 语言是一种与设备无关的打印机语言，即在定义图像时可以根本不考虑输出设备的特性（如打印机的分辨率、纸张大小等），而且它对文本和图形处理过程相同，这就给处理字体带来了极大的灵活性。

建议：Adobe 建议使用最新的 PostScript 打印机驱动程序，在 Windows 7 或 Windows XP 中安装 PostScript，可以直接双击安装程序。

2．PPD

PPD 代表 PostScript 打印机描述，PPD 是一个文本文件，它包含了有关一个特定打印机的特征和性能的描述，它包含如下信息：支持的纸张大小、可打印区域、纸盒的数目和名称可选特性。此外，PPD 文件还包含了使用这些性能所需的 PostScript 命令，当用户通过驱动程序的用户界面选择一个功能时，如双面打印或水印打印，会从 PPD 文件中提取适用该功能的 PostScript 代码，并将其添加到要发送到打印机的 PostScript 文件中，这样可以实现选择的打印功能。

3．使用打印机打印

若已经为打印机安装了正确的驱动程序与 PPD，要进行打印设置或打印时，可按下面的步骤进行。

（1）选择"文件"｜"打印"命令，弹出"打印"对话框，如图 9-18 所示。

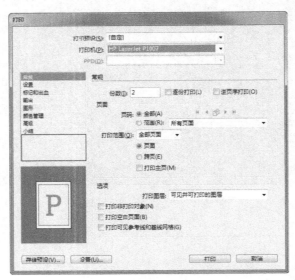

图 9-18 "打印"对话框

（2）在"打印机"下拉列表中选择可以使用的打印机，如 HP LaserJet P2055d UPD PCL 6 或 HP LJ300-400 color M351-M451 打印机。

（3）根据要求设置打印参数，单击"打印"按钮。

当将文档用 PostScript 语言描述并保存为 PS 文件时，可在"打印"对话框中选择 PostScript 文件，InDesign 可以完全控制 DSC 输出，在"PPD"对话框中，选择 Generic PostScript Printer 或设备无关。

9.2.2 打印参数设置

在如图 9-18 所示的"打印"对话框中，有对于打印控制的参数，其中一部分参数的含义与输出 PDF 文档时的相关设置相似，下面介绍与导出 PDF 时不同的主要参数。

1．打印中的"常规"设置

选择"文件"｜"打印"命令，弹出"打印"对话框，选择打印机为"PostScript(R)文件"，这时的对话框如图 9-19 所示，从图中可以看出，因为要输出为文件，所以图 9-18 中的"打印"按钮在这里变为了"存储"按钮，下面关于打印参数的设置都以输出为文件进行介绍，这是因为这种情况下参数最全。

（1）设置打印的份数：在"份数"文本框中直接输入打印的份数；若选中"逐份打印"复选框，则将逐份打印文件；若选中"逆页序打印"复选框，则将从后到前打印文件。

（2）设置跨页打印：在"页面"选项组中，选中"跨页"单选按钮将打印跨页，否则将打印单个页面；如选中"打印主页"复选框，将只打印主页；如选中"全部"单选按钮，将打印全部页面。

图 9-19 "打印"对话框（常规）

（3）设置打印范围：在"打印范围"下拉列表中设置要打印中的页面，在"打印范围"下拉列表中，可选择要打印的页面为全部页面、奇数页面、偶数页面。

2．打印中的"设置"

在 InDesign 中，可以在单个打印页面上显示多页的缩略图，还可使用拼贴将大页面的文件分成一个或多个页面，进行重叠组合。

在"打印"对话框中选择"设置"选项卡，如图 9-20 所示，在该选项卡中可以进行以下设置。

（1）设置打印纸张大小：在"纸张大小"下拉列表中选择所需打印的纸张大小，如 A5、8 开等。

（2）页面方向：在"页面方向"选项组中单击相应按钮，设置页面方向为横向、纵向、反向横排或反向纵排。

图 9-20 "打印"对话框（设置）

（3）设置打印缩放和对齐：在"选项"选项组中，若选中"缩放以适合纸张"单选按钮，则缩放图形将适合纸张，否则可以设置缩放的宽度与高度的值。在"页面位置"下拉列表中，可以设置打印页面在纸张上的位置为左上、居中、水平居中或垂直居中。

（4）拼贴：在"打印"对话框中可以将一页页面打印在两张纸上，选中"拼贴"复选框后，"重叠"文本框可用，用于设置两张纸上重复内容的量。

（5）缩略图：如果选中"缩略图"复选框，则此时缩放的其他设置不可用，在其右侧的下拉列表中可以选择在一张纸上打印几页文档页面的缩略图，如图 9-21 所示，为相应的缩略图设置打印结果。

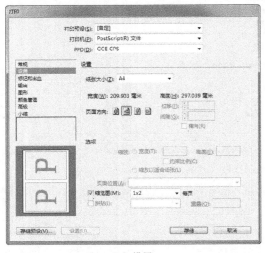

（a）设置

（b）结果

图 9-21　纸张缩放设置和结果

3．打印中的"标记和出血"设置

打印或输出文件时，尤其是输出印刷样张时需要添加一些印刷标记帮助在生成印刷样张时准确定位纸张裁切及套准四色分色片。

在"打印"对话框中选择"标记和出血"选项卡，此时的对话框如图 9-22 所示，可进行以下设置。

图 9-22　"打印"对话框（标记和出血）

在"标记"选项组"类型"下拉列表中，选择标记类型；在"粗细"下拉列表中选择标记宽度；在"位移"文本框中选择标记距页面边缘的宽度。在"所有印刷标记"选项组的角线标记区域中，则可以设置"裁切标记"、"出血标记"、"套准标记"、"颜色条"和"页面信息"，这些标记的效果与输出 PDF 文档时产生的标记基本相同。

4．打印中的"输出"设置

输出设置中，可以确定如何将文件的复合颜色发送到打印机上。启用颜色管理时，颜色设置默认值将使输出颜色得到校准。在颜色转换中，专色信息将保留；只有印刷色会根据要指定的颜色空间转换为等效值。复合模式仅影响使用 InDesign 中创建的对象和栅格化图像，而不影响置入的图形，除非它们与透明对象重叠。

在"打印"对话框中选择"输出"选项卡，此时的对话框如图 9-23 所示，可进行以下设置。

（1）选择"颜色"：在"颜色"下拉列表中可以选择输出时使用复合颜色还是分色，使用复合颜色时只需要进入"油墨管理器"对话框管理油墨即可；若选择分色打印，则可以在"陷印"下拉列表中设置陷印方法，若选择"应用程序内建"选项，将使用 InDesign 中自带的陷印引擎；若选择"Adobe In-RIP"选项，将使用 Adobe In-RIP 陷印并支持陷印；若选择"关闭"选项，将直接打印负片。

（2）在"翻转"下拉列表中，可以翻转要打印的页面，如水平、垂直或水平与垂直翻转。

（3）在"加网"下拉列表中，选择一种加网方式。

（4）在"油墨"选项组中，在列表框中可以选择一种油墨，设置该油墨的网屏与密度；若单击"油墨管理器"按钮，弹出"油墨管理器"对话框，如图 9-24 所示，在该对话框中还可以设置该油墨的类型，如透明度、油墨的中性密度、陷印序列等。

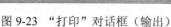

图 9-23　"打印"对话框（输出）

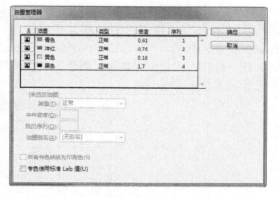

图 9-24　"油墨管理器"对话框

4．打印中的"图形"设置

打印包含复杂图形的文件时，通常需要更改分辨率或栅格化以获取最佳输出效果。InDesign 将根据需要下载字体，可以设置驻留打印机中的字体并存储在打印机的内存中或连接到打印机的硬盘驱动器中。

在"打印"对话框中选择"图形"选项卡，将显示如图 9-25 所示的对话框，在该对话框中可进行如下设置。

（1）在"发送数据"下拉列表中，若选择"全部"选项，将发送全分辨率数据，该选项适用于任何高分辨率打印，可打印高对比度的灰度或彩色图像；若选择"优化次像素采样"选项，则只发送足够的图像数据供输出设备以最高分辨率打印图形；若选择"代理"选项，则发送置入位图图像的屏幕分辨率，可缩短打印时间；若选择"无"选项，则打印时，临时删除所有图形，并使用具有交叉的图形框替代这些图形，以缩短打印时间。

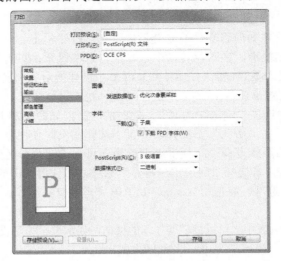

图 9-25 "打印"对话框（图形）

（2）选中"下载 PPD 字体"复选框，将下载文件中使用的所有字体，包括驻留在打印机中的字体。使用该选项可用计算机中的字体轮廓打印普通字体。在"下载"下拉列表中，若选择"完整"选项，在打印开始时下载文件所需的所有字形，使用该选项可以快速生成较小的 PostScript 文件；若选择"无"选项，将告诉 RIP 或后续处理器应当包括字体的位置，若字体驻留在打印机中，则应该使用该选项。

5．打印中的"颜色管理"设置

打印颜色管理文件时，可指定其他颜色管理选项以保证打印机输出中的颜色一致。可以将文件的颜色转换为台式打印机的色彩，使用打印机的配置文件替代当前文档的配置文件。当使用 PostScript 打印机时，可以选择使用 PostScript 颜色管理选项，以便进行与设置无关的输出。

在"打印"对话框中选择"颜色管理"选项卡，此时的对话框如图 9-26 所示，在该对话框中可进行如下设置。

图 9-26 "打印"对话框（颜色管理）

（1）在"打印"选项组中，若选中"文档"单选按钮，则可直接打印文件，否则将打印校样。

（2）在"颜色处理"下拉列表中选择"由 InDesign 确定颜色"选项。

（3）若有可用的输出设备的配置文件，则可在"打印机配置文件"下拉列表中选择输出设置的配置文件。

（4）若选中"保留 RGB 颜色值"或"保留 CMYK 颜色值"复选框，则将颜色值直接送到输出。

6．打印中的"高级"设置

在"高级"选项卡，当将图像数据发送到打印机或文件时有选择地忽略导入图形的不同类型，只保留 OPI 链接并由 OP 服务器以后处理，还能以透明度拼合预设。

在"打印"对话框中选择"高级"选项卡，此时的对话框如图 9-27 所示，在该对话框中可进行如下设置。

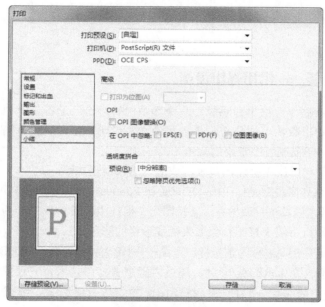

图 9-27 "打印"对话框（高级）

（1）若选中"OPI 图像替换"复选框，将使 InDesign 在输出时用高分辨率图形替换低分辨率 EPS 代理的图形。

（2）在"OPI 中忽略"中，可以选择 OPI 忽略的图形，如 EPS、PDF 或位图图像。

（3）在"透明度拼合"选项组中，若选择"忽略跨页优先选项"复选框，则在透明度拼合时将忽略跨页覆盖。

（4）在"预设"下拉列表中，若选择"[低分辨率]"选项，则可以黑白桌面打印机中打印快速校样，在 Web 发布上文件或导出为 SVG 文件；若选择"[中分辨率]"选项，则可用于桌面校样，或在 PostScript 彩色打印机中打印文件；若选择"[高分辨率]"选项，则可用于最终出版或打印高品质校样。

7．打印中的"小结"设置

在"打印"对话框中选择"小结"选项卡，此时的对话框如图 9-28 所示，在列表框中将显示打印设置小结，包括全部设置内容，可以通过右侧的滑动按钮浏览全部设置。

图 9-28 "打印"对话框（小结）

9.2.3 实用技能——常用输出设备

印前制版主要包括制作、输出和晒版，3 个环节中每一个环节都很重要，因为它们是环环相扣的。对于某些简单的出版物，如公文、报告、论文、说明等，可以通过喷墨或激光打印机打印输出。下面介绍一些在印前制版中常用的输出。

（1）黑白激光打印机：用于打印黑白校稿或最终的黑白正式稿。

利盟国际新款 E 系列黑白激光打印机：E360d 和 E360dn，打印速度最高可达 40 页/分钟，并可实现多种介质纸张处理，以及可扩展内存，支持图形文档打印。图 9-29 所示为黑白激光打印机。

（2）彩色激光打印机：用于打印彩色效果稿或最终的彩色正式稿。

惠普公司推出了最新的 A4 彩色激光打印产品——HP LaserJet Pro 300 Color M351a 彩色激光打印机，A4 文档打印速度为 18 页/分钟，通过内置惠普打印技术，它还能实现驱动程序自动安装，使彩色打印更为便捷易用。它能确保打印图像的色彩表现饱满、细腻、平滑，文本部分清晰、锐利，使整个彩色文稿具有很强的表现力。惠普 M351a 和 M451dn/nw 两款彩色激光色打印机可确保输出的文档从第一页到最后一页效果始终一致。图 9-30 所示为彩色激光打印机。

（3）彩色喷墨打印机：用于打印彩色效果稿。

腾彩 PIXMA iP2780，用户可对选择的页面随意剪切、粘贴、组合，还可任意添加个性化的文字和图案；轻松完成网页打印，阅读方便，省纸省墨，尽享生活乐趣。图 9-31 所示为彩色喷墨打印机。

（4）大型彩色喷绘机：用于打印大型彩色效果或最终的彩色正式稿。

喷绘机使用溶剂型或 UV 固化型墨水，其中溶剂型墨水具有强烈的气味和腐蚀性，在打印的过程中墨水通过腐蚀而渗入到打印材质的内部，使得图像不容易掉色，所以具有防水、防紫外线、防刮等特性。图 9-32 所示为大型彩色喷绘机。

（5）数码打样机：用于检查页面的内容、颜色的效果。

数码打样机采用了成熟耐用的"微压电式"喷墨打印技术，以及专门研发的印刷颜料墨水、仿油墨印刷墨水；配合专业色彩管理软件，并针对不同介质设置不同的专用色彩"icc"曲线，使操作更为便捷，色彩更加准确。图 9-33 所示为数码打样机。

图 9-29 黑白激光打印机

图 9-30 彩色激光打印机

图 9-31 彩色喷墨打印机

图 9-32 大型彩色喷绘机

（6）激光照排机：用于输出晒版用的菲林片。

它是在胶版或相纸上输出高精度、高分辨率图像和文字的设备。激光照排机是集光学、精密机械和电子系统为一体的高科技产品。它将印前系统制作的版面文字、图像和图形内容，精确细致地扫描在感光胶片上，而后将胶片冲洗出来，制版后在印刷机上大量印刷。图 9-34 所示为激光照排机。

图 9-33 数码打样机

图 9-34 激光照排机

（7）CTP 直接制版机：用于输出印刷用印版。

CTP 直接制版机采用了数字化工作流程，直接将文字、图像转变为数字，直接生成印版，省去了胶片、人工拼版的过程、半自动或全自动晒版工序等。

CTP 制版技术使用了热敏成像技术和光敏成像技术。运用最广、性能最稳定的是热敏成像技术。图 9-35 所示为一款 CTP 直接制版机，图 9-36 所示为输出的 CTP 版。

图 9-35　CTP 直接制版机　　　　　　　　　图 9-36　输出的 CTP 版

制作过程

（1）打开"美容.indd"文件，检查状态栏中的"印前检查"是否有错误出现，如出现则必须先解决问题。

（2）选择"文件"｜"打印预设"｜"定义"命令，弹出"打印预设"对话框，如图 9-37 所示，单击"新建"按钮，弹出"新建打印预设"对话框，如图 9-38 所示。

图 9-37　"打印预设"对话框　　　　　　　图 9-38　"新建打印预设"对话框

（3）在"名称"文本框中输入"杂志打印"，在"设置"选项卡中选择纸张为 A4，选中"缩放以适合纸张"单选按钮。

（4）在"标记和出血"选项卡中选中"出血标记"、"套准标记"、"裁切标记"复选框，同时选中"使用文档出血设置"复选框，单击"确定"按钮。

（5）此时返回"打印预设"对话框，在该对话框中出现了刚建立的"杂志打印"选项。

（6）选择"文件"｜"打印"命令，弹出"打印"对话框，在"打印预设"下拉列表中选择"杂志打印"选项，如图 9-39 所示，单击"打印"按钮。

图 9-39 使用打印预设

打印后的效果如图 9-17 所示。

 思考练习

1. 问答题

（1）什么是 PostScript 语言？

（2）什么是 PPD？

（3）出版物页面为 8 开，如果想在 A4 纸上打印全部内容，则应如何操作？

（4）如果出版物为跨页，打印时要在一张纸上打印整个跨页，则应如何操作？

2. 操作题

按下述要求打印。

（1）打印 9.1 节中的"美容杂志"中的第 2 页和第 3 页。

（2）按跨页输出。

（3）打印在 A3 纸上。

（4）打印全部标记，使用文档出血设置。

本章回顾

在 InDesign 中，图像的输出方式包含打印与导出 PDF 文件两种格式。

本章主要介绍了打印与导出 PDF，包括打印设置、打印选项等；在打印前，通过改变打印设置或印刷，可以将出版物通过打印机等输出设置打印出来。

本章还介绍了如何将出版物导出为 PDF 格式、PDF 设置、PDF 预设与选项等，可以使读者进一步了解打印与导出 PDF 的方法与技巧。

第 10 章

制作交互式电子杂志——
数字出版入门

近年来，数字出版无疑是非常火爆的话题，不仅是出版商，还有移动设备厂商、阅读软件开发商等都投入了大量精力致力于数字出版市场。电子书、电子杂志等交互式阅读媒体，正慢慢地进入我们的生活，改变我们的阅读习惯。

网络上充斥着大量的免费或收费的电子杂志制作软件，功能各有不同。而利用 InDesign 软件可以帮助我们制作交互性强的电子杂志，结合 Adobe 公司的"在线数字出版服务计划（Digital Publishing Suite，DPS）"，还可以制作出能在 iPad 或 Android 平台上阅读的交互式电子杂志。本章将介绍如何使用 InDesign 软件制作出可交互的电子杂志。

10.1　制作电子校刊——SWF 电子杂志的制作

校刊是由学校出版的纸质阅读刊物，主要以报道学校事务为主，通常为每学年或每学期发行一期。目前，随着网络的普及，学校一般拥有自己的校园网站，为了更广泛地宣传学校的各项活动，提高学校知名度，将制作好的纸质校刊转换成可在网页中显示并具有交互性的电子校刊，是学校提高网络宣传效果的一种便捷方法。本案例将制作某学校 SWF 格式交互式电子校刊，在校刊的制作过程中，主要介绍交互式书签、超链接、按钮、动画等交互功能的设置方法。使页面具有动画属性，预览时的效果如图 10-1 所示。

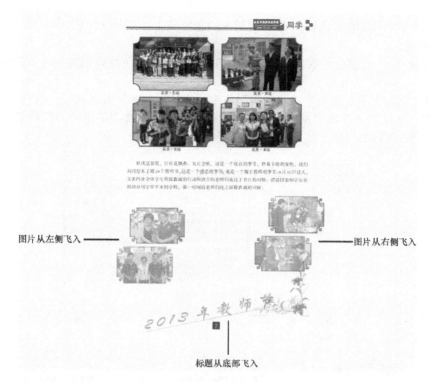

图 10-1 预览效果

友情链接： 本案例的具体步骤见"制作过程"。

重点掌握

- ➤ 超链接的种类与设置方法；
- ➤ 给对象添加动画和设置计时的方法；
- ➤ 按钮、声音和影片等交互对象的添加与设置；
- ➤ SWF 文件输出的设置方法。

知识准备

SWF 电子杂志是指扩展名为.swf 的交互性电子文档，它可以融入文字、图片、声音和视频等内容，给读者非常好的阅读体验。

10.1.1 制作静态页面

在制作交互式电子校刊之前，应先制作好静态页面文件，即已经排好版的 InDesign 文件，该文件应已经设置好各页面中所有对象的格式。制作静态页面的过程在之前的章节中已做过详细介绍，在此不再赘述。

10.1.2 书签·

InDesign 中的书签与现实中书签的作用相似，都是为了方便读者继续阅读而在某一处设置的标记。在页面中创建的书签，在生成 PDF 文档之后，书签会显示在 Acrobat 窗口左侧的"书签"

选项卡中，单击某个书签就能跳转到 PDF 文档中的相应页面、文本或图形。

1．创建书签

在 InDesign 中，可创建文字、图片、页面等类型的书签。下面以创建图片书签为例介绍创建书签的方法。

（1）选择"窗口"｜"交互"｜"书签"命令，打开"书签"面板。

（2）使用"选择工具"选中页面中的图片，在"书签"面板中单击"创建新书签"按钮，即可创建一个该图片对象的书签，如图 10-2 所示。

图 10-2　图片书签

如果使用"文字工具"选中页面中的文字创建书签，则"书签"面板中的书签名称会自动显示为选中的文字内容，如图 10-3 所示。

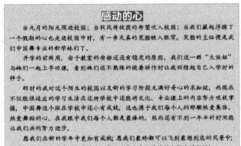

图 10-3　文字书签

创建书签时，如果选中已激活的书签，那么创建的新书签将成为该书签的下级书签，如图 10-4 所示。创建好书签以后，双击"书签"面板中的各个书签，或者选中一个书签后，再选择面板菜单中的"转到已选中的书签"命令，即可跳转到相应的书签位置。

2．重命名书签

为了读者阅读方便，可以为创建好的书签取一个有意义的名称。重命名书签的方法如下。

（1）在"书签"面板中选中一个书签，在面板菜单中选择"重命名书签"命令。

（2）在弹出的"重命名书签"对话框中，设置新书签的名称，单击"确定"按钮，如图 10-5 所示。

图 10-4　已激活书签的下级书签　　　　图 10-5　"重命名书签"对话框

除了上面的方法外，也可以选中书签后，在书签名称上单击，再直接输入新的书签名称。

3．删除书签

文件中已创建好的书签，当不再使用时，可以通过"书签"面板删除。其操作方法如下。

（1）在"书签"面板中选中一个书签。

（2）在面板菜单中选择"删除书签"命令，或者单击"书签"面板右下角的"删除选定书签"按钮 🗑，在弹出的"警告"对话框中单击"确定"按钮，如图 10-6 所示。

4．排序书签

在 InDesign 中创建书签之后，书签会按照创建时的先后顺序自动排列。为了更好地对书签进行管理，可以对书签进行重新排列。在"书签"面板菜单中选择"排序书签"命令，书签将按照页面顺序自动进行排列，排序后的书签如图 10-7 所示。

图 10-6　删除书签

图 10-7　排序后的书签

10.1.3　超链接

超链接的功能与书签有些类似，即能够实现阅读文档时的跳转功能。但比书签更强大的是，超链接不仅可以在一个文档内的不同页面之间跳转，还可以跳转到其他文件、电子邮件地址、互联网网页等目标上。

1．创建超链接

在 InDesign 中，可以创建指向页面、URL、文本锚点、电子邮件地址等不同类型的超链接。若要创建指向其他文档中某个页面或文本锚点的超链接，必须要确保导出文件出现在同一文件夹中。创建超链接时，需要有"源"和"目标"，"源"可以是使用"选择工具"选中的框架、图片对象，或者是使用"文字工具"选中的文本等；"目标"可以是超链接跳转到的 URL、文件、电子邮件地址、页面、文本锚点或共享目标。一个源只能跳转到一个目标，但可以有任意数目的源跳转到同一个目标。创建超链接的方法如下。

（1）选中右侧版面中的整幅图像作为"源"，选择"窗口"｜"交互"｜"超链接"命令，打开"超链接"面板，在面板菜单中选择"新建超链接"命令，或者单击"超链接"面板右下角的"创建新的超链接"按钮，如图 10-8 所示。

图 10-8　创建超链接

（2）在弹出的"新建超链接"对话框中，在"链接到"下拉列表中选择"URL"类型，在"目标"选项组中的"URL"文本框中输入要连接的网站地址，单击"确定"按钮，如图10-9所示。

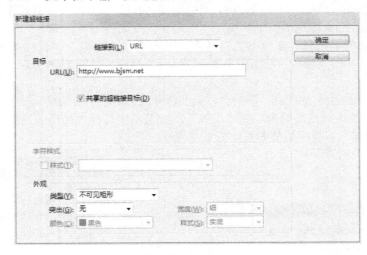

图10-9 超链接参数的设置

"新建超链接"对话框中主要参数的作用如下。

① 链接到：其下拉列表中共有 URL、文件、电子邮件地址、页面、文本锚点和共享目标 6种超链接类型可供选择。

② 目标：在"链接到"下拉列表中选择不同的"链接到"类型时，"目标"的设置选项也各不相同。

③ 字符样式：当选择的"源"为文本时，可以设置"字符样式"中的"样式"，选择的"样式"将应用到选中的"源"文本中。

④ 外观：用于设置当文档输出为 PDF 之后，单击超链接对象时，对象外观发生的变化，如图10-10所示，这里设置的是一个图片对象超链接的外观。

图10-10 超链接外观的设置

2．编辑超链接

在文件中创建好的超链接都会显示在"超链接"面板中，通过"超链接"面板可以对文件中的所有超链接进行编辑、删除、重置或定位等操作。编辑超链接的方法如下。

（1）在"超链接"面板中，双击要编辑的超链接；或者选中一个超链接后，选择面板菜单中的"超链接选项"命令，弹出"编辑超链接"对话框，如图10-11所示。

（2）在"编辑超链接"对话框中，根据需要更改超链接的信息，单击"确定"按钮，完成对超链接的编辑。

3．删除超链接

（1）在"超链接"面板中，选择要移去的一个或多个超链接，在面板菜单中选择"删除超链接/交叉引用"命令，或者单击窗口右下角的"删除"按钮

（2）在弹出的系统提示对话框中，单击"是"按钮，如图 10-12 所示。

図 10-11　"编辑超链接"对话框　　　　　　　图 10-12　删除超链接

4. 重命名超链接

（1）在"超链接"面板中选中一个超链接，在面板菜单中选择"重命名超链接"命令，弹出"重命名超链接"对话框。

（2）在弹出的对话框中指定一个新的超链接名称即可，如图 10-13 所示。

图 10-13　"重命名超链接"对话框

5. 重置超链接

（1）选择将用做新超链接源的文本范围、文本框架或图形框架。例如，可能需要在源中增加一些文本。

（2）在"超链接"面板中选择需要重置的超链接，在面板菜单中选择"重置超链接"命令，新选中的对象将应用该超链接，如图 10-14 所示。

图 10-14　重置超链接

6. 转到超链接源或目标

当需要定位某个超链接的源或目标时，操作方法如下。

（1）在"超链接"面板中选择要定位的超链接。

（2）在面板菜单中选择"转到源"命令，该链接的文本或框架将被选中。在面板菜单中选择"转到目标"命令，如果该链接是文本锚点或页面目标，则 InDesign 将跳转到该位置；如果是 URL 目标，则 InDesign 将切换到 Web 浏览器以显示此目标，如图 10-15 所示。

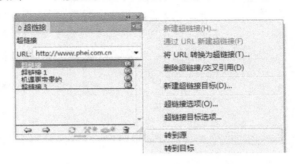

图 10-15　转到超链接源或目标

10.1.4　动画

在 InDesign 文件中，可以对文本、图片等对象设置动画效果，设置好的动画效果可以在导出的 SWF 文件中显示。例如，可以选中封面图像并应用移动预设，使其动感十足地从屏幕的左边缓缓飞入。

在设置动画效果时，一般需要使用"动画"、"计时"、"预览"面板，以及"直接选择工具"和"铅笔工具"。在"动画"面板中，可为选中的对象应用移动预设并编辑"持续时间"和"速度"之类的设置。在"计时"面板中，可以确定页面上对象执行动画的顺序。在"预览"面板中，可以查看动画设置的效果。同时，可以使用"直接选择工具"和"钢笔工具"来编辑动画对象经过的路径。

1．使用移动预设为文档添加动画

移动预设是可以快速地应用于对象的预制动画。选择"窗口"｜"交互"｜"动画"命令，打开"动画"面板，如图 10-16 所示，可以为选中的文本、图片等对象应用移动预设，并添加动画效果，能更改诸如持续时间、速度之类的动画设置。

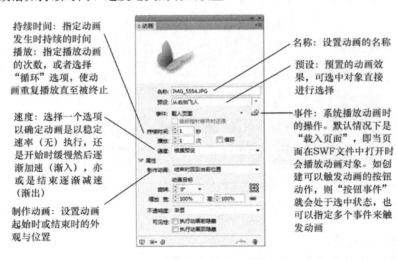

图 10-16　"动画"面板

设置好的动画功能仅在导出 Adobe Flash Player（SWF）时受到支持，导出交互式 PDF 文件时不支持这些动画功能。如果要向 PDF 文件添加动画效果，则需要从 InDesign 中将选定内容导出为 SWF 文件，然后将该 SWF 文件置入到 InDesign 文档中。

2．编辑移动路径

选择具有动画效果的对象时，移动路径会显示在该对象的旁边。通过使用与编辑路径相同的方法，利用"直接选择工具"和"钢笔工具"来编辑移动路径。也可以通过现有路径创建移动路径，操作方法如下。

（1）选择一个路径和对象。

（2）单击"动画"面板右下角的"转换为移动路径"按钮，如图 10-17 所示。

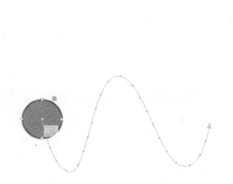

图 10-17　使用现有路径创建移动路径

3．使用"计时"面板更改动画顺序

制作好动画以后，可以选择"窗口"｜"交互"｜"计时"命令，打开"计时"面板，用以更改动画对象播放的时间顺序。"计时"面板可以根据指定给每个动画的页面事件列出当前跨页上的动画。例如，可以更改一组在页面载入时发生的动画，再更改一组在单击页面时发生的动画。动画对象会按其创建的时间顺序列出。默认情况下，"载入页面"事件列出的动画会连续发生，如图 10-18 所示。"单击页面"事件列出的动画会在每次单击页面时依次播放。也可同时选中多个对象，单击"计时"面板右下角的"一起播放"按钮 ，使多个对象动画同时播放。

图 10-18　"计时"面板

10.1.5　按钮

在 InDesign 文档中可创建互动的按钮，当导出为 SWF 或 PDF 文档时，执行相应的动作后，可以跳转到其他页面或打开网站。

1．将对象转换为按钮

可使用"选择工具"选中要转换为按钮的图像、形状或文本框架，选择"窗口"｜"交互"｜"按钮和表单"命令，打开"按钮和表单"面板，单击右下角的"转换为按钮"按钮，如图 10-19 所示。

转换以后的按钮，可以在"按钮和表单"面板的"外观"选项组中定义用于响应特定鼠标动作的按钮外观。同时，还可以设置按钮的类型与名称，在"事件"下拉列表中设置鼠标的下操作状态，在"动作"中设置操作按钮后的动作，如转到目标、转到 URL 等，如图 10-20 所示。

图 10-19　对象转换为按钮

2．在"按钮和表单"面板中添加按钮

除了用转换按钮以外，还可以使用软件提供的按钮，操作方法如下。

（1）在"按钮和表单"面板菜单中选择"样本按钮和表单"命令，打开"样本按钮和表单"面板，如图 10-21 所示。

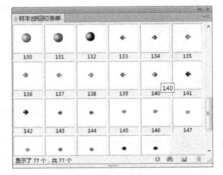

图 10-20　按钮的参数设置　　　　　　　　图 10-21　"样本按钮和表单"面板

（2）在"样本按钮和表单"面板中有一些预先创建的按钮，用户可以将这些按钮拖动到文档中，这些样本按钮包括渐变羽化和投影等效果。当悬停鼠标指针时，这些按钮的外观会稍有不同。样本按钮也有指定的动作。例如，示例箭头按钮预设有"转至下一页"或"转至上一页"动作。用户可以根据需要编辑这些按钮。

3．将按钮转换为对象

需要将按钮转换为对象时，单击"按钮和表单"面板右下角的"转换为对象"按钮，则该按钮的内容仍然保留在不包含按钮属性的页面中。同时，还将删除与按钮的其他状态相关联的所有内容，如图 10-22 所示。

图 10-22　将按钮转换为对象

10.1.6 声音和影片

在 InDesign 文档中可以添加声音和影片文件，将文档导出为 SWF 或 PDF 时，文档中添加的声音和影片都可以播放。

1．添加声音和影片文件

可以在 InDesign 文档中导入 MP3、MP4、SWF、FLV 和 F4V 等格式的文件。选择"文件"｜"置入"命令，在弹出的"置入"对话框中选中声音或影片文件，单击"打开"按钮，在页面中单击要显示影片的位置，影像即被置入到页面中。放置声音或影片文件时，框架中将显示一个媒体对象，此媒体对象链接到媒体文件，可以使用"选择工具"调整此媒体对象的大小来确定播放区域的大小。

2．更改声音设置

当选中页面中的声音对象时，选择"窗口"｜"交互"｜"媒体"命令，打开"媒体"面板，可预览声音和影片文件，并更改设置，如图 10-23 所示。其选项含义如下。

① 载入页面时播放：当用户转至声音对象所在的页面时播放声音文件。如果其他页面项目也设置为"载入页面时播放"，则可以使用"计时"面板来确定播放顺序。

② 翻页时停止：当用户转至其他页面时停止播放 MP3 声音文件。如果音频文件不是 MP3 格式，则此选项处于不可用状态。

③ 循环：重复地播放 MP3 声音文件。如果源文件不是 MP3 文件，则此选项处于不可用状态。

④ 海报：指定要在播放区域中显示的图像的类型。

3．更改影片设置

当选中页面中的影片对象时，在"媒体"面板中，可预览影片文件，并更改设置，如图 10-24 所示。播放选项和海报、声音设置相同，而控制器和导航点是声音设置中没有的选项。

① 控制器：当插入的影片文件为 Flash（FLV 或 F4V）文件或 H.264 编码的文件时，可以指定预制的控制器外观，从而让用户采用各种方式暂停、开始和停止影片播放。如果选中了"悬停鼠标时显示控制器"复选框，则表示当鼠标指针悬停在媒体对象上时，会显示这些控件，使用"预览"面板可以预览选定的控制器外观。如果影片文件为传统文件（如 AVI 或 MPEG），则可以选择"无"或"显示控制器"选项，后者可以显示一个允许用户暂停、开始和停止影片播放的基本控制器。置入的 SWF 文件可能具有其相应的控制器外观。使用"预览"面板可以测试控制器的选项。

图 10-23 "媒体"面板

图 10-24 影片属性设置

② 导航点：当用户希望在不同的起点处播放视频时，要创建导航点，可将视频快进至特定的帧，即单击加号图标。在创建视频播放按钮时，可以使用"从导航点播放"选项，从添加的任意导航点开始播放视频。

10.1.7　SWF 文件输出设置

若要创建可以在 Flash Player 中播放的幻灯片类型的内容，则可以导出 SWF 文件，也可以导出 FLA 文件。两者的区别在于：SWF 文件可以立即进行查看且无法进行编辑，而 FLA 文件必须先在 Adobe Flash Professional 中进行编辑，才能在 Flash Player 中查看。导出的 SWF 文件可以在 Adobe Flash Player 中立即进行查看，其中可能含有一些交互式元素（如页面过渡效果、超链接、影片剪辑、声音剪辑、动画和导航按钮）。操作方法如下。

（1）选择"文件"｜"导出"命令，打开"导出"对话框，如图 10-25 所示。

（2）将保存类型设置为"Flash Player（SWF）"，设置好文件名后单击"保存"按钮，即可弹出"导出 SWF"对话框，如图 10-26 所示。

图 10-25　"导出"对话框

（3）在"常规"选项卡中设置导出参数。常用的参数含义如下。

① 导出：设置导出文档中的选定范围、所有页面或一个页面范围。如果选中"范围"单选按钮，则需要指定一个页面范围，如"1-7，9"，即导出第 1～7 页及第 9 页；选中"生成 HTML 文件"复选框，将生成回放 SWF 文件的 HTML 页面；选中"导出后查看 SWF"复选框，将在默认 Web 浏览器中回放 SWF 文件，只有先选中"生成 HTML 文件"复选框才可使用此复选框。

② 大小（像素）：设置 SWF 文件是根据百分比进行缩放，还是根据指定的宽度和高度调整大小。

③ 背景：设置 SWF 的背景是透明，还是使用"色板"面板中的当前纸张颜色。选中"透明"单选按钮，将会停用"页面过渡效果"和"包含交互卷边"。

④ 交互性和媒体：选中"包含全部"单选按钮，允许影片、声音、按钮和动画在导出的 SWF 文件中进行交互。选中"仅限外观"单选按钮，将正常状态的按钮和视频海报转变为静态元素。如果选中"仅限外观"单选按钮，则动画将以其导出时版面的显示效果导出。当在"高级"选项卡中选中"拼合透明度"时，会选择"仅限外观"单选按钮。

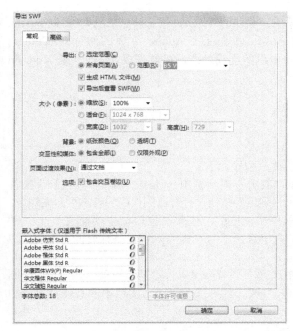

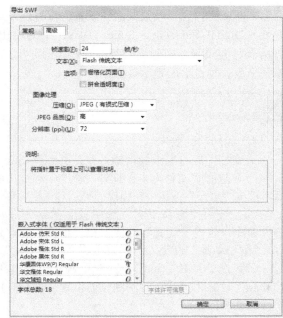

（a）常规设置　　　　　　　　　　　　　　　　（b）高级设置

图 10-26　"导出 SWF"对话框的设置

⑤ 页面过渡效果：设置一个页面的过渡效果，以便在导出时将其应用于所有页面。如果使用"页面过渡效果"面板来指定过渡效果，则选择"通过文档"选项来使用这些设置。

⑥ 包含交互卷边：如果选中此复选框，则在播放 SWF 文件时用户可以拖动页面的一角来翻转页面，从而展现出翻阅实际书籍页面的效果。

（4）在"高级"选项卡中设置相关参数。常用的"高级"选项设置如下。

① 帧速率：较高的帧速率可以创建较为流畅的动画效果，但这会增加文件的大小。更改帧速率不会影响播放的持续时间。

② 文本：设置 InDesign 文档的文本输出方式。选择"Flash 传统文本"选项，可以按照最小的文件大小输出可搜索的文本；选择"转换为轮廓"选项，可以将文本输出为一系列平滑线条；选择"转换为像素"选项，可以将文本输出为位图图像。

③ 栅格化页面：此复选框可将所有 InDesign 页面项目转换为位图，选中此复选框将会生成一个较大的 SWF 文件，并且放大页面项目的时候可能会有锯齿现象。

④ 压缩：选择"自动"选项可以使 InDesign 确定彩色图像和灰度图像的最佳品质。对于灰度图像或彩色图像，可以选择"JPEG（有损式压缩）"选项。选择"PNG（无损式压缩）"选项可以导出无损式压缩的文件。如果在导出 SWF 时，发现透明图像中的图像品质降低，可选择"PNG（无损式压缩）"选项以提高品质。

（5）单击"确定"按钮。

10.1.8　实用技能——常见的电子书格式

常见的电子书格式主要有 SWF、PDF、EPUB（电子出版）、Folio 等。SWF 格式的文件小、显示速度快，非常适合在网络上传输，具有极佳的互动性，可包含丰富的视频、声音、图形和动画。PDF 格式是 Adobe 公司开发的电子文件格式，这种文件格式可以在各种平台上显示，支持数字签名或密码保护。其可扩充性强，几乎适应任何文件，如 Office 文件、网页文件、排版文件、扫描文件等都可转换为 PDF 格式。EPUB 是一个自由的开放标准，属于可以"自动重新编排"的内容，即文字内容可以根据阅读设备的特性，以最适于阅读的方式显示。Folio 是 Adobe 数字出版方案（Digital Publishing Suite，DPS）中的输出格式，必须通过 Adobe 专属的阅读器 Content Viewer 才能阅读，可包含视频、影片、幻灯片、全景图等互动功能，可制作成在 iPad 或 Android 系统平板计算机上的数字杂志。

制作过程

1．添加动画效果

为文档中的对象添加动画效果，并调整动画的播放顺序。

（1）选择"文件"｜"打开"命令，在弹出的"打开"对话框中，选中"第 17 期校刊"文件后，单击"打开"按钮，在弹出的提示对话框中单击"确定"按钮，打开已制作好的静态页面文档。

（2）使用"选择工具"选中校刊的封面图片"封一.jpg"，选择"窗口"｜"交互"｜"动画"命令，打开"动画"面板，在"预设"下拉列表中选择"从左侧飞入"，"持续时间"设置为 2 秒，"制作动画"设置为"结束时回到当前位置"。

（3）选中"封二.jpg"，在"预设"下拉列表中选择"从右侧飞入"，"持续时间"为 2 秒，"制作动画"设置为"结束时回到当前位置"，如图 10-27 所示。可按此方法为文档中的其他对象添加不同的动画效果。

图 10-27　封面图像的动画设置

（4）选择"窗口"｜"交互"｜"计时"命令，打开"计时"面板，按住 Shift 键的同时选中"封一.jpg"和"封二.jpg"两个对象，单击窗口右下角的"一起播放"按钮，将两个对象设置为同时播放动画，如图 10-28 所示。

图 10-28　封面图像的计时设置

（5）可依照为封面图像添加动画和设置计时的方法，继续为文件中的其他对象添加动画、设置计时，动画常用的参数主要有：预设、事件、持续时间、可见性等。

2. 制作文本锚点链接

为了实现单击目录页中的目录项能自动跳转到相应页面中，需要在文档中制作文本锚点链接。制作时，首先要在到达的页面中选中某目标对象，新建超链接目标。

（1）选中第 12 页中的标题"北京国安足球俱乐部"，选择"窗口"｜"交互"｜"超链接"命令，在打开的"超链接"面板中，选择面板菜单中的"新建超链接目标"命令，弹出"新建超链接目标"对话框，如图 10-29 所示。

图 10-29 "新建超链接目标"对话框

（2）在弹出的"新建超链接目标"对话框中，选择"文本锚点"类型，名称默认为选中的文字，单击"确定"按钮。

（3）制作超链接目标，回到目录页，选中相应的目录项创建超链接，如图 10-30 所示。

图 10-30 创建超链接

（4）在"超链接"面板菜单中选择"新建超链接"命令，弹出"新建超链接"对话框，在"链接到"下拉列表中选择"文本锚点"选项，在"文本锚点"下拉列表中选择"北京国安足球俱乐部"选项，单击"确定"按钮，完成文本锚点超链接的制作，如图 10-31 所示。制作好的超链接，在 SWF 预览时，单击目录项即可打开相应的页面。

图 10-31 "新建超链接"对话框

3. 制作 URL 超链接

除了文本锚点超链接以外，在 InDesign 文档中常用的还有 URL 超链接，用于从当前文档到其他网站的跳转。本例中要制作每个页面顶端的学校名称和网站地址，打开学校的主页，制作方法如下。

（1）选择"窗口"｜"页面"命令，打开"页面"面板，在面板中双击"A-主页"，并使用

"选择工具"选中页面顶端的学校名称和网站地址，如图 10-32 所示。

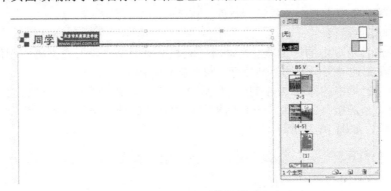

图 10-32　主页模板修改

（2）在"超链接"面板菜单中选择"新建超链接"命令，弹出"新建超链接"对话框，在"链接到"下拉列表框中选择"URL"选项，然后输入学校网站的地址，单击"确定"按钮，完成 URL 超链接的制作，如图 10-33 所示。当把校刊导出为 SWF 文档或 PDF 交互文档时，单击页面顶端的校刊标志，即可会自动打开学校网站的主页。

图 10-33　新建 URL 超链接

4．添加返回按钮

当为目录页中的所有目录项制作完文本锚点超链接以后，单击各个目录项都能跳转到相应的页面，但当读者阅读完页面中的文章以后，却无法快速地回到目录页，以选择下一篇文章进行阅读。因此，可以为所有页面添加返回目录页的超链接，实现超链接的有去有回，便于读者阅读。本例中在每个页面底部添加系统自制的按钮，实现从各页面返回到目录页的功能，制作方法如下。

（1）打开"页面"面板，在面板中双击"A-主页"，在左侧页面中选择"窗口"｜"交互"｜"按钮和表单"命令，打开"按钮和表单"面板，在面板菜单中选择"样本按钮和表单"命令，打开"样本按钮和表单"面板，如图 10-34 所示。

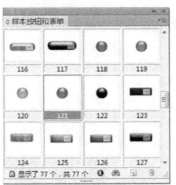

图 10-34　"样本按钮和表单"面板

（2）将按钮"121"拖动到页面底部中间位置，调整好大小，如图 10-35 所示。

图 10-35　添加返回按钮

（3）在"按钮和表单"面板中，将按钮动作设置为"转到页面"，页数为 6，如图 10-36 所示。

（4）右侧页面中返回按钮添加方法与左侧页面的操作相同，也可以使用复制、粘贴的方法为右侧页面添加和左侧一样的按钮。至此，在预览整篇文档时，即可实现目录页与所有页面之间的自动跳转。

5．添加视频文件

为了提高本期电子校刊的交互性及视觉效果，本例特为第 11 页的文章添加一个介绍视频。操作方法如下。

（1）在第 11 页中，选择"窗口"｜"交互"｜"媒体"命令，打开"媒体"面板，再选择"文件"｜"导入"命令，导入素材文件夹中的"爨底下专题片.f4v"文件，并设置选项为"载入页面时播放"，如图 10-37 所示。

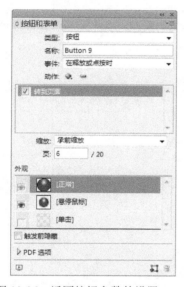

图 10-36　返回按钮参数的设置

图 10-37　视频文件属性设置

（2）按住 Ctrl+Alt 组合键，使用鼠标调整视频对象的大小，使其与页面中右下角的图片大小相当，将右下角图片删除。将视频对象移动到原图片的位置，选择"窗口"｜"文本绕排"命令，打开"文本绕排"面板，设置视频对象的环绕方式为"沿定界框绕排"，如图 10-38 所示。

图 10-38　视频文件中文本绕排的设置

6．输出 SWF 文件

制作完成电子校刊后，要将校刊导出为可直接在网页中播放的 SWF 文件，操作方法如下。

（1）选择"文件"｜"导出"命令，弹出"导出"对话框，设置保存类型为"Flash Player（SWF）"，输入文件名，单击"保存"按钮。

（2）在弹出的"导出 SWF"对话框中，选中"生成 HTML 文件"和"导出后查看 SWF"复选框，其他选项为默认设置，如图 10-39 所示。单击"确定"按钮，即可完成本例的制作，输出可用于网页中播放的 SWF 格式电子校刊。

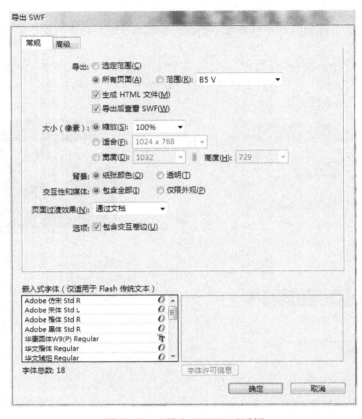

图 10-39 "导出 SWF"对话框

 思考练习

1．问答题

（1）InDesign 中的超链接有几种类型？

（2）如何为页面中选中的文字或图片对象添加动画效果？

2．操作题

继续为校刊文件的所有页面添加动态效果，如超链接、动画、声音等，要求动画设置合理，突出电子校刊动态效果好、交互性强、易于阅读的特点。

10.2　制作个人电子杂志——iPad 电子杂志的制作

案例展示

　　随着科学技术的进步，手机、平板计算机等高科技产品已经进入千家万户，而 iPad 的广泛普及，受到了年轻用户的喜爱。iPad 中的大量应用可以满足不同用户的需求，其中，电子杂志相较于普通的纸质杂志而言，具有阅读方便、节约成本、交互性强等特点，更是受到用户们的青睐。本案例将制作可输出到 iPad 中阅读的电子杂志，完成的效果如图 10-40 所示。

图 10-40　iPad 电子杂志的效果

　　友情链接： 本案例的具体步骤见"制作过程"。

重点掌握

> ➢ 掌握创建工作环境的操作方法；
> ➢ 掌握新增文章的方法；
> ➢ 掌握超链接、幻灯片、平移与缩放等动态效果的制作方法。

知识准备

　　电子杂志是 iPad 应用中的一个重要角色，熟悉 InDesign 软件操作的用户，可以在很短的时间内，通过 Adobe 数字出版解决方案制作具有交互性的电子杂志，并发布到网络上和 iPad 平台中。

10.2.1　创建工作环境

　　利用 InDesign 软件制作可在 iPad 中阅读的电子杂志时，软件操作的主要步骤如下：建立版面→加入交互元素→建立作品集与文章→预览作品集与文章。通过以上 4 步操作，即可在 iPad 上预览制作好的作品集，但需要先在 iPad 中下载并安装 Adobe Content Viewer，并登录相同的 Adobe ID 才可

专业排版技术（InDesign CS6）

下载作品集。若用户还没有 Adobe ID，则可到网站 www.adobe.com 上注册，如图 10-41 所示。

图 10-41　Adobe ID 的登录界面

而制作具有交互元素的文章和建立作品集时，需要安装 DPS Desktop Tools 全套工具，在 CS6 的安装及更新过程中较为简单，只需选择"帮助"｜"更新"命令，如图 10-42 所示。

（a）"更新"命令

（b）"更新"界面

图 10-42　DPS Desktop Tools CS6 的更新

当用户安装好 DPS Desktop Tools 工具以后，会在"窗口"菜单中显示"Folio Builder"和 "Folio Overlays"两个命令，如图 10-43 所示。

图 10-43　窗口菜单

10.2.2　新增文章

"文章"指的就是出版物的内容，每一"组"InDesign 文件为一个"文章"。一组中通常包括"横向"和"纵向"两个 InDesign 文件。"文章"类似于一本杂志中的不同主题，根据主题内容的多少，"文章"可以包含一个或多个页面。

1．新文章的版面设置

选择"文件"｜"新建"｜"文档"命令，打开"新建文档"对话框，新文章的建立方式与新建文件的操作相同，仅需针对 iPad 做一些设置。

根据电子杂志阅读的需要，当需要制作横向和纵向两个文件时，可在新建横向文件时选中"启用版面调整"复选框，如图 10-44 所示。这样，当完成横向版面文件的制作以后，可以选择"文件"｜"文档设置"命令，将"页面方向"调整为"纵向"，直接生成纵向版面文件。因为在建立文件时选中了"启用版面调整"复选框，变更页面方向后，文件将依照参考线自动调整内容，最后用户会根据版面布局的需要调整文字或图片的位置和大小。

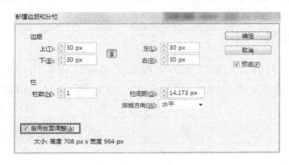

图 10-44　新建文件的选项设置

2．文件的命名规则

因为在 iPad 上阅读电子杂志时，可以有横、纵两种方向，因此在建立文章时要考虑两种方向，文件必须依照表 10-1 的规则来命名。

表 10-1　iPad 电子杂志文件命名规则

	横　　向	纵　　向
文件名称	xxx_v.indd 或 xxx_p.indd	xxx_h.indd 或 xxx_l.indd

文件名称结尾加"_v"表示 vertical，代表垂直方向，也可用"p"代表 portrait；结尾加"_h"表示 horizontal，代表水平方向，也可用"l"代表 landscape，字母不用区分大小写。

为了电子杂志中文章管理的条理性，建议在保存文件时，使用与主题有关的文件名，以便识别。如横向封面文件保存时，命名为"Cover_h.indd"，纵向封面文件保存时，命名为"Cover_v.indd"。

3．文件夹的结构

一般杂志会有许多主题文章，每个主题都要有各自的一组扩展名为.indd 文件，并且保存在相关的文件夹中。在制作 iPad 电子杂志时，除了各主题文章的保存文件名有规定以外，文件夹的结构也要遵守规则。建议用户在制作时，将所有超链接的图片、音频、视频等文件，都统一保存在各主题文章的"Links"文件夹中，整本杂志的文件夹结构如图 10-45 所示。

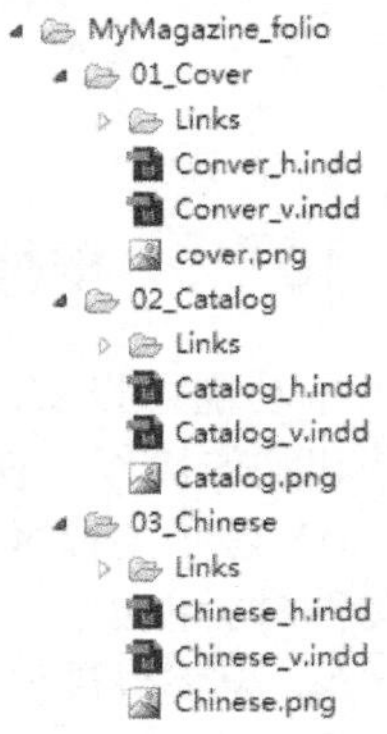

图 10-45　文件夹结构

在图 10-45 中，在各主题文章的文件夹名称中按照杂志中出现的顺序加上数字，以方便进行文件管理。每个文章文件夹中有横向和纵向两组文件，如果是单向作品集，则文章文件夹中只能包含一个文件名结尾为"_h"或"_v"的 InDesign 文件，并且所有文章文件夹中只能是相同方向，不能出现不同方向的文件或双向文件。文件夹中的 PNG 文件，用来作为文章目录的缩览图，尺寸为70px×70px。

10.2.3 创建超链接

在 iPad 电子杂志中，制作 URL、页面等形式超链接的操作与 SWF 文件中的操作类似，但制作超链接到其他文章的超链接操作与之前有所不同。当制作链接到其他文章的超链接时，需要在"新建超链接"面板中的"链接到"下拉列表中选择"URL"而不是"页面"；动作则要选择"转到 URL"，在"URL"文本框中输入"navto://"，加上"Folio Builder"面板中所显示的文章名称，来链接到其他文章。如果链接的文章中有多个页面，则要转到指定的页面，可在最后加入"#"和页码数字，第一页是"0"，其他页以此类推。

10.2.4 幻灯片效果

在电子杂志中，可以利用"对象状态"面板和"按钮"来制作自动播放的幻灯片效果。如图 10-46 所示，当用户单击左右箭头时，上方的图片会发生变化，还可以通过轻扫图片控制图片进行翻阅。

图 10-46 幻灯片

10.2.5 平移并缩放

本功能可以实现在一个有限的区域内显示一幅较大的图像，并且在该区域内可以对图像进行平移和缩放操作。使用本功能要注意以下事项。

① 显示图像区域只能是矩形区域，并且矩形区域的高度绝对不能大于图片框的高度，否则上传文件时会报错。

② 为获得最佳效果，应使用 JPEG 图像。

③ 图像尺寸应尽量小于 2000 像素×2000 像素，否则可能会使移动设备在内存方面产生问题。

④ 确保图像的尺寸正好是要使用的尺寸。如要在 400 像素×300 像素的视图区域内平移 1024

像素×1024 像素的图像，则可创建一幅 1024 像素×1024 像素的图像。

　　⑤ 本功能不适用于处理透明图像，否则会形成重复的图像。

　　如图 10-47 所示，右侧的两幅图像在预览时可以在图像框区域中进行平移与放大。

图 10-47　图片的平移与缩放

10.2.6　音频和视频

在交互式电子杂志中，可以边阅读杂志边欣赏音乐与视频。首先要将音频或视频文件插入到文件中，再通过"Folio Overlays"面板进行设置。音、视频文件必须符合以下格式。

音频：MP3 格式。

视频：具有 H.264 编码的 MP4 格式。

10.2.7　iPad 电子杂志输出

前面已经学习了如何新建"文章"，并在文章中建立具有交互功能的元素，一本电子杂志中会包含许多主题的文章，将这些文章集合在一起就是一本电子杂志，这本杂志在 InDesign 的数字出版流程中被称为作品集。用户可以通过"Folio Builder"面板，对作品集和文章进行增加、删除、预览等操作。

1．登录 Folio Builder

选择"窗口"｜"Folio Builder"命令，打开"Folio Builder"面板。当用户第一次打开时，会显示登录提示信息，单击"登录"按钮后，会进入登录界面，如图 10-48 所示。

当用户登录后，可以在"Folio Builder"面板中建立至少一个作品集，可上传作品集到 Adobe 的服务器上并进行测试。也可以将作品集下载到移动设备上的 Adobe Content Viewer 中预览，或与其他用户共享作品集。如果不登录，用户仍可以创建和预览本地作品集，但只能生成单机版本的应用程序。

2．建立作品集

当用户建立作品集时，会在 Adobe 的网页服务器上建立工作区，并且所有加入到作品集中的文章也都会上传到该工作区中。

建立作品集时，需要先在"Folio Builder"面板中登录，单击"新建作品集"按钮或在面板菜单中选择"新建作品集"命令，如图 10-49 所示。如果不登录，则可以创建脱机作品集，等登录后再上传脱机作品集。

图 10-48　Folio Builder 登录界面

弹出"新建作品集"对话框后，在"作品集名称"文本框中可输入要创建的作品集名称。在"目标设备"下拉列表中选择"Apple iPad"选项，"方向"须根据创建的文章方向进行选择，默认格式为"自动"，默认 JPEG 质量为"高"，其他选项都采用默认设置，如图 10-50 所示。

图 10-49　登录后的"Folio Builder"面板　　　　图 10-50　"新建作品集"对话框

作品集建立以后，可以在"Folio Builder"面板菜单中选择"作品集属性"命令，弹出"作品集属性"对话框，查看或修改作品集的属性，包括出版物名称、大小，设置封面预览图像等，如图 10-51 所示。

3．新建和导入文章

创建好作品集以后，要在作品集中新建或导入文章，InDesign 支持用不同的方式将 InDesign 文件或 HTML 文件加入到作品集中。但要注意的是，当文章同时包含纵向和横向的版面时，要发布的作品集中所有的文章都必须一样，不能有的文章只有纵向或横向，而有的文章两者都有。

（1）在打开的文件中新建：将已经建立好的 InDesign 文件，根据出版物的主题顺序，如封面、前言、目录、正文等，依次整理好，如图 10-52 所示。

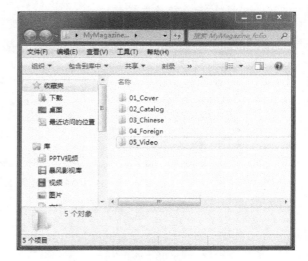

图 10-51　作品集属性　　　　　　　　　　　图 10-52　iPad 电子杂志文件夹

打开横版封面文件后，选择"窗口"｜"Folio Builder"命令，打开"Folio Builder"面板，在"Folio Builder"面板中单击"添加文章"按钮，如图 10-53 所示。

图 10-53　添加文章

在弹出的"新建文章"对话框中，输入文章名称为"封面"，其余选项均采用默认值，单击"确定"按钮，开始上传文章，上传完成后，即可在面板中看到横版的封面文件，如图 10-54 所示。如果作品集是双向的，则要继续加入竖向版面的文件。

（2）导入未打开的文章：如果文章已经制作完成，并且使用适当的文件夹结构和文件命名规则，则可以采用导入的方式加入作品集。这种方法既可以导入单一文章，又可以在作品集中没有文章时，同时导入多组文章。

在"Folio Builder"面板中创建好作品集以后，进入作品集中的文章显示界面，在面板菜单中选择"导入文章"命令，弹出的"导入文章"对话框，在该对话框中可以选择一次导入一篇或多篇文章，如图 10-55 所示。

图 10-54　新建及上传文章

图 10-55　导入文章

当导入文章以后，选中导入的文章，选择"Folio Builder"面板菜单中的"文章属性"命令，可以对文章的属性（如文章的标题、署名等信息），进行设置，如图 10-56 所示。

图 10-56　文章属性

4．预览作品集和文章

当作品集和文章建立以后，可以在"Folio Builder"面板中单击"预览"按钮，预览作品集和文章的效果。预览时会启动"Adobe Content Viewer"，它是以桌面应用程序或移动设备应用程序的形式为用户提供预览的。

10.2.8　实用技能——Adobe 数字出版工作流程

Adobe 数字出版的工作流程一般如下：建立版面→加入交互元素→建立作品集与文章→预览作品集与文章→发布到签约服务器→分析资料与更新作品集→等待核准→上架，共 8 步。前 4 步为 InDesign 软件中的操作，在本节中已经做过介绍，而后 4 步需要付费订阅 DPS 才能完成。发布到签约服务器：将制作完成的作品集发布到 Distribution Service（签约服务器）上供更多用户下载。此时可利用 Adobe DPS Dashboard（数字仪表板）和 Folio Producer 完成发布作业，并使用 Viewer Builder 建立送出到 Apple Store 或 Android Market 的自订浏览器应用程序，但必须先准备好所有需要的文件和信息，包括凭证、启动画面及应用程序图标等，操作程序比较繁琐。分析资料与更新作品集：使用 Omniture 分析工具来追踪用户资料。等待核准：将 Viewer Builder 产生的待发布应用程序*.zip（或*.apk）提交给 Apple（或 Google）审核，以便使用户下载制作好的 App。

制作过程

1．新增文章

本电子杂志中只制作横向页面，新增方法如下。

（1）选择"文件"｜"新建"｜"文档"命令，弹出"新建文档"对话框。

（2）在"用途"下拉列表中选择"数码发布"选项，在"页面大小"下拉列表中选择"iPad"选项，页面尺寸会自动变为 1024px×768px，数码发布方式不需要设置出血，因此可将出血设为"0 px"，如图 10-57 所示。

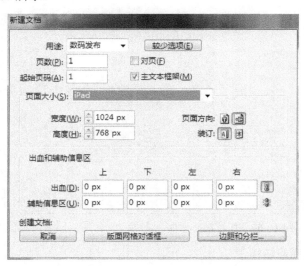

图 10-57　"新建文档"对话框

（3）在"新建边距和分栏"对话框中，设置边距为"30px"，栏数为"1"，栏间距默认。选中"启用版面调整"复选框，如今后进行版面横向和纵向转换，可更加方便，如图 10-58 所示。

（4）根据文章的内容进行版面设计，其操作方式与制作静态 InDesign 文档一致。图 10-59 所示为个人电子杂志封面。

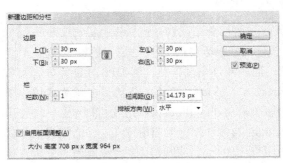

图 10-58 "新建边距和分栏"对话框

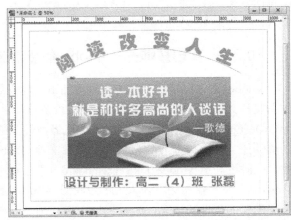

图 10-59 个人电子杂志封面

（5）由于新建文件时版面设置为横向，因此封面文件保存时，将其命名为"Cover_h.indd"，如图 10-60 所示，并按照图 10-61 创建个人电子杂志的整个文件夹结构。

（6）参照封面文件的制作方法，继续新增其他主题的文章，每个主题只制作横向文件。制作完成后，文件夹结构如图 10-61 所示。

图 10-60 保存封面文件

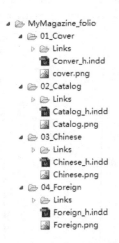

图 10-61 个人电子杂志文件夹结构

2．制作 URL 和页面超链接

（1）打开"Catalog_h.indd"文件，选择"窗口"｜"交互"｜"超链接"命令，打开"超链接"面板，选中要设置超链接的文字对象"网络阅读"，单击"创建新的超链接"按钮，如图 10-62 所示。

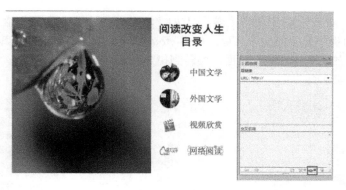

图 10-62　创建超链接

（2）在弹出的"新建超链接"对话框中，在"链接到"下拉列表选择"URL"选项，在"目标"的"URL"文本框中输入网站的地址选中"http://www.phei.com.cn"，并取消选中"共享的超链接目标"复选框，如图 10-63 所示。

（a）"新建超链接"对话框　　　　　　　　　　　　　　　　　　　　　（b）"超链接"面板

图 10-63　超链接属性的设置

（3）选择"窗口"｜"交互"｜"按钮和表单"命令，打开"按钮和表单"面板。选中要作为按钮的"盛大文学"图片，单击"将对象转换为按钮"按钮，如图 10-64 所示。

图 10-64　将图片转换为按钮

（4）将图片对象转换为按钮后，iPad 电子杂志中的按钮仅支持"在释放或点按时"一种事件。再单击"动作"右侧的"+"按钮，展开其下拉列表，选择"转到 URL"选项，如图 10-65 所示。

（5）制作链接到文章"中国文学"的超链接，首先需要把"中国文学"前的图片转换为按钮，在"按钮和表单"面板中添加动作"转至 URL"，在"URL"文本框中输入"navto://"，加上"Folio Builder"面板中显示的文章名称，如 navto://中国文学，来超链接到其他文章，如图 10-66 所示。如果超链接的文章中有多个页面，要转到指定的页面，可在最后加入"#"和页码数字，第一页是"0"，其他页以此类推。

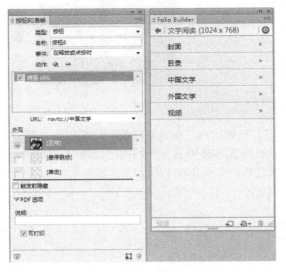

图 10-65　按钮属性设置　　　　　　　　　　　图 10-66　文章超链接的设置

（6）选中制作好的超链接，选择"窗口"｜"Folio Overlays"命令，打开"Folio Overlays"面板，展开"超链接"，可以设置打开超链接的两种方式，如图 10-67 所示。仿照步骤（5）的操作，完成到文章《外国文学》和《视频欣赏》的超链接。

3．为文章《中国文学》添加图片幻灯片动态效果

如图 10-68 所示，右侧的图像位置实际重叠摆放了 4 幅图片，当用户单击左右箭头时，上方的图片会发生变化，还可以自动播放或者通过轻扫图片来进行翻阅。制作方法如下。

图 10-67　超链接打开方式的设置　　　　　　　图 10-68　图片幻灯片效果

（1）将 4 张大图片置入到文件中，调整图片大小为统一尺寸，使用"对齐"面板将这些图片对齐，如图 10-69 所示。

图 10-69　对齐图片

（2）选中对齐的图片组，选择"窗口"｜"交互"｜"对象状态"命令，在打开的"对象状态"面板菜单中选择"新建状态"命令，设置"对象状态"名称为"中国文学图片组"，可用鼠标拖动的方法来改变几张图片的层次顺序，如图 10-70 所示。

（3）在"按钮和表单"面板菜单中选择"样本按钮和表单"命令，打开"样本按钮和表单"面板，添加两个箭头按钮到图片组下方，如图 10-71 所示。

图 10-70　新建对象状态　　　　　　　　　图 10-71　添加按钮

（4）选择左边的按钮，在"按钮和表单"面板中，单击"动作"右侧的"+"按钮，添加动作"转至上一状态"，在"对象"下拉列表中选择"中国文学图片组"选项，如图 10-72 所示。同理，为右边的按钮添加动作"转至下一状态"。

（5）选中图片组，在"Folio Overlays"面板中自动显示"幻灯片"标签，可进行幻灯片播放参数的设置，如图 10-73 所示。

图 10-72　按钮属性设置　　　　　　　　　图 10-73　幻灯片属性设置

4．为文章《外国文学》添加图片平移和缩放动态效果

（1）在页面右侧绘制两个矩形框架，使用"选择工具"调整框架大小以使其小于图片的大小。置入一张图片到矩形框架中，使用"选择工具"拖动图像的控制点以裁切框架，使框架适合预览区域的大小，框架的高度一定要小于或等于图像的高度。在框架内拖动定位图像，以决定初始的预览区域。按同样的操作置入第二幅图像，并调整框架大小和图像的初始位置，如图 10-74 所示。如果要更改初始预览的放大比例，则可使用"直接选择工具"选中图像后调整大小，图像大小要小于或等于 100%。

图 10-74　图片平移与缩放效果

（2）调整好图像大小和初始位置后选中图像，打开"Folio Overlays"面板，展开"平移并缩放"，设置"平移并缩放"选项的值为"开"，如图 10-75 所示。在预览时，鼠标滚轮可以模拟缩放效果。

5．为文章"封面"插入音频文件

在封面文件中置入音频文件后，"媒体"面板中的播放选项设置在 iPad 中是不起作用的，只可以通过"海报"选项设置音频的初始图像，若不指定则会显示空的框架。在"Folio Overlays"面板中展开"音频"，可设置页面中的音频是进入页面时"自动播放"，还是延迟多少秒后播放，延迟的秒数最多为 60，如图 10-76 所示。

图 10-75　平移并缩放属性设置　　　　　　　　图 10-76　音频属性设置

6．为文章《视频欣赏》插入视频文件

（1）在文章《视频欣赏》中置入视频文件后，根据版面需要调整框架大小，在"媒体"面板中指定播放区域要出现的图像类型，设置海报，如图 10-77 所示。

（2）选中视频对象，打开"Folio Overlays"面板，展开"视频"，设置播放选项，如图 10-78 所示。

图 10-77　视频媒体属性设置　　　　　　　　图 10-78　视频播放属性设置

其中参数的含义如下。

① 自动播放：选中该复选框，页面一载入就会播放视频，还可以指定延迟的秒数，最多为 60 秒。

② 全屏播放：选中该复选框时，视频会以全屏幕模式播放。不选中该复选框，则视频只在限定的区域内播放，但可再通过播放器切换为全屏幕。

③ 点击以查看控制器：在未选中"全屏播放"复选框时，若选中此复选框，则在视频播放的过程中，用户单击视频，会在视频下方显示具有暂停、播放和切换全屏幕的控制器。如果不选择此复选框，当单击视频时，只会暂停播放并出现播放按钮。

④ 不允许暂停：视频播放过程中，不允许用户单击视频暂停。

⑤ 在最后一帧停止：当视频播放到最后一帧时，停止播放。

7．预览作品集和文章

在完成以上操作之后，可以在"Folio Builder"面板中新建作品集，并导入所有文章。在作品集视图模式下，单击面板下方的"在桌面上预览"按钮，预览作品集和文章的效果，如图 10-79 所示。预览时会启动"Adobe Content Viewer"，它是以桌面应用程序或移动设备应用程序的形式为用户提供预览的。

图 10-79　预览作品集

 思考练习

1. 问答题

（1）制作可在 iPad 上输出的电子杂志时，一般的操作过程可分为几步？

（2）制作可输出到 iPad 上的电子杂志时，需要做好哪些准备工作？

2. 操作题

根据自己的爱好，自定主题，收集与主题相关的文字、图片、声音和视频等，制作一个可在 iPad 中阅读的电子杂志。

本章回顾

　　大多数用户会认为 InDesign 就是一个排版软件，但近几年，Adobe 公司一直致力于推行"在线数字出版服务计划"，而 InDesign 软件扮演着相当重要的角色，可以制作具有交互性的电子杂志输出到 iPad 和 Android 平台上阅读。这种改进，方便了长期使用 InDesign 排版的用户群，可以很方便地把静态的文档转换成具有动画、音频、视频等多种交互性媒体的文档。

　　通过本章的学习，用户了解了使用 InDesign 制作 SWF 交互文档和可在 iPad 平台上阅读的交互文档的基本方法，如制作书签、超链接、动画、按钮等，还学习了如何创建 iPad 交互式文档，以及如何为文档增添文章和交互性元素。要灵活运用以上功能，才能制作出交互性强、受人喜爱的交互式电子杂志。

反侵权盗版声明

电子工业出版社依法对本作品享有专有出版权。任何未经权利人书面许可，复制、销售或通过信息网络传播本作品的行为；歪曲、篡改、剽窃本作品的行为，均违反《中华人民共和国著作权法》，其行为人应承担相应的民事责任和行政责任，构成犯罪的，将被依法追究刑事责任。

为了维护市场秩序，保护权利人的合法权益，我社将依法查处和打击侵权盗版的单位和个人。欢迎社会各界人士积极举报侵权盗版行为，本社将奖励举报有功人员，并保证举报人的信息不被泄露。

举报电话：（010）88254396；（010）88258888

传　　真：（010）88254397

E-mail：　dbqq@phei.com.cn

通信地址：北京市万寿路 173 信箱

　　　　　电子工业出版社总编办公室

邮　　编：100036